国家林业局普通高等教育"十三五"规划教材

土壤调查与制图

马献发　主编

中国林业出版社

内容提要

　　《土壤调查与制图》是国家林业局普通高等教育"十三五"规划教材。全书共分 8 章。其主要内容包括：传统土壤调查制图基本理论、方法与技术；以航空、卫星、无人机等遥感(RS)的土壤调查；利用全球卫星定位系统(GPS)和地理信息系统(GIS)等现代土壤调查与制图基本原理和过程；在专项土壤调查中，着重介绍了耕地质量、湿地、水土保持、污染土壤、林区和复垦区等影响生态和土壤质量的土壤调查与生态评价。

　　本教材系农业资源与环境专业的教学用书，也可供从事土壤资源调查与评价相关专业的科研和教学的参考用书。

图书在版编目(CIP)数据

土壤调查与制图／马献发 主编. —北京：中国林业出版社，2017.8(2025.4 重印)

国家林业局普通高等教育"十三五"规划教材

ISBN 978-7-5038-9247-9

Ⅰ.①土… Ⅱ.①马… Ⅲ.①土壤调查－高等学校－教材　②土壤制图－高等学校－教材

Ⅳ.①S159－3

中国版本图书馆 CIP 数据核字(2017)第 202327 号

审图号：GS 京(2022)1176 号

中国林业出版社·教育出版分社

策划编辑：肖基浒　吴　卉　　　　　　　　责任编辑：肖基浒
电话：83143555　　　　　　　　　　　　　传真：83143561

出版发行　中国林业出版社(100009　北京市西城区德内大街刘海胡同 7 号)
　　　　　E-mail：jiaocaipublic@163.com　电话：(010)83143561
　　　　　https://www.cfph.net
经　　销　新华书店
印　　刷　三河市祥达印刷包装有限公司
版　　次　2017 年 8 月第 1 版
印　　次　2025 年 4 月第 2 次印刷
开　　本　850mm×1168mm　1/16
印　　张　18.75
字　　数　445 千字
定　　价　55.00 元

《土壤调查与制图》
编写人员

主　　编：马献发

副 主 编：焦晓光　孟庆峰　张　娟

编写人员：(以姓氏笔画为序)

马献发(东北农业大学)

王宏斌(吉林农业大学)

朱　俊(华中农业大学)

谷思玉(东北农业大学)

李　威(东北农业大学)

齐虹凌(牡丹江师范学院)

孟庆峰(东北农业大学)

张　娟(东北农业大学)

姜佰文(东北农业大学)

焦晓光(黑龙江大学)

隋跃宇(中国科学院东北地理与农业生态研究所)

彭显龙(东北农业大学)

主　　审：崔正忠(东北农业大学)

前　言

　　土壤调查与制图是对一定地区的土壤类别及其成土因素进行实地勘查、描述、分类和制图的全过程。它是认识和研究土壤的一项基础工作和手段。通过调查了解土壤的一般形态、形成和演变过程，查明土壤类型及其分布规律，查清土壤资源的数量和质量，为研究土壤发生分类、合理规划、利用、改良、保护和管理土壤资源提供科学依据。

　　迄今为止，中国先后进行过两次全国范围内土壤普查工作，其成果为我国的农业区划、建设高产稳产农田、扩大垦殖资源和农业科技进步奠定了坚实基础。随着工业、农业的发展，土壤调查与制图理论及技术也在不断地发展与更新，已经从为传统农业服务，发展到为生态农业、环境保护和可持续农业服务；调查技术上，已经由以地形图为主的野外实测调查，发展到"3S"和无人机等新技术的应用。

　　本教材体系编排坚持了理论联系实际的原则，并结合最新的研究成果。在详细介绍传统土壤调查制图基本理论、方法与技术基础上，增加了遥感、全球卫星定位系统和地理信息系统等技术在土壤调查与制图的应用，并增添了无人机在土壤调查中应用。在专项土壤调查中，着重介绍了耕地质量、湿地、水土保持、污染土壤、林区和复垦区等影响生态和土壤质量的土壤调查与生态评价。

　　本次教材编写遵循老中青结合、区域代表性和交叉学科原则，这对于提高土壤调查与制图教材编写质量和队伍建设大有裨益。教材具体编写分工如下：马献发（绪论、第4章、第6章）、焦晓光（第1章），孟庆峰（第3章），张娟（第5章、第7章、第8章8.1节），隋跃宇（第2章2.1、2.2节），李威（第8章8.2节），姜佰文（第8章8.5节），王宏斌（第2章2.3、2.4节），彭显龙（第8章8.3、8.4节），谷思玉（第2章2.7、2.8节），朱俊（第2章2.5、2.6节），齐虹凌（8章8.6、8.7节）。全书承蒙崔正忠教授主审。感谢国家自然科学基金（41501315；41501316）和黑龙江省科技计划项目（YS15B15）对本书的支持。

　　由于时间仓促和编者的水平有限，书中存在着错误和不足之处在所难免，恳请读者批评指正。

编　者

2017年6月

PREFACE

Soil survey and mapping is the whole process of field investigation, description, classification and mapping of soil types and their pedogenic factors in certain areas, which is a basic work and measure of understanding and researching in the soil science. Through the investigation to understand the general soil morphology, the soil formation and soil evolution process, the soil type and its distribution, the quantity and quality of soil resources are identified, which could provide a scientific basis for the research of soil classification, rational planning, utilization, improvement, protection and management of soil resources.

So far, China has conducted two country's national soil censuses. The results from soil censuses have laid a solid foundation for our country's agricultural regionalization, the construction of high yield and stable farmland, the expansion of cultivation resources and the progress of agricultural science and technology. In terms of investigation and evaluation of soil resources, with the development of industry and agriculture, its theories and technologies have been continuously developed and updated, and have been developed from traditional agricultural services to ecological agriculture, environmental protection and sustainable agriculture services; in the field of investigation, the field survey has been conducted in the field of topographic maps, which has been developed into the application of new technologies of 3S and unmanned aerial vehicles.

The textbook systematically follows the principle of combining theory with practice and combining with the latest research results. Based on the detailed introduction of basic theory, technology and method of the traditional soil survey and mapping, we add application of remote sensing (RS), global positioning system (GPS) and geographic information system (GIS) to soil survey and mapping, and introduce application of unmanned aerial vehicles in soil survey. The soil survey and ecological evaluation of ecological and soil quality affected by cultivated land quality, wetland, soil and water conservation, polluted soil, forest area and reclamation area were introduced in the chapter of special soil survey in this textbook.

The teachers of compiling textbook adhere to the principle of combination of experienced instructors and young scholars with a wide regional representation as well as interdisciplinary research, which is of great benefit to improve the quality of textbook and team building of soil survey and mapping. The division of this revision is as follows: MA Xianfa (Introduction and chapter 4, 6), JIAO Xiaoguang (chapter 1), MENG Qingfeng (chapter 3), ZHANG Juan (chapter 5, section 1 in chapter 9), SUI Yueyu (sections 1 and 2 in chapter 2), LI Wei (section 2 in chapter 8), JIANG Baiwen (section 5 in chapter 8), WANG Hongbin (section 3 and 4 in chapter 2), PENG Xianlong (sections 3 and 4 in chapter 8), GU Siyu (sections 7 and 8 in chapter 2）, ZHU Jun（sections 5 and 6 in chapter 2）and QI Hongling（sections 6 and 7 in chapter 8）. Professor CU Zhengzhong acts as chief examiner in the book. We thank the national natural science foundation of China and the special fund for scientific and technological cooperation of science and technology department of Heilongjiang province for the support of this book.

There are errors and shortcomings in the book because of time haste and limited edition of the editor. Any constructive comments and suggestions from readers are highly welcomed by us.

目　录

前言

PREFACE

CONTENTS

绪　论

0.1　土壤调查与制图的概念与作用

0.1.1　土壤调查与制图的概念与特点

0.1.1.1　土壤调查与制图概念

　　把某地区的土壤作为资源进行调查，研究其各种土壤类型发生、发育程度、演变规律、地理上的分布状况及规律和区域性特征特性、理化性状与生产性能，以及与生态、环境和农业生产的关系，测绘出土壤类型图和相关图件，并在此基础上对土壤资源进行评价，编制评价等级图，制定合理的开发利用改良实施方案。

　　土壤调查的内容是多方面的，根据其目的可以分为 2 大类：

　　(1)为发展土壤科学而进行土壤调查

　　为研究土壤分类而进行的土壤考察；为测绘或编制土壤图，必须进行土壤调查；在进行制图方法的研究时必须进行土壤调查，例如：为航空相片(航片)建立标准方案；为进行专项土壤性质研究或某一单项目的而进行土壤调查。

　　(2)为宏观或区域上解决生产布局

　　• 全球资源评估进行全球发展决策，例如：联合国粮农组织（FAO）绘制的 1：500万世界土壤图；

　　• 为评价、估算全国土壤资源生产潜力，从全国农业生产发展需求出发，而进行的全国土壤调查；

　　• 为国土整治，区域治理，改善生产条件，有针对性地改良、培肥土壤，调整生产结构而进行的土壤调查制图(区域)，例如：为治理黄淮海平原旱涝、盐碱、风沙而进行的土壤调查，为南方丘陵红壤利用所进行的土壤调查等，为沿海滩涂开发所进行的土壤调查等；

　　• 为建设项目进行的调查；

　　• 为单项种植业或开垦荒地所进行的土壤调查。

　　为了适应社会发展的需要，在关注土壤资源的同时，还须关注土地资源问题，对土地资源进行调查与评价。土壤是地球表层的陆地部分及其附属物。在生态学范畴，土壤是一个由气候、地貌、岩石、植被、水文、基础地质以及人类活动构成的生态系统，是自然和经济的综合体。

0.1.1.2 土壤调查与制图的特点

（1）对象宏观性

土壤资源/土地资源，量大面广，具有鲜明的宏观性特点，这就要求研究者要具有研究宏观事物的世界观和方法论，并用之于土壤资源和土地资源的研究。我们不能把目光过于盯在局部的细节上，这样会不利于宏观事物研究的开展。具体地说，要时刻把握精度这个要素，既要严格细致、一丝不苟地进行作业，确保精度质量，又要实事求是、科学合理地制定允许的误差。

（2）实践应用性

就实践性而言，面向调查研究的对象土壤资源和土地资源，我们要多动手、多观察，不怕付出辛劳。具体地说，对于必要的野外实地调研，绝不能省去或马虎；对于必要的土壤剖面，必须按标准认真挖掘、观测、记载、采样；对于必要的样品分析和数据分析，必须细致严谨。

就应用性而言，必须抱着向人民负责、向社会负责的严肃的态度，去进行每一步作业。要时刻牢记，任何一点微小的差错，都可能在实际应用时造成严重深远的后果。

（3）技术技能性

土壤调查与制图，是一项技术性、技能性很强的实践活动，一定要全面地、深刻地理解土壤调查与制图的理论、程序和方法，扎扎实实地掌握好土壤调查与制图的技术技能。要牢记，没有理论指导的实践是盲目的实践，没有技术技能的实践是不可能取得成功。

（4）专业综合性

土壤调查与制图课程要运用多学科、多领域、多方面的知识，是一门综合性很强的专业课程，例如：植物学、气象学、地质地貌学、测量学、资源遥感与信息技术、土壤学、土壤地理学、土壤农化分析等，要学好本课程就要学好相关课程内容，并能灵活地、综合地加以运用。本课程是一整套研究土壤的工作方法，只有善于联系各个环节，才能掌握全过程。

0.1.2 土壤调查与制图的作用

了解农业资源，指导农业生产。只有搞清楚了土壤资源和土地资源，才能按照不同的情况，确定合理的和具体的实施方案。做好土壤资源调查与评价，可以确定土地的利用方向，确定种植何种作物，确定施用何种肥料，确定采用何种灌溉方法，确定采取何种耕作制度，确定使用何种农业机械等，提供决策依据。

第一，摸清全国的土壤/土地资源数量、质量及其分布，就要调查清楚平原、丘陵、山地、高原、水面、草场、沙漠和荒地，以及各类农用地的数量多少，质量如何。土壤/土地资源是不断变化的，在空间上也有很大差异，它们的生产性能，需要不断地进行调查才能真正弄清楚。例如：耕地在不同气候带各类作物的单产水平，它们与先进国家的差距，林地的单位蓄积量，牧地的载畜量以及今后发展的潜力等，必须调查清楚。至于各类农业土壤中，多年来肥力的变化，高产稳产优质的面积，有哪些低产土壤，它们的面积有多少，其障碍因素是什么，各地土壤肥力差别及其产生的原因，用什么方法消除地力级差等。这些土地的土壤数量与质量问题，只有通过土壤调查与制图工作才能予以弄清。

第二，为了做好农业区划，各省、市、县都要进行中、小比例尺土壤调查。弄清土壤类型、土壤分布规律、土壤生产性能及存在问题，调绘出各种土壤类型图、土地利用现状图、土壤资源评价图、土壤改良区划图及文字说明，为当地农业区划和拟订农业技术措施提供科学依据。为了改变农业生产面貌，建设高产稳产农田，必须进行农场、乡村的大比例尺土壤调查，搞清楚限制当地农业生产的环境条件及土壤因素，制定以改土为中心的农田基本建设规划，例如：排灌系统的规划、平整土地规划、护田林规划以及养用结合提高土壤肥力的规划等，以确保农业的可持续发展。

第三，为了科学种田，要对农业用地进行大比例尺的土壤调查，并进行田间诊断，查清各种土壤的障碍因素，制定改土培肥规划，建立田块档案，借以拟订科学种田乃至精准耕作方案，以提高土壤质量和科学种田的成效，实现优质高产和环境保护的双丰收。

第四，为了合理地扩大耕地面积，要进行荒地土壤调查，绘制荒地土壤类型图，土壤生产力评级图，制定利用荒地规划。

第五，为了防治近年来日益严重的土壤质量退化问题，为了建设优美的生态环境以保证可持续发展，需要切实弄清土壤状况，制订科学合理的各种控制土地退化的方案，控制水土流失方案。

第六，服务于土壤污染防治，近年来，土壤污染问题日益严重，受到了全社会的普遍关注。应加强土壤中"化学定时炸弹"（CTB）的全面调查，了解各种CTB有害物质的危害程度和分布规律，以确保土壤健康与食品安全，并实现环境污染的有效防治。

第七，土壤有机碳含量及其变化，对全球碳平衡具有很大的影响，近年来受到了广泛关注。研究全球碳平衡，不能缺少土壤碳的资料。所以，土壤调查与评价可提供这方面的数据。

此外，建设工艺作物基地及商品粮基地，改造低产土壤，兴建大型水利和基本建设工程，发展林业、牧业，防止水土流失，防止土壤污染，保护土壤资源，调控全球气候变化等，都需要进行土壤调查研究，测绘和编制各种土壤图及其他图表，并做出相应的区划与规划。

土壤调查对于研究作为历史自然体的土壤来说也是非常重要的。通过土壤调查了解土壤形成的过程，就有可能使我们以有效的措施来控制作为历史自然体的土壤的发育和调节其性能，使其适合于农业生产。我国是古老的农业国家，有几千年的耕作经验，通过土壤调查，了解我国农民培肥土壤的经验，以及长期耕作下土壤肥力的发生、演变规律和土壤特性的变化，制定出农业土壤的发生分类系统，这对于发展土壤科学本身具有特殊意义。

0.2　土壤调查与制图的发展概况

　　土壤资源是人类赖以生存的最基本的物质基础。土壤则是农、林、牧业不可缺少的生产资料。因此,世界各国都非常重视对土壤资源的调查、制图、评价与区划,进而有效地给予合理利用和保护。它既与一个国家的国计民生相联系,也是土地和土壤发展水平高低的一种标志。

0.2.1　国内外的发展概况

　　土壤调查与制图技术最早可追溯到19世纪中叶,距今也只有100多年的历史。它应用土壤地理学和地图制图学的基本原理和方法,研究如何以图形科学地反映土壤的类型组合及其分布的规律。它的发展与土壤分类制图技术的革新密切相关。19世纪中期,俄国和美国率先开始了土壤分布图的编制,但因早期受到农业化学、农业地质学观点的影响,在编制土壤图时往往依据土壤的某个性质或某些性质进行编制。1918年,美国人最早将航空摄影应用于土壤制图。20世纪40年代,许多国家都以航测制图作为野外调查的基础。20世纪50年代初,苏联运用土壤发生学说和自然景观学说研究了航片土壤判读的原理和方法,其后航空遥感同时应用于土壤航片判读与制图。20世纪70年代初,美国地球资源卫星的发射,使土壤制图进入卫星遥感技术的新阶段。这一时期我国在土壤遥感制图方面也做了大量的研究。20世纪80年代以来是我国土壤遥感制图迅速发展阶段,这一时期我国主要采用航空航天技术,并利用彩红外航片NSS、TN、SPOT等图像和磁带计算机处理进行土壤资源制图。这一阶段遥感技术的应用将土壤制图技术理论和方法推向一个新的领域。

　　我国的相关研究始于20世纪30年代,1930年广东中山大学设立广东土壤调查所,编印了《土壤调查暂行办法》,这是我国建立土壤研究机构的开端,同年北平地质调查所请美国人萧查理做中国土壤概观实地考察,用4个月时间考查我国东部地区土壤,把考查区划分9个土区,并绘制1:840万的土壤图,同年谢家荣、常隆庆开展河北省三河、平谷、蓟县土壤约测,并绘制1:7.5万土壤图。这两次土壤调查报告均于1931年出版。以后在地质调查所成立土壤室,从事土壤研究工作。1936年出版了Thorp等所著《中国之土壤》一书,把美国的土壤分类体系及命名系统地引用于我国土壤研究之中。

　　20世纪40年代初,江西、福建两省的地质调查所都设立土壤室,进行土壤调查与制图。但中华人民共和国成立前的20年,只进行了全国和部分省区的路线调查,先后绘制了全国1:800万的土壤图,以及四川、贵州两省和广东、广西、江苏、河北、福建、江西等省部分县的中比例尺土壤图。

　　中华人民共和国成立后,结合社会主义经济建设的进行,我国在黄河中游黄土高原开展了土壤侵蚀的调查与制图工作。为了消除洪涝灾害,兴修水利工程,在黄河下游及淮河、长江流域开展了大规模的土壤调查,编绘了1:20万的土壤图及土地利用改良分区图。此外,在东北、西北、西南及海南等省、自治区也进行了大量的土壤调查,为开发利用荒地及发展经济作物及建场规划,提供了大量的科学依据。

1958—1959 年，在全国范围内开展了第一次土壤普查工作，主要调查耕地土壤，未量算土地利用分类面积，这项工作于 1966 年完成，主要成果是"四图一志"，即：农业土壤图、农业土壤肥力概图、土地利用现状图、农业土壤改良图和农业土壤志。在此基础上，各地建立的耕地土壤资料档案库，为农作物布局与农业生产调整奠定了基础。20世纪 50 年代的土地清查，由于土地度量衡的不统一，其误差最大时与标准亩相差达50%。可见标准不一致，丈量与统计数字也难于准确。

1974 年以来，全国有 22 个省、自治区，陆续进行了土壤普查与诊断研究，在诊断土壤生产特性及环境障碍因素等方面有所发展，对建设高产稳产农田，解决当地生产问题，都发挥了一定的作用。

此外，在黑龙江、新疆、西藏也做了大规模的土壤资源调查，并于 1978 年编绘出版《中国土壤图》(1∶400 万)。

1979 年国务院批发 111 号文件，要求在全国范围内开展第二次土壤普查，并印发了土壤普查技术规程，要求土壤普查的县要完成"五图一书"，并边查边用。1979—1993年，由农业部全国土壤普查办公室主持的"第二次全国土壤普查"，经过 6 万多来自不同部门专业人员的努力，首次以 1∶1 万~1∶5 万的航片为主要数据源，结合使用地形图，进行了县级土壤调查，随后又以卫星遥感影像 MSS 和 TM 进行专区级和省级汇总。这种方法比以往的以地形图作为底图进行的土壤调查与制图，要精确、快速、节省时间和经费，以及减少调查人员的劳动强度，因此，成为今后土壤调查的发展方向。普查实践证明，我国土壤普查不仅是土壤地理工作，也是土壤肥料学科知识的应用，对发展农业生产及发展土壤科学有很大的作用。

近年来"3S"技术被广泛使用，很多单位相继开展一系列的区域的土壤调查研究，为区域的发展提供了科学依据。近年来国家举措特别关注：

● 1996 年开始，由国家科委、国家土地管理局和农业部主持的"全国基本农田保护与监测"工作，是在前两次工作的基础上，利用航片(大比例尺)、TM 影像(中比例尺)，并与 GIS 和 GPS 相结合，力求在技术手段上有一个飞跃；

● 1999 年开始，国家设专项资金 120 亿元，由国土资源部具体组织实施新一轮国土资源大调查，历时 12 年。土地监测与调查工程是其中主要内容之一；

● 2001 年起，农业部启动"全国耕地地力调查与质量评价"的项目。

第二次土壤普查工作已过去多年，很多情况都发生了改变，2005 年有政协委员建议，应该尽快开展第三次全国土地普查工作。鉴于第二次土地普查已经查明了土地类型、数量和分布情况，第三次土壤普查工作应重点将耕地生产能力与耕地质量相关的耕地土壤地力环境、耕地农田基础设施建设水平和土壤理化性状三部分为调查内容，完成耕地土壤养分质量评价、耕地地力等级评价、耕地土壤退化状况、耕地土壤的适宜性与种植业技术调整的成果。就土壤资源调查与评价而言，随着工业、农业的发展，其理论及技术也在不断地发展与更新。

在理论方面，已在原来主要为粮食增产服务的农业区划、建设高产稳产农田、扩大垦殖资源和科学种田等单一的思想体系，逐步发展到为农、林、牧综合经营的调查，甚至为城镇建设的非农范畴的调查。

学术思想上，已经从为传统农业服务，发展到为生态农业、环境保护和持续农业服务；对土壤资源的调查，已经从生产性能为主，发展到同时重视到土壤科学升华的内涵；调查技术上，已经由以地形图为主的野外实测调查，发展到航片、卫片和数字影像新技术的应用；调查成果数据的整理，已经由简单的数据归纳运算，发展到应用计算机技术的统计、贮存、制图与评价。

0.2.2　存在的主要问题及其对策思考

0.2.2.1　存在问题

（1）土壤调查资料缺乏

主要表现在大比例尺方面和资料不齐全。全国第二次土壤普查的比例尺多在 1:5 万和小于 1:5 万；土壤属性多局限于作物大量养分元素含量方面。例如：工作中需要比例尺大于 1:5 万的土壤图或者需要的土壤属性超出作物大量养分含量的范围，就必须自行进行土壤调查。

（2）土壤调查资料陈旧

全国第二次土壤普查始于 1981 年，土壤野外调查和采样多在 1982—1984 年间。所以，若引用全国第二次土壤普查的资料，所说明的情况是几十年前的情况。

（3）难以找到针对性强的土壤调查资料

就全国而言，除做了 1:50 万的水土流失调查外，没有其他土壤专题的调查资料。

0.2.2.2　对策思考

第一，采用新技术，实现快速更新和提供现势土壤调查与评价资料。遥感技术可提供最新现势资料。利用遥感资料可进行快而省的土壤调查；利用 GIS 可进行快速的土壤调查数据分析与评价。

第二，采用新方法，有针对性地补充土壤专题调查资料。近年，精准农业被普遍重视，实现精准农业作业，需要现势土壤资料，利用土壤电导制图和各种遥测办法，是解决这一问题的可取途径。

第三，采用新观念，补充当前社会发展和经济发展所需的土壤调查资料。当前，无公害食品、绿色食品、有机食品深入人心，环境保护在各行各业中落实，可持续发展在各行各业中体现。为此，土壤调查也应顺应需求，提供与之相关的各种土壤属性，甚至开展有针对性的土壤专题调查与评价。

第四，采用新手段，提高土壤调查与评价结果资料的可用性。GIS 技术能够以数字的形式有效地管理土壤调查与评价活动积累的大量空间数据和属性数据。数字型的土壤调查评价结果资料在应用时极其方便、高效，具有很好的发展前景。

第五，采用新机制，增强土壤调查与评价的服务意识。采取企业化、商业化的运作机制，以承招项目形式，专业性地完成土壤调查与评价任务。这种形式，相对而言，标准、规范易统一，技术比较有保障，可以达到既可靠又快速的目的。

0.3　土壤资源调查与评价课程的专业地位

　　土壤调查与制图是野外研究土壤的一项重要手段。本课程是农业资源与环境专业本科阶段的专业课，目的是让学生掌握一项实用的专业本领，在学生的专业培养方面有着特别重要的意义，所以，要给予高度重视。通过本课程的学习，培养学生野外研究土壤的工作能力，要求学生学习土壤资源调查与评价的原理和操作技能，并学会识土、辨土、诊断土壤性质，掌握分类土壤、评价土壤资源和编绘土壤图及相关图件的方法，同时掌握应用遥感技术进行土壤资源调查。

本章小结

　　本章通过学习土壤调查与制图在国民经济建设中的作用和任务、土壤调查工作发展概况、土壤调查在专业教学中的地位等。理解与掌握土壤调查与制图定义、对象、内容及任务；了解土壤调查与制图意义、发展概况和在专业教学中的地位。

复习思考题

1. 土壤调查与制图的对象、内容及任务是什么？
2. 土壤调查与制图存在的主要问题及其对策有哪些？

第1章

土壤调查制图的准备工作

传统土壤调查工作按其工作进程可分为准备工作、野外工作与室内汇总工作 3 个阶段。准备工作阶段的主要任务是组建调查队伍，明确调查任务，确定比例尺，统一技术规程，提出质量标准及成果要求；收集并分析已有的基础资料与图件，研究前人工作的成果；准备调查所需工具与仪器，做好物质准备。准备工作是完成后续工作的基础。

1.1 明确任务、拟订工作计划

1.1.1 明确调查任务

明确调查目的和任务、调查范围、质量标准及成果要求，是土壤调查与制图的基础工作。随着国民经济建设的发展，高产、优质、高效农业体系建立，对土壤调查与制图工作有更高、更深的要求，即专业性调查增多，诸如山区开发土壤调查，土壤侵蚀分区调查，防止土壤污染及区域土壤环境背景值调查，科学施肥的典型田块调查，农用地分等定级，发展经济林果的土宜以及旅游资源开发的调查，发展林木以及旅游资源开发调查。水利资源开发利用中土壤沼泽化及次生盐渍化的预测与调查等，都是在不同条件下提出的，它们的任务要求也不同。只有对调查目的和任务非常明确，才能提高工作效能与调查质量。

土壤调查的任务一般可分为 2 种类型：

第一类，对一个较大区域，例如：一个省的行政区域、大流域或某一自然区域的土壤资源作概括了解，以便进行农业区划、土地资料评价或总体规划等，这种调查一般采用中比例尺或小比例尺，其比例尺主要取决于调查区域面积大小，即面积较小者多采用中比例尺；反之，则多采用小比例尺。

第二类，对一个具体地区，例如：某一乡(镇)、农场，甚至更小型的生产单位，需要对其土壤情况进行比较详细的了解，以便进行详细土地利用规划或土壤改良规划等，一般采用大比例尺调查。

1.1.2 确定调查底图的比例尺

地形图是进行土壤野外草图绘制和室内转绘成图的基础图件。为了能够保证制图的精度和质量，通常野外用底图比例尺比最后成果图比例尺要大。根据规程的具体要求，在野外调查开始前除准备好地形图外，还需了解各级不同比例尺地形图的特点和我国地形图的分幅编号以及制图单位、方法和时间等，以把握住图件的质量。

1.1.2.1　底图的精度及要求

土壤调查的精度是用成图的比例尺表示的。精度不同，所用地形底图比例尺也不一样，通常采用的比例尺有以下 4 种。

(1)详测比例尺

规定为 1:200~1:5000，多用于小型试验地、各种苗圃、土壤改良试验区、村(社区)和农场的分场等类型的土壤利用改良设计。土壤制图单元要求到变种或更细。

(2)大比例尺

规定为 1.1 万~1:2.5 万，多用于乡(镇)和大型农场的农业生产规划，土壤利用改良区划和指导农业生产土壤制图单元要求到土种、土种或其复区。

(3)中比例尺

规定为 1:5 万~1:20 万，多用于县(市、区、旗)或中小河流流域的农业区划和土壤利用改良区划，以及森林和草原的开发利用调查。土壤制图单元要求到土属、土种或其复区。

(4)小比例尺

规定为小于 1:20 万，多用于全国、大区或大的河流流域土壤资源开发，国际土壤图幅的测绘和编制。土壤制图单元要求到亚类或土属的复区。

1.1.2.2　确定比例尺的其他影响因素

除上述按任务要求的成图精度确定地形底图比例尺外，在同级比例尺范围内，还有几项其他因素影响比例尺的选择。

(1)根据农业用地方式确定比例尺

在自然成土因素较一致的情况下，一般园地土壤调查所选比例尺最大，耕地次之，林地再次之，牧草地最小。如果在同一地区，有两种不同利用方式，也允许采用两种不同的比例尺测制土壤图，这种在一幅图中使用的两种不同的比例尺称为复合比例尺。

(2)根据地形切割程度和土壤复杂状况确定比例尺

通常对地形平坦、切割程度不深而土壤种类又比较单一的情况，所用比例尺可略小；反之，要稍大，例如：进行区、乡范围的大比例尺土壤调查，在平原地区土壤种类比较单一的，可采用 1:2.5 万比例尺；在切割平原地区，土壤种类又比较复杂，需采用 1:1 万比例尺；在丘陵岗地土壤种类更为复杂的，应采用 1:1 万或更大比例尺。

(3)根据调查面积大小确定

比例尺调查面积较大的，采用比例尺可略小；反之，要稍大。这与调查后的成图图幅大小是否相称有关，例如：在 1 km² 面积上绘制的土壤图，若采用 1:500 底图，图幅为 400 cm²，显然过小；若用 1:2 000，图幅扩大到 2 500 cm² 图幅大小比较适宜。我国第二次土壤普查规定，山区调查底图要求 1:2.5 万或 1:5 万的比例尺，牧区土壤调查一般情况下，要求做 1:10 万或 1:20 万土壤图。乡(镇)级完成 1:5 000~1:1 万土壤图，县级完成 1: 5 万~1: 10 万土壤图, 省级完成 1: 20 万的土壤图。实践证明, 这些规划是比较适宜的。

地形底图除带有等高线外, 应具有精确的和足够的地物点。正确的地形和地形底图的精度对土壤调查的精度影响很大。因此, 调查人员要向测绘部门搜集调查地区最新测制的相应比例尺的地形图。

1.1.2.3　地形图的应用技术

（1）野外用图

折图的方法　外用图一般不把全幅张开, 所以要有一种较好的折图方法, 通常把正面折在外面, 折成手风琴式, 先横折, 后纵折, 大小以方便为宜, 以适于放置到图夹为宜。

定向的方法　先把图上的北方对准实际地面的北方, 这样使地图的方位与地面的方位完全相符合。定向的方法是将罗盘的长边平行靠在南北向的图廓边线上或将指南针的南北线与西（或东）图幅边线相重合, 然后水平地转动图纸, 转到磁针指正罗盘上的北端为止, 此时地形图对准了磁北方向, 图上与实地方位便完全吻合。

定位的方法　在确定地面的方向后, 必须进一步确定自己站在的地点在地形图上的位置, 定位法一般采用交会法。

（2）室内用图

地形图应用的方面很多, 在室内利用地形图可以测定两点间的距离, 求图上任何一点的里程, 计算面积及求坡度, 还可以利用地形图作纵横断面图等, 以上具体方法在测量学已详细讲述, 这里不再重复。

1.1.3　组织调查队伍

根据调查任务和工作目的, 土壤调查一般分为概测和详测。

1.1.3.1　概测工作的组织

凡为完成流域性土壤利用改良区划或农业区划, 以及待开发地区资源概查所做的中比例尺的土壤调查均属于概测型, 这种调查的综合性比较强, 除土壤专业人员外需配备地理、植物、地质、水利、农业技术、遥感和数字化制图等方面专业人员参加, 组成综合调查队伍。

组织方式一般均按大、中、小队建制。大队是野外工作的基本单位, 分区进行独立工作。由于工作的流动性和分散性大, 加之对调查区又缺乏了解, 因此, 小队自己必须定期做阶段工作和业务总结。中队和大队要严格执行定期会议汇报制度, 交流工作情况和发现新问题, 并及时统一认识, 以保证良好的工作质量。

1.1.3.2　详测工作的组织

详测工作是为对大型农场和县级行政区域内农业生产区划、农田基本建设规划、科学种田规划等所做的土壤调查。所用地形图为大比例尺及详细比例尺。这种调查的特点是工作任务大，生产性强，见效快。与概测相比，详测更是具有鲜明的生产性质。因此，专业队伍要与基层科研网的技术力量结合进行，专业人员要积极参加培训当地的技术力量，吸收有经验的农民参加。

无论哪一种土壤调查工作，调查队伍组建时，都要当地行政人员参加，可以组建领导小组和技术小组，因为调查工作的性质牵涉面广，有些问题不是技术干部所能解决的。要有专业人员分工负责野外调查工作、室内分析、资料整理、图件编绘、物质保障工作，要明确岗位职责。领会"技术规程"，并建立严格的检查验收制度，保证调查工作顺利进行和调查成果质量。

1.1.4 拟订工作计划

制订工作计划时，先要熟悉本次调查的目的与任务，并了解调查地区的基本情况和特点，准确估算工作量。工作量的估算主要取决于成图所要求的比例尺、调查地区地形地貌的复杂程度、调查使用的工作底图种类、调查方法、选择观察剖面点的方法、剖面观察的深度与类型、土壤分类与制图单元、其他附加要求及报告编写要求等方面。对前人在该区的工作成果，要详细地了解与分析，才能制订出切合实际的工作计划。

工作计划内容一般包括：

● 调查精度，例如：调查比例尺大小、制图单元确定、野外观察和化验分析所需样点的密度等；

● 成果要求，例如：完成图幅的种类和数量、调查报告的要求、必须完成的资料汇编、化验分析数据等；

● 工作方法和步骤，包括野外试点、全面展开、室内分析安排，工作总结等；

● 完成工作的时间，可以工作进度时间表或甘特图（Gantt chart）（查看项目进程最常用的工具图，也称线条图或横道图）。由二维坐标构成，其横坐标表示时间，纵坐标表示任务）的形式落实，以使工作人员遵守；

● 各项工作阶段所必需的设备、包括野外调查装备及室内化验设备，制图的仪器、计算机和相应的软件等；

● 经费估算，应根据工作内容和所需设备、人员等进行科学预算。

1.2 资料的收集与分析

系统的收集、整理并分析研究调查地区有关资料十分重要。通过资料的分析与研究，可以对调查地区的基本情况和存在的问题有一个总体概念，对后续调查工作起到不走弯路，提高效率，加快进度的作用，还可以发现问题，初步确定要补充和修正的调查内容，了解前人工作方法的特点，以便深化土壤调查的工作内容。尽量利用前人已做过的工作，避免重复前人做过的工作。通过分析研究待调查地区的资料，知道哪些地方要进行深入调查，哪些地方只需作补充或检查性调查。这样对提高功效，节省工作时间和经费。需要收集的资料主要是待调查地区的土壤、自然条件和农业生产条件等方面。

1.2.1 自然成土因素资料的收集与分析

土壤是岩石经过风化形成的疏松、散碎的母质上，在生物、气候、地形和人类生产活动等因素综合作用下，经过漫长时期逐步发育形成的。因此，分析成土因素是确定土壤类型的重要环节。

1.2.1.1 气象

气象不仅作为土壤形成的因素，也是农业生产紧密相关的自然条件。尚需了解调查区温度指标，了解总热量和热量分布特点，并分析历年、月、日平均气温，年绝对最高、最低气温，稳定 ≥5 ℃、≥10 ℃、≥15 ℃ 的积温和有效天数。了解总积温、无霜期、始终霜期以及影响主要作物生育和产量的关键阶段的温度特性。

春季日平均气温通过 0 ℃，表示冬季已过，积雪消融；土壤开始解冻，田间作业开始。所以 0 ℃ 以上的持续期称为温度期或农耕期。对土壤来说，温度影响风化强度，所以 0 ℃ 以上的持续期为有效风化期(天数)。

日平均气温出现 5 ℃ 及 5 ℃ 以上的持续期，春季或秋季温度通过 5 ℃ 日期，越冬作物和大多数树木恢复生长与停止生长完全符合，所以 ≥5 ℃ 持续期称为生长期或植物期。春季 ≥5 ℃ 时，对黑龙江省来说可以播种小麦，最好能争取适时早播，春小麦早播不但可延长穗分化的时间，促进丰产并提早成熟，这对避开雨季造成的收割困难尤为重要。

日平均气温 ≥10 ℃ 持续期称为活跃生长期，这个温度是大部分作物进入积极生长的时期，春季 10 ℃ 出现也是一般春播作物，例如：玉米、高粱、大豆等播种季节。

日平均气温 ≥15 ℃ 持续期，春季 15 ℃ 出现是播种喜温作物(例如：棉花、花生)季节，而 15 ℃ 以上的持续期，则可视为是否有利于栽种喜温作物的指标，对于低温敏感的喜温作物的安全生长期。

积温是农作物热量供应的指标，其中又以 10 ℃ 以上的积温最为重要，因为 10 ℃ 以上时期是大部分春播作物生长的季节。黑龙江省积温一般为 2 600~2 700 ℃，这个有效积温对于高粱、稻谷等已足够，但个别低温年(早霜)有效积温为 2 200~2 300 ℃，两者相差 400 ℃ 左右，如何采取措施争得 400 ℃，对于增产是极为有意义的。

为了解调查区水分及其分布状况，要收集历年、月、日、旬降水量、蒸发量、降雨强度、暴雨出现的规律，以及旱涝的影响。此外，还要收集土温变化情况，风向、风速、风、大风次数、日数，以及灾害性天气资料。

1.2.1.2 地质和地貌

主要收集调查地区的有关地貌图、地质图、地形图和航片、卫片等图件及文字资料，以便熟悉普查地区的地质构造、岩性、地貌类型及其分布特点。主要应研究成土母质及基岩，特别是第四纪沉积物的特点，例如：分布、厚度、组成等。借助地质图及文字资料，特别是第四纪地质资料和图件，分析地质构造、岩性及其分布规律，成土母质及其基岩等情况，对于土壤母质的了解具有十分重要的意义。

一个地区的地貌类型往往综合反映了该地区的地表状况、物质组成和地下潜水运动规律。借助于地貌图和地形图，了解调查区的地貌类型、成因及其特性、不同地貌类型的特点，诸如河床和阶地的宽度、分水岭高地和坡地宽度，并确定不同地貌分区和地貌部位的绝对高度以及分水岭高地高出侵蚀基准的高度等。

充分了解地质、地貌情况，对确定土壤界线，掌握土壤养分状况的丰缺、土壤物理性状的好坏，以及防止土壤侵蚀和规划农田基本建设等方面，都有很大帮助。

1.2.1.3 水文及水文地质

借助于水文及水文地质图，了解待调查地区的水系分布和水利资源、地下水埋藏深度、径流条件、矿化度、水化学类型、动态及储量等，为利用水源、合理排灌和研究土壤盐渍化、沼泽化，解除旱、涝等问题提供参考。

1.2.1.4 植被

植物是重要的成土因素之一，是土壤有机质和氮素营养积累的重要来源。在林、牧区与荒地，要收集植被类型群落结构、优势种、覆盖度及其演变过程等资料。农区调查则要收集作物布局、种植比例、品种搭配以及田间杂草资料。

1.2.2 农业生产资料的收集与分析

为了研究人类对土壤肥力的影响程度，改良培肥土壤，提高农作物产量，必须搜集研究农业生产方面的有关资料。当地农业生产情况包括耕地、林地、牧地等情况，重点放在搜集当地各种作物生育状况和产量、栽培技术、耕作施肥、农田基本建设和土壤改良等方面的资料。

（1）一般社会经济情况

包括行政区划、总人口、农业人口及其比例、劳力、畜力、农机设备、农田基本建设、农业总产值，农、林、牧各业所占比例，农民的收入，以及农产品成本及其构成等。

（2）土地利用历史与现状

包括土地的垦殖历史、土地总面积、现有耕地面积、历年耕地面积变化情况。按人口平均每人占有土地面积，每一农业人口负担的耕地面积。林、牧及其他各业用地情况及所占比例，主要作物种类及其种植比例，以及土地平整、排灌、侵蚀情况等。

（3）农业生产水平

包括历年产量变化及其原因。各种作物的长势、长相及产量水平，粮食和经济作物的自给率及商品率，施肥水平，劳动生产率，自然灾害情况等。

（4）丰产栽培措施

包括轮作复种、土壤耕作施肥、灌溉制度、主要作物品种和栽培方法等。

通过农业生产资料的搜集，除了要对农业生产的基本情况有所了解外，还要总结农民群众增产经验，探讨影响农业生产的主要问题。

1.2.3 原有土壤调查资料的收集

只有了解过去已有的资料，才能避免工作中的简单重复，应搜集相关期刊、书籍、技术档案以及有关的调查总结和科研试验材料。收集资料应包括：

第一，调查区的土壤类型、分布规律、形成特点、肥力特征、土壤问题和改良利用经验，从农业科学研究所收集土壤定位试验和改良资料。

第二，有关土壤用于农业生产方面的资料，例如：土壤生产性能、因土施肥、因土耕作、因土种植、因土管理以及障碍因素等方面的研究成果。

第三，历次调查使用的分类系统、调查方法、比例尺大小及质量标准，对于主要剖面资料，应进行编号整理，摘记主要剖面特征及分析结果，并将剖面号码标记在地形图上。关于培肥和改良土壤试验方法及效果，也要详细抄录，作为参考。

第四，按区域整理过去调查的土壤资料，以掌握区域土壤特点与问题。

第五，特殊的土宜资料。因为许多地域性植物特产往往与一定土宜特性有关。

1.3 调查物质的准备

1.3.1 图件的准备

地形图是土壤调查采用的最基础图件。它是土壤图野外调绘和内业成图的基础。为了保证调查制图的精度和质量，通常野外草图测制所使用的地形图比例尺要大于成果图的比例尺，例如：要完成 1 : 5 万的县级土壤图，最好选用 1 : 2.5 万或 1 : 1 万的地形图做底图；要完成区的 1 : 1 万土壤图最好用 1 : 5 000 的地形图做底图。因此，就要同时收集这两种比例尺的地形图，分别作野外和室内成图之用，例如：野外制图的底图为航片，则所收集的底图比例尺可以和最后成图比例尺相同，以作为室内转绘成图之用。

地形图应是最新出版的，至于土壤调查所用地形图的份数，取决于成果要求的数量。一般供土壤调查所用的大比例尺地形图，至少要准备 3 份：

- 一份野外使用；
- 一份描绘最后确定的土壤区界和表示土壤名称的标记，并注明土壤剖面的编号；
- 一份清绘土壤类型图。

1.3.2 遥感资料的准备

航片、卫片或数字影像等遥感资料，是现代土壤调查与制图应该收集的资料。在准备地形图的同时一定要准备航片与卫片。运用航片和高分辨率卫片进行土壤调查与制图，具有许多优点。因此，在有条件的地区，要尽量利用航片和高分辨率卫片作为土壤调查的工作底图。

1.3.2.1 航片比例尺的选择

航片、地形图、土壤图的比例尺划分标准不同。航片的划分标准为 1 : 1 万或 1 : 1.5

万以下为大比例尺；1:2.5万以下为中比例尺；1:3.5万以上为小比例尺。进行1:5 000~
1:1万的大比例尺土壤调查制图时，最好使用大比例尺的航片。由于大比例尺反映地面
状况极为详尽，因此，航片的比例尺可以稍微小于成图比例尺，例如：进行1:5 000土
壤调查可以使用1:7 000的航片，进行1:1万土壤调查可以使用1:1.2万~1:1.4万的
航片，都无损于精度，并可以减少航片拼接等工作量。进行1:2.5万的土壤调查制图
时，最好选用同比例尺的航片，但不要大于制图比例尺。航片比例尺大了是浪费；航片
比例尺小了，判读性能降低，影响调查制图的质量。干旱、寒冷地区自然景观比较单
纯，人类活动影响较小，在这些地区1:6万左右的航片仍能反映地面的实况，可满足
1:5万~1:10万的土壤调查制图。

1.3.2.2 航片的准备

在有相片平面图或影像地图的地区，最好利用它们作为土壤调查的底图。多数情况
下，是以接触晒印航片及由此镶嵌的相片略图作为调查底图。

准备相片一般要向测绘部门订购2套接触晒印相片(至少1套半)，其中一套供立体
观察、判读和转绘用；另一套(半套)供镶嵌相片略图，或供野外控制测量。

因当前我国广大地区主要是大比例尺和中比例尺的全波段黑白航片，所以主要是准
备黑白航片，对少数地区具有彩红外航片和多波段航片也可以使用。在订购航片时，要
索取诸如摄影时间、航高、焦距等航摄资料，以便对航片质量进行分析。

1.3.2.3 卫片的准备

在进行中、小比例尺土地资源调查时，多采用的是假彩色卫片。一般SPOT影像能
满足1:5万~1:10万的土地资源调查与制图；TM影像能满足1:10万；1:20万的土地资
源调查与制图。特别是在一些边远地区，土地利用结构比较简单管理粗放，例如：牧
区、林区可以考虑利用卫片，有些研究工作可以考虑利用卫片的磁带或将其扫描数字化
处理，利用计算机进行辅助分类解译。

随着中巴资源卫星的发射和使用，中巴资源卫星的数据涉及农业、林业、水利、国
土资源、地矿、测绘、灾害和环境监测等各个行业，因此有条件的地区在调查的时候．
也要收集相关中巴资源卫星。卫片资料准备要考虑收集多种比例尺、多波段和多时片的
卫片(或数字影像)的需要。

(1) 多种比例尺卫片的收集

根据现有卫片制图精度的限制，要求收集1:100万、1:50万、1:20万等不同比例
尺的各种MSS、TM、HRV等卫片。如果工作需要，还需对局部地区索取进一步放大的
1:10万卫片。

(2) 多波段卫片的收集

1:100万正负软胶片、浮雕片。现有波段主要有MSS 4~7、TM 1~7、HRV 1~4等,
1:5万黑白片。假彩色片。1:20万假彩色组合片对局部地貌及土壤类型丰富的地区。还
要收集大比例尺的计算机图像处理片。

(3) 多时相卫片的收集

应包括春、夏、秋、冬等主要季节最新的连续卫片(或数字影像)，尤其以春、秋季

节的最好。因为不同季节，对某种解译对象会呈现出较突出的信息，例如：秋末卫片（或数字影像），对乔、灌、草的解译较佳；冬季卫片（或数字影像），对落叶植被最易区分，对土壤解译也较有利。

1.3.3　土壤底图的编制准备

1.3.3.1　土壤底图编制的必要性

土壤底图是指制作土壤图时使用的工作底图，是土壤资源调查成果图的地理基础，其内容一般包括水系、居民地、境界、道路、地貌等要素。可用来定向、定位，定量说明专题要素的分布特征、分布规律以及它与周围地理环境的相互关系。土壤底图通常利用地形图进行制作。

地形图是各种地图制图的基本资料，在土壤调查中，使用地形图进行专题要素的填充、分析研究是必要的，但不能代替土壤调查成果图的底图。这是因为：

- 一个调查区域需由几幅地形图拼接，使用不方便；
- 地形图的内容是多方面的，有许多内容在土壤图中不必反映，若以地形图作底图，则图面的地理信息负载过重，反而冲淡了专题内容。

1.3.3.2　底图编制方法

第一，按相应比例尺，利用国家基本地形图直接裁割，嵌贴在展有数学基础的裱板上。这种底图编制方法是现在最常用的方法。

第二，展绘地图的数学基础，就是按规定比例尺展绘出地图的经纬线用廓点、经纬线网或直角坐标网、控制点等。展绘时用的设备为直角坐标展点仪，也可用简易工具，例如：坐标格网尺、分规等展绘。

第三，编绘地物或地貌版，然后蒙上聚酯薄膜清绘，剪贴注记，进行图面整饰。

第四，可将底图直接蓝晒在聚酯薄膜上进行编绘、清绘成果图。有条件的地方，可采用单色印刷或双色印刷(地物、地貌为棕色，水系为蓝色)，在印刷图的基础上编绘成果图。

1.3.3.3　底图内容的选取

底图内容的选取，取决于土壤资源各专题地图的内容及反映本区域特征的需要，而不应该是地形图的简化。根据比例尺不同。底图内容差异很大，大比例尺土壤调查底图内容大致应包括：

居民点　省、县(市)、集镇、行政村及部分自然村。表示的形状和方式与比例尺的大小有很大关系，自然村的选取与图面负载，是否与表达意义有关。

境界　行政界线往往同居民点的表示结合在一起。

水系　海岸线、河流、水库，湖泊及主要渠道。

地貌　海拔、坡度、坡向和形态特征。

道路　铁路、公路及个别有特殊意义的大车路等。

中小比例尺土壤调查底图选取内容，主要是一些地理基础资料，例如：水系、道路、主要城镇等。

1.3.4 调查工具的准备

1.3.4.1 挖掘、取土工具

目前为止，我国挖掘土壤剖面的主要方法仍然是用铁锹、镐挖掘土坑。用各种土钻，包括螺旋钻、半筒式开口钻、洛阳铲、熊毅土钻等工具（图1-1、图1-2）钻取土样。螺旋钻用于检查土壤制图的边界；各式的筒钻，用于取不同深度的土样以检查土壤类型的变化，甚至可以作为化验样本；洛阳铲用于黄土母质地区，它可以容易地取得较深的土样；机动土钻，用汽车和拖拉机的运载，并利用这些机械输出动力以带动土钻。它的钻筒外套为探纹，可以借助机械输出的液压和螺旋向下的力量，使钻筒的内管能取出保护原来土壤结构的一定深度（例如：1 m）的柱状土样。可作为土壤剖面的观察和化验样本取样，甚至可作为物理分析取样。

国外土壤调查已经较多地使用野外取土车，可掘取整段土体进行观察，我国也应该试制推广，以提高野外调查土壤的效率。如果采集整段标本时，应配备修饰土柱的工具，例如：手锯、修枝剪、油灰刀、木工凿等。遇有剖面中坚硬层次应均匀地喷水再用油灰刀切割修成柱状；对无明显结构的土壤最好在采土前浇水，待渗透后取土。遇有砾质土坡则注意取土后的修饰工作，尽可能保持原状。因此，在干旱地区采土时，务必带足用水。

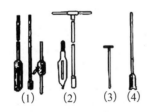

图1-1 各式取土工具

1. 筒式土钻　2. 森林钻　3. 螺旋土钻　4. 洛阳铲

图1-2 取土采用的土钻示意

1.3.4.2 调查的一般工具

剖面尺（2 m）、剖面刀、门赛尔比色卡、硬度计、照相机、摄像机、放大镜、比样土盒、整段标本盒、野外记录簿、土样袋和标签等。

1.3.4.3 野外土壤草图测制仪器

野外测图用具包括罗盘仪、海拔高度计、坡度仪、望远镜、绘图板、视距尺、钢卷尺、钢直尺、三角板、量角器、曲线板、圆规、绘图铅笔、求积仪、标杆、木桩等，在有条件的情况下，可用全站仪和GPS接收机等测绘设备。

1.3.4.4　野外测定土壤理化性质仪器

土壤养分及化学性质速测装备。在野外观察土壤剖面要配置速测土壤有机质、碱解氮、速效磷、速效钾、三价铁等项目的速测箱、pH 计、电导仪、10% 稀盐酸及特制滴瓶。土壤水分和某些物理性质是要在野外进行测定的，例如：土壤孔隙状况、土壤田间持水量、土壤三相比等。因此，要配备一定的设备，例如：张力计、土壤硬度计、环刀、三相仪、铝盒等。

1.3.4.5　其他配备

（1）室内成图工具的装备

包括遥感影像的纠正仪、转绘仪。有关面积量算的求积仪。绘图的有关纸张，绘图笔及不同类型的墨水和简易的绘图工具等。现在多数应用计算机进行制图，需要计算机和相关的应用软件（AutoCAD、ArcGIS、MapGIS、SuperMAP 等）。

（2）野外生活用品

野外调查工作队要根据工作地区的特点和工作时间的长短配备必需的衣、食、住、行等生活用品和医药保健装备，如果工作地区较远或远离居民点的荒漠区、牧区等，则必须配备交通工具，并制定好周密的野外路线图。

本章小结

本章主要介绍了土壤调查工作任务、拟定工作计划、资料的收集与分析和调查物质的准备。准备工作的主要任务包括明确调查任务、组建调查队伍、确定制图比例尺、统一"技术规程"，提出质量标准及成果要求收集并分析已有的基础资料与图件、研究前人工作的成果准备调查工具、仪器和计算机软件，做好物质准备。土壤调查的任务一般可分为两大类型：概查和详查。在调查任务和组织形式确定后，选择、确定土壤的制作比例尺是一个重要的问题。不同的比例尺代表着不同的调查精度和工作量。地形图是进行土壤野外草图测制和室内转绘成图的基础图件。专业人员分工负责野外调查工作、室内分析、资料整理、图件编绘、物质的供应工作，要有明确的岗位职责，明确"技术规程"，并建立严格的检查验收制度，保证调查工作的顺利进行和其成果质量。工作量的估量主要取决于成图所要求的比例尺、调查地区的地面的复杂程度、调查使用的工作底图种类、选择观察剖面点的方法、剖面观察的深度与类型、土壤分类与制图图例、其他附加要求及报告编写要求等方面，是考虑工作量的基础。对前人在该区的工作成果，要详细地了解与分析，这样才能制定出切合实际的工作计划。系统地收集、整理并分析研究调查地区有关资料十分重要。通过资料的分析与研究，可以对调查地区的基本情况和存在的问题有一个总体概念，了解前人工作方法的特点，以便深化土壤调查的工作内容。物质的准备是保障土壤调查关键因素，主要包括：图件准备、遥感资料的准备、土壤底图的编制准备、调查工具的准备等。

本章应熟悉土壤调查的组织工作和土壤调查物品的准备；掌握搜集资料与分析过程。

复习思考题

1. 什么是详查和概查，比较两者各自特点？
2. 常见底图的比例尺种类有哪些？
3. 如何确定底图的比例尺？

第 2 章

成土因素与区域景观研究

　　土壤是成土母质在气候、地形、生物等自然成土因素和人类生产活动综合作用下，经过一系列物理、化学和生物的作用下而形成的。土壤为一种自然体，与其他自然体一样，具有其本身特有的发生和发展规律。成土因素学说就是研究这些外在环境条件对土壤发生过程和土壤性质影响的学说。土壤形成因素分析不仅是我们组织有关土壤知识概念，并建立分类体系的指导，它也是我们在野外鉴别土壤、划分土壤界线的重要参考依据。因此，土壤的研究必须和成土因素的研究紧密地结合起来，才能全面深入地认识土壤，这是土地调查制图工作必须具有的基本思想。

　　19 世纪末，俄国著名土壤学家道库恰耶夫对俄罗斯广袤草原土壤进行了调查，并且在此基础上，将广阔地域的土壤研究与土壤周围的自然条件联系起来，创立了野外调查与制图的方法，该方法强调土壤调查要阐明调查地区土壤特性以及土壤分布与所在地区成土因子，例如：地方气候、植被、母质，地质水文以及人类活动之间的相互关系，认为土壤是在五大成土因素（即气候、母质、生物、地形和时间）作用下形成的，并创立了函数关系式以表示土壤与成土因素之间的发生关系。

$$\Pi = f(K, O, \Gamma, P,)T \tag{2-1}$$

式中　Π——土壤；

　　　K——气候；

　　　O——生物；

　　　Γ——地形；

　　　P——母质；

　　　T——时间。

　　其含义：土壤是气候、生物、地形、母质等因素长时间作用的产物。

　　道库恰耶夫的成土因素学说，即土壤发生学说，是现代土壤学的重要原理之一。更是土壤调查的基本理论基础。继道库恰耶夫之后，许多土壤学家对成土因素学说的发展做出了贡献，从不同的侧面深化了成土因素的内容。

　　威廉斯提出了土壤统一形成学说。在这个学说中，强调了土壤形成中生物因素的主导作用和人类生产活动对土壤产生的重大影响。威廉斯认为土壤形成过程发展密切联系着土壤形成全部条件的发展，特别是作为土壤形成主导因子——植物的发展。形成条件的发展变化引起土壤性质的变化，使土壤不断进化，并可能产生质的突变。同时，土壤的发展又促进植被的发展。

　　在道库恰耶夫 60 年之后，美国土壤学家 Jenny（1948）在她的《土壤因素》一书中，引用了与道库恰耶夫同样的数学式来表示土壤和最主要的成土因素之间的关系：

$$S = f(CL, O, R, P, T, \cdots) \tag{2-2}$$

式中　S——土壤；

　　　　CL——气候；

　　　　O——生物；

　　　　R——地形；

　　　　P——母质；

　　　　T——时间；

　　　　$\cdots$——其他因素。

应当指出，道库恰耶夫和詹妮的土壤形成方程式只是土壤形成的模糊概念模型，并不能用现代数学（微积分）方法逐个解答公式的每一部分。因为每一个成土因素都是极其复杂的动态系统，它们不仅是独立的，而且彼此之间又是紧密联系着、错综复杂地作用于土壤。另外，威廉斯关于生物累积过程是主导成土过程的观点也带有片面性。一个土壤个体可以在比较短的时间内发育形成。也可以受到各种不同的影响而改变，甚至由于侵蚀或其他作用而被消灭，而不仅仅与植物的进化相关。

综上所述，通过野外景观综合研究和土壤剖面的野外描述研究成土因素，是揭示土壤发生分类，制定土壤利用改良分区等方面的理论基础和重要依据，是土壤工作者必须掌握的基本技能。

2.1　成土因素的综合分析

成土因素可概分为自然成土因素（气候、生物、母质、地形、时间）和人为活动因素。前者存在于一切土壤形成过程中，产生自然土壤；后者是在人类社会活动的范围内起作用，对自然土壤进行改造，可改变土壤的发育程度和发育方向。各种成土因素对土壤的形成作用不同，但都是相互影响、相互制约的。一种或几种成土因素的改变，会引起其他成土因素的变化。土壤形成的物质基础是母质；能量的基本来源是气候；生物的功能是物质循环和能量的转换，使无机能转变为有机能，太阳能转变为生物化学能，促进有机物质积累和土壤肥力的产生；地形和时间以及人类活动则影响土壤的形成速度和发育程度及方向。概括起来，有以下几点：

• 土壤形成过程是母质与气候之间的辐射能量交换综合过程，土体内部物质和能量的迁移和转化则是土壤形成过程的实际内容；

• 土壤形成过程是随时间的推移来完成的；

• 土壤形成过程由一系列生物的、物理的、化学的、物理化学的基本现象构成的，它们之间的对立统一运动，导致土壤向某一方向发展，形成特定类型的土壤；

• 土壤形成过程是在一定的地理位置、地形和地球重力场之下进行的，地理位置影响着这一过程的方向、速度和强度，地球重力场是引起物质（能量）在土体中做下垂方向移动的主要条件，地形则引起物质（能量）的水平移动。

由于成土条件组合的多样性，造成了成土过程的复杂性。在每一块土壤中都发生着一个以上的成土过程，其中有一个起主导作用的成土过程决定着土壤发展的大方向，其他辅助成土过程对土壤也起到不同程度的影响。各种土壤类型正是在不同成土条件组合下，通过一个主导成土过程加上其他辅助成土过程作用下形成的。不同土壤有不同的主导成土过程。成土过程的多样性形成了众多的土壤类型。

2.1.1　确定成土因素中的主导因素

在某一特定地区，对土壤性状发生及发展的影响，总有一个因素是主导的，而其他因素则处于从属的地位。据此，在分析问题时，要抓住主要矛盾，问题才能迎刃而解。

Jenny 对土壤形成过程中生物因素起主导作用的学说进行补充修正发表了著名的论著 *Factors of Soil Formation*，提出了"clorpt"，公式，成为土壤形成的综合公式。Jenny 认为，生物主导作用并不是千篇一律的现象，不同地区、不同类型的土壤，往往有不同的成土因素占优势。Jenny 将优势因素放在函数式右侧括弧内的首位，以下列形式表示：

气候主导因素函数式：$S = f(CL, O, R, P, T, \cdots)$

生物主导因素函数式：$S = f(O, CL, R, P, T, \cdots)$

地形主导因素函数式：$S = f(R, CL, O, R, T, \cdots)$ 　　　　　　　　　(2-3)

母岩主导因素函数式：$S = f(P, CL, O, R, T, \cdots)$

时间主导因素函数式：$S = f(T, CL, O, R, P, \cdots)$

式中　S——土壤；

　　　CL——气候；

　　　O——生物；

　　　R——地形；

　　　P——母质；

　　　T——时间；

　　　$\cdots$——其他因素。

例如：黄泛平原区的碱化土、碱土和盐土系列，主要受水文地质条件所支配，在含有不同盐分组成的情况下，便形成不同性质的盐渍土。当然，这种盐分的分异，与地形及成土母质性状也有密切的关系。而黄潮土中的砂土、二合土和淤土系列主要受水文条件所支配，由紧砂漫淤的沉积规律所形成。因此，把握住水系的分布，可大致了解土壤的种类。

又如，在山地丘陵地区，土壤发生所涉及的因素比较复杂，有些土壤类型是因地形的影响，而产生几种分异。例如：山地、丘岗部位，主要受地带性生物气候条件的支配而多形成地带性土壤；陡坡部分，土体侵蚀严重，土壤发育始终处于幼年状态的石质土。还有的土壤类型是受母质的制约，例如：发育在普通砂岩和第四纪红色黏土上的为黄红壤，发育在石灰岩上的是石灰岩土。有的土壤类型则受人为耕作影响为主，例如：谷地平川的水稻土。

2.1.2　分析成土因素之间的联系

土壤形成过程中任何一个成土因素对土壤的影响不是孤立的，这是因为各因素间有着发生上的联系。因此，在研究成土因素对土壤的影响时，不仅要具体地分析每个因素的作用，而且要在互相连接上分析它们的作用。这是因为：

- 在某一特定区域，对土壤性状、发生以及发展的影响，总有一个因素处于主导地位，而其他的因素则处于从属地位，所以在分析成土因素对土壤的综合作用时，要抓住主要矛盾，问题才会迎刃而解；
- 由于各个成土因素之间具有发生上的联系，在研究成土因素时，不仅要具体地分析各个成土因素的作用，也要在其相互联系上分析它们的作用。

各个成土因素及土壤本身均是在不断地运动和发展的，因而不仅要研究它们的现状，还要研究它们的过去和最新的发展趋势。例如：地表水、地下水与气候、地貌等景观因素的关系。地表水和地下潜水不仅是一定气候和地貌条件的综合反映，还是一定气候条件下区域地貌的塑造者。因此，必须将这些水体作为景观因素的组成部分来研究。半干旱与半湿润山区水系携带大量的迁移物质，当流出山口时，水速变缓，大量迁移物质沉积下来，形成洪积扇。一般扇顶物质较粗，扇缘物质较细。与此同时，大量的河水在扇顶处渗漏而成为地下潜水，在扇缘处潜水又以泉水出露变成地表水。其水量大小与降水、河水流量呈一定的相关性。因而，这些因素决定了半干旱和半湿润地区山麓地带的土壤分布规律。

2.1.3 研究各成土因素的相互作用

对区域景观中的任何一个因素来说，其他所有的因素都为它创造了或规定了起作用的条件。因而在分析任何一个因素的作用时，不能只从其作用的本身来考虑，而要考虑它起作用的条件，从各个因素的相互联系、相互制约、相互作用中去研究。例如：应将地表水、地下水与地质构造和岩性研究结合起来。一定的水系结构和水文地质条件与其构造地质及岩性密切相关，例如：山体形状和排列决定水系结构。一般所谓纵向河谷、横向河谷、断层河谷、先成河、后成河等，即为例证。地表水、地下潜水与岩性关系也极为密切，例如：以花岗岩为基底的盆地，由于岩石渗透差，多出现丰水区，然而，石灰岩则相反，由于大量的溶蚀裂隙与溶洞存在，使大量地表水漏失，便成了地上和地下的枯水区，只有当地势接近于侵蚀基准面，或是遭遇不透水层(如花岗岩)时，才形成泉水涌出。

2.1.4 研究成土因素的变化对土壤类型演替的影响

区域景观中某一因素发生变化，引起其他一些因素相应的变化，从而使土壤类型依次发生演替。地形发育对土壤形成产生了深刻的影响。由于地壳的上升或下降，不仅影响土壤的侵蚀和堆积过程，同时引起水文、植被等一系列变化，其结果改变了成土的方向，形成了新的土壤类型。例如：随着河谷地形的变化，在不同地形部位形成了不同的土壤类型。河漫滩是由于地下水位较高，其上形成水成土，低阶地上形成了半水成土。高阶地成土过程不受地下水影响形成了地带性土壤。随着河谷继续发展，土壤也发生相应变化。如果河漫滩升为高阶地，河漫滩上的水成土将经过半水成土转化为地带性土壤。由此可见，在不同地形部位形成不同的土壤类型。相反，在相同的气候条件下，在同一类型和同一年龄的地形部位上，则形成相同的土壤类型。

区域景观中各因素及土壤本身都不是静止的，而是不断发生变化的。因而，不仅要研究它们的现状，还要研究它们的过去和最新的发展趋势。这样才能看清它们作用的本质，才有可能预见其未来，以便更好地进行土壤分类研究、合理开发利用和保护区域土壤资源。

2.2 气候因素研究

2.2.1 气候因素对土壤形成的影响

气候因素主要是指太阳辐射、降水、温度、风等，它们是土壤系统能量的源泉和能量传输的载体，决定着土壤的水热状况。土壤和大气之间经常进行着水分和热量的交换，影响着土壤中矿物质、有机质的迁移转化过程，并决定着母质母岩风化、土壤形成的方向和强度。气候条件和植被类型有着直接的关系，因而气候也通过植被间接地影响土壤形成。总的来说，土壤形成的外在推动力都来自气候因素，气候是直接和间接地影响土壤形成过程中方向和强度的基本因素。在气候要素中，温度和降水量对土壤的形成具有最普遍的意义。

2.2.1.1 太阳辐射

土壤表面获得太阳短波辐射和大气逆辐射，是土壤热量的重要来源。与此同时，土壤表面时刻不停地与大气进行着热量交换。土壤温度状况与近地大气层温度状况有最直接的依赖关系。

太阳每年投到地球表面的总辐射能，按左大康经验公式计算如下：

$$R = (Q + q)(a + bn/N) \tag{2-4}$$

式中　R——太阳总辐射能 $[kJ/(cm^2 \cdot a)]$；

$\quad\quad Q$——直接辐射能 $[kJ/(cm^2 \cdot a)]$；

$\quad\quad q$——散射辐射能 $[kJ/(cm^2 \cdot a)]$；

$\quad\quad n$——太阳实际照射时数；

$\quad\quad N$——太阳照射总时数。

其中：$a = 0.248$，$b = 0.752$，$a + b = 1$。

地面由于吸收太阳辐射和大气逆辐射而获得能量，同时又向外放射长波辐射而损失能量。在单位时间内，单位面积地面所吸收的辐射与放出的辐射之差，称为地面辐射差额（R），得出方程式为：

$$R = (S' + D)(1 - r) - E_0 \tag{2-5}$$

式中　S'——太阳直接辐射；

$\quad\quad D$——散射；

$\quad\quad E_0$——地面有效辐射；

r——反射率。

2.2.1.2 温度

温度影响矿物的风化与合成、有机质的合成与分解。一般来说，温度增高 10 ℃，化学反应速度平均增加 1~2 倍。在寒带，土壤化学风化作用微弱，植物生长发育很缓慢，微生物活动受低温的抑制，有机质分解困难。因而，土壤中物质转化缓慢，土壤发育处于原始阶段。相反，在高温多雨地区，矿物绝大部分被分解，植物生长迅速，有机质年增长量很大，土壤微生物活动旺盛，风化壳和土壤层厚度增加，土壤中物质转化速度很快。

（1）气温与土壤温度状况

土壤表面时刻不停地以辐射、蒸发以及土壤与大气的热流交换而向近地大气层传递热能，而只有小部分为生物所消耗，极少部分通过热传导进入土壤底部。由此可见，土壤与近大气层之间存在着频繁的热量交换过程，土壤温度状况与近地大气层温度状况有最直接的依赖关系。

（2）气温对成土过程的作用

气温及其变化对土壤矿物体的物理崩解、土壤有机物以及无机物的化学反应速率具有明显的作用，气温及其变化对土壤水分的蒸发、土壤矿物的溶解与沉淀，有机质的分解以及腐殖质的合成都有重要的影响，从而制约着土壤中元素迁移转化的能力和方式。温度的快速剧烈变化会导致母岩的崩解破碎，使母岩转化为碎屑状成土母质。温度除了对土壤产生直接影响外，对植物的影响也间接地影响土壤的发育与发展。温度对生物的影响主要考虑与植物生长发育有关的温热指标，例如：年平均气温（℃），≥0 ℃、≥5 ℃、≥10 ℃的积温（活动积温）及有效积温等。

俄罗斯土壤学家柯夫达根据上述指标将地球表面划分成若干温度带（表 2-1），植物群落类型及其循环强度，土壤类型分布均与之相关联。

表 2-1　中国温度带的划分

自然区域	自然带和亚带	温度指标（℃）			主要植被与地带性土壤	农业特征
		≥10 ℃积温	最冷月气温	年平均极端最低气温		
东部季风区域	温带	<4500	<0	< -10		有"死"冻
	1. 寒温带	<1700	< -30	< -45	针叶林和棕色针叶林土	一季及早熟作物
	2. 中温带	1700~3500	-30~ -10	-45~ -25	钊阔混交林和暗棕壤	一年一熟，春麦与玉米为主
	3. 暖温带	3500~4500	-10~0	-25~ -10	落叶阔叶林，棕壤和褐土	两年三熟或一年两熟冬麦、玉米为主，苹果、梨

（续）

自然区域	自然带和亚带	温度指标(℃)			主要植被与地带性土壤	农业特征
		≥10 ℃积温	最冷月气温	年平均极端最低气温		
东部季风区域	亚热带	4500~8000	0~15	-10~5		冷季种喜凉作物,热季种喜温作物
	4. 北亚热带	4500~5300	0~5	-10~-5	常绿落叶阔叶林,黄棕壤	稻、麦 两 熟,茶、竹
	5. 中亚热带	5300~6500	5~10	-5~0	常绿阔叶林,黄壤,红壤	双季稻两年五熟,柑橘、油茶
	6. 南亚热带	6500~8000	10~15	0~5	季风常绿阔叶林,赤红壤	双季稻一年三熟,龙眼、荔枝
	热带	>8000	>15	>5		喜温作物全能生长
	7. 边缘热带	8000~8500	15~18	5~8	半常绿季雨林,砖红壤	喜温作物一年三熟,咖啡
	8. 中热带	8500	>18	>8	季雨林,砖红壤	木本作物为主,橡胶
	9. 赤道热带	>9000	>25	>20	珊瑚岛常绿林,磷质石灰土	可种热带植物
西北干旱区域	10. 干旱中温带	<4000	<-10	<-20	草原与荒漠,棕钙土	一年一熟,冬麦和棉花
	11. 干旱暖温带	>4000	>-10	>-20	灌丛与荒漠,棕漠土	两年三熟或一年两熟
	12. 高原寒带	<500	<6		高寒荒漠,高山荒漠土	"无人区"
	13. 高原亚寒带	500~1500	6~10		高寒草原,高寒草原土	牧业
	14. 高原温带	1500~3000	10~18		山地针叶林,山地森林土	农业和林业

注：引自《中华人民共和国国家农业地图集》，1989。

2.2.1.3　降水

土壤水分是现代土壤科学研究的重要内容，也是进行土壤分类的重要定量指标。降水是土壤水分的主要来源，是许多矿物风化过程与成土过程的媒介与载体，是影响土壤中物质和能量迁移转化的重要条件。

（1）大气降水对矿物风化和土壤淋溶淀积的影响

在铝硅酸盐矿物风化过程中，正是由于水及其中溶解的阳离子的参与使矿物的晶格遭到破坏、晶格中的某些阳离子进入水体。在半干旱半湿润气候区，土体中 Na^+、K^+ 绝大部分淋失，而 Ca^{2+} 和 Mg^{2+} 多淀积在心土层；在湿润地区，母质中的盐分遭到强烈淋洗，Na^+、K^+、Ca^{2+} 和 Mg^{2+} 绝大多数被淋出土体进入地表水系统中，土壤呈酸性。例如：Jenny（1983）的资料表明，在美国大平原中部地区，土壤中 $CaCO_3$ 淀积深度与年降水量有明显的相关性。中国学者的研究也表明，在黄土高原及华北地区土壤中次生碳酸钙淀积深度与年降水量也存在密切关系

（2）大气降水对土壤有机质积累的影响

一般来说，在其他条件类似的情况下，土壤中有机质的积累过程强度随着区域降水量的减少而减少，例如：中国中温带地区自东而西，由黑土—黑钙土—栗钙土—棕钙土—灰漠土，有机质含量逐渐降低。同理，一般情况下，土壤有机质的累积过程强度也会随着区域降水量的增加而增加，但当降水量增加到一定程度时，由于土壤水分过量导致土壤通气状况变差，土壤有机质的积累，特别是土壤腐殖化过程明显受到抑制，因此，土壤表层（0~20 cm）有机质含量与年均降水量之间呈非线性关系。

（3）大气污染物对土壤的影响

随着工业的发展，大气污染对土壤的影响也越来越受到关注。大量酸雨注入土壤已引起土壤的酸化，增强了土壤溶液对矿物的溶解作用，并增加了土壤有毒有害元素，例如：Al^{3+}、Mn^{2+} 的积累，从而危害作物的正常生长。而土壤的有机—无机复合胶体表面吸附的阳离子也会被 H^+ 置换所淋失，酸化土壤还会制约微生物的活性，从而影响有机质和矿物的分解和转化过程。

2.2.1.4　干燥度与湿润度

干燥度指可能蒸发且与降水量的比值。其倒数称为湿润度。由于蒸发量测定较麻烦，一般用干燥指数表示（表2-2）。

表2-2　中国气候大区划指标

气候大区	年干燥度	自然景观
湿润	<1.0	森林
半湿润	1.0~1.6	森林草原
半干旱	1.6~3.5	草原
干旱	3.5~16	半荒漠
极干旱	>16	荒漠

注：引自《国家自然地理》，1981。

按干燥度指数可以划分气候的干湿类型及程度。根据干燥度可把我国气候划分为 3 类，见表 2-2。

2.2.1.5　风

风对成土过程的影响是巨大的，也是多种多样的。首先，风力导致土壤粉粒大量流失，即土壤风蚀沙化。其次，风力堆积作用常造成成土物质组成的变化，例如：中国温带地区，多数成土母质是第四纪风力堆积的黄土，这些由风成粉砂和粉粒组成的厚层黄土对土壤形成发育具有重要影响。

2.2.1.6　其他气候情况

雨季土壤溶液稀释，土体中可溶性物质与黏粒受到淋溶或下移。旱季土壤溶液浓缩，可溶性物质随水蒸发上移。季节性冻融交替加速土体的物理风化和促进土体碎裂。

2.2.1.7　微域小气候

主要表现在温度、湿度和风的变化上。小气候种类很多，包括地形小气候、海滨小气候、湖泊小气候、森林小气候、草地小气候和农田小气候等。这些小气候都对土壤水热状况发生或多或少的影响，其中以地形小气候对土壤形成及土壤性质的影响最为显著。

2.2.2　主要调查内容

2.2.2.1　太阳辐射

太阳辐射主要调查地面有效辐射、太阳实际照射时数、太阳照射总时数等。太阳直接辐射是太阳直接辐射强度的简称，指单位时间内以平行光的形式投射到地表单位水平面积上的太阳能。散射辐射是指太阳光被大气散射后，单位时间内以散射光的形式到达地表单位面积上的太阳辐射能。地面有效辐射是指地面辐射与被吸收的大气逆辐射之差。

2.2.2.2　温度

表示温度状况的特征值主要有平均气温、最高温度、最低温度和积温等。

（1）平均气温

平均气温包括日平均气温和年平均气温。日平均气温是将 24 小时各定时观测的气温的平均值；年平均气温是全年内各日或各月平均气温的算术平均值。为了表征某地气温的年变化。通常还要研究最热月份平均气温、最冷月份平均气温以及逐月的平均气温变化。

（2）最高温度

最高温度是指给定时段内所达到的最高温度，例如：日最高温度、月最高温度、年最高温度等。最低温度是指给定时段内所达到的最低温度。最高温度与最低温度之差，称为该时段的温度较差。温度的日较差和年较差可表征大陆性气候的程度。大陆性气候条件下温度日较差可达 15~20 ℃。

（3）积温

积温也是衡量热量的一个重要指标。在农业气候上，通常将一年内日平均气温≥10 ℃的稳定持续期看作作物生长发育期，在此期间内，温度的累积值称为活动积温，简称积温。除了活动积温还有有效积温、净效积温。积温是气候上划分热量带的重要依据，也是进行土壤资源评价的重要指标。

无霜期、初霜日期和终霜日期等，也是我们讨论温度时的重要指标。在寒温带，一些土壤冬季冻结，甚至有永久冻土层，应进行冻土观测，包括平均冻土深度、年最大冻土深度、冻结期和永久冻土出现的深度等。

2.2.2.3 水分

我国绝大部分地区属季风气候，干湿季节明显，因而降水的年内分配，对于分析土壤形成过程更有意义。降水主要调查降水量、降水强度、降水距平和降水频率等。

（1）降水量

降水量是表示降水多少的特征量，它是指从大气降水降落到地面后未经蒸发、渗透和径流而在水平面上积聚的水层或固体降水融化后厚度，单位是 mm。降水量具有不连续性和变化大的特点，通常以日为最小时间单位，进行降水日总量、旬总量、月总量和年总量的统计。

（2）降水强度

降水强度是表示降水急缓的特征量。它是指单位时间内的降水量，单位是 mm/d 或 mm/h。按照降水强度的大小，可将降雨划分为小雨、中雨、大雨、暴雨、大暴雨和特大暴雨等。降水强度越大，雨势越猛烈，被土壤和植物吸收利用的雨水越少。

（3）降水距平

降水距平是表示降水量变动程度的特征量，是指某地实际降水量与同期多年平均降水量之差。降水距平越大，表示平均降水量的可靠程度越小，发生旱涝灾害的可能性越大。

（4）降水频率

降水频率是指某一界限降水量在某一段时间内出现的次数与该时段内降水总次数的百分比。降水量高于或低于某一界限频率的总和，称为降水保证率。降水保证量表明某一界限降水量出现的可靠程度的大小。降水变率、频率和保证率的统计，往往是我们进行土壤资源评价的重要内容。

除了降水外，蒸发量以及空气湿度也应根据实际进行调查。空气湿度主要调查水汽压、相对湿度、饱和差、露点温度等。

气象工作中的蒸发量是用小型蒸发器测定的水面蒸发量与实际蒸发量之间有一定的相关。常常采用旬蒸发量、月蒸发量、季蒸发量和年蒸发量的统计资料。

空气中水汽所产生的压力，称为水汽压，饱和空气中所具有的水汽压力，称为饱和水汽压。空气中实际水汽压与同温度下饱和水汽压的百分比，称为相对湿度。用以表示空气的潮湿程度。相对湿度越小，表示空气越干燥；相对湿度越大，表示空气越潮湿。

饱和差指同温下的饱和水汽压和实际水汽压之差。饱和差的大小直接反映了空气离饱和的程度，数值越大表示空气越干燥；反之越潮湿。

2.2.3　调查方法

2.2.3.1　地理景观研究法

地理景观在土壤上的具体体现就是土壤的地带性，其中包括水平地带性和垂直地带性。水平地带性又分为经度地带性和纬度地带性。根据调查区的生物气候特点和指标，便能推断出该地区的地带性土壤及它们形成的地域组合。同时，可以结合野外观察来研究和证实气候因素对土壤形成和发育所产生的影响。例如：按照年降水量 500～700 mm，年蒸发量 1500～1800 mm，年平均气温 10 ℃左右等指标，即可推断它是一个干旱森林与灌木草原的景观，地带性土壤为褐土。同样，在栗钙土地带、棕壤地带和红黄壤地带均有相应的景观特征，也是受该地带的气候因素和大区地形的影响而形成的。

但土壤与气候间的关系，因其他成土因素的参与而变得复杂起来。例如：中国广东与广西两地同处亚热带，广东因其成土母质多为花岗岩类，而造成大多数土壤为贫瘠和酸性的；而广西，由于广泛分布着石灰岩，发育了中性或微酸性盐基饱和度较高的石灰岩土。总之，在根据气候特点判断土壤类型时，我们应从土壤形成的多因子综合作用的观点去看问题，存在有地带性论，但不唯地带性论。

2.2.3.2　小区域气候观察法

在一个大的气候条件下，往往由于局部的地形变化因素形成一些中小区域的气候条件，常出现在山区。例如：东南季风区的迎风坡，温暖湿润多雨；而背风坡则干旱温暖，使山的东南面与西北面形成两种地理景观，因而就出现两种土壤类型。这种情况在南方的横断山脉和北京山区都是常见的现象。又如：阳坡(偏南坡)所获得的太阳辐射的光和热比较多，湿度比较低，温度比较高，土壤蒸发比较强，蒸发比较强，导致土壤比较干燥；而阴坡(偏北坡)的情况正相反，冬季往往积雪时间较长，回暖后积雪融化较慢，增温少，蒸发弱，土壤水分消耗也较慢，导致同海拔两边的土壤形成类型有差异。

2.2.3.3　土壤剖面形态观察及物质的地球化学迁移研究法

一般来说土壤剖面形态就等于地面景观的一面镜子。影响剖面形态所反映和记录的景观，除母质因素以外，主要是气候因素，具体表现在 2 个方面：

(1)气候影响土壤黏土矿物类型

形成岩石中的原生矿物的风化演化系列，与风化环境条件(气候)有关。根据黏土矿物的风化沉淀学说，一般在良好的排水条件下，风化产物能顺利通过土体淋洗而淋失，则岩石的风化与黏土矿物的形成可以反映其所在地区的气候特征，特别是土壤剖面的上部和表层。在中国的温带湿润地区，硅酸盐与铝硅酸盐原生矿物缓慢风化，土壤黏土矿物一般以 2:1 型铝硅酸盐黏土矿物为主；亚热带的湿润地区，硅酸盐和铝硅酸盐矿物风化比较迅速，土壤黏土矿物以高岭石或其他 1:1 型铝硅酸盐黏土矿物为主；而在高温高湿的热带地区，硅酸盐和铝硅酸盐矿物剧烈风化，土壤中的黏土矿物主要是三氧化物和二氧化物，具体表现为土壤剖面黏化层和土壤结构体表面胶膜的存在。这仅仅从宏观地理气候的角度分析问题，在实际工作中还要注意母质条件对土壤黏土矿物类型的影响。

（2）气候影响物质的地球化学迁移

气候学上干燥度是反映该现象的重要指标，当降水量大于蒸发量时，一般土壤呈酸性反应，甚至产生土壤胶体破坏和硅酸移动。一般降水量稍小于蒸发量，且地下水位低者，土体中出现 $CaCO_3$ 等新生体，形成钙质近中性的土壤；而当降水量小而蒸发量很大，或排水情况不甚良好时，则土壤中或土壤表面发生盐分积聚，形成盐化土壤。

2.2.3.4 指标分析法

（1）土体化学性质与气候的相关性

在干旱区内，降水稀少，蒸发量大。土壤物理风化占优势，化学风化较弱，因而土壤富含石灰、氧化镁和碱金属元素，例如：在内蒙古及华北草原、森林草原带土壤的一价盐分大部分淋失，二价盐分在土壤中有明显的分异，大部分土壤都有明显的钙积层。而在湿润区的土壤则化学风化盛行，可溶性氧化硅、氧化铁和氧化铝的含量较高。在华东、华中、华南地区，二价碳酸盐也淋失掉，进而影响硅酸盐的移动。由西北向东南过渡，土壤中 $CaCO_3$、$MgCO_3$、$Ca(HCO_3)_2$、$CaSO_4$ 和 Na_2SO_4 等盐类的迁移能力随着其溶解度的加大而不断增强。

（2）土壤分布与湿润条件的相关性

所有研究这类关系的方程式都是以降水量和蒸发量的比值作为湿润度的指标为基础的。按湿润系数 K 的水平，可分出以下湿润带：

- 过湿润（$K = 1.5 \sim 3$）；
- 湿润（$K = 1.2 \sim 1.5$）；
- 正常（$K = 0.7 \sim 1.2$）；
- 半干旱（$K = 0.5 \sim 0.7$）；
- 干旱（$K = 0.3 \sim 0.5$）；
- 极干旱（$K = 0.1 \sim 0.3$）。

2.3 地形因素研究

2.3.1 地形因素对土壤形成的影响

地形是影响土壤与环境之间进行物质、能量交换的场所。但它与土壤之间并没有物质与能量的交换，对成土过程的影响是通过其他因素来实现的。其主要作用表现为：一方面，使物质在地表进行再分配；另一方面，使土壤及母质在接受光、热、水或潜水条件方面而发生差异，或重新分配。这些差异都深刻地导致土壤性质、土壤肥力的差异和土壤类型的分异。地形的作用主要表现在大、中、小不同地形，正地形与负地形，以及海拔、坡向、坡长、位置、地表形态和地形演变对土壤发育的影响。

2.3.1.1 地形通过影响土壤水分和辐射的再分配而影响土壤发生

地形支配着地表径流、土内径流、排水情况，因而在不同的地形部位会有不同的土壤水分状况类型。地形不仅控制着近地表的土壤过程(侵蚀与堆积过程)，而且还影响着成土作用(如淋洗作用)的强度和土壤特性以及成土过程的方向。

不同的坡度影响太阳的辐射角，从而影响接收的太阳辐射能量，造成土壤温度的差异。例如：在北半球，阳坡接受了较多的太阳辐射，土壤蒸散量高于阴坡，造成阳坡的水分条件比阴坡的差，形成不同的土壤类型。因此，地形间接影响土壤的形成过程。

2.3.1.2 地形影响土壤形成过程中的物质再分配

由于地形影响水热的再分配，从而也影响着地表物质组成和地球化学分异过程。在山区，坡体上部的表土不断被剥蚀，使得底土层总是被暴露出来，延缓了土壤的发育，产生了土体薄，有机质含量低，上层发育不明显的初育土壤或粗骨性土壤。正地形的土壤遭受淋洗，一些可溶性的盐分进入地下水，随地下径流迁移到负地形，造成负地形地区的地下水矿化度大。

在河谷地貌中，不同的地貌部位土可构成水成土壤(河漫滩，潜水位较高)→半水成土壤(低阶地，土壤仍受潜水一定影响)→地带性土壤(高阶地，不受潜水影响)发生系列(图 2-1)。

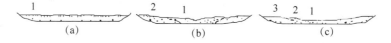

图 2-1　河谷地形发育对土壤形成、演化的影响示意

(a)河漫滩；(b)河漫滩演变成低阶地；(c)低阶地变成高阶地

1. 水成土壤　2. 半水成土壤　3. 地带性土壤

2.3.2　主要调查内容

2.3.2.1　地貌因素

地形是区域性景观分异的主体，它导致一个地区水热条件的重新分异。地形因素主宰着地表物质的分布、地表与地下水的相互补充与排泄，还支配着一个地区的生物地球化学分异规律，所以土壤调查中要将地形因素提高到地貌学高度来研究。地貌是地球表面各种起伏形态的统称。地貌因素中的地表高程、地表起伏度、地面坡度、坡向等，对土壤的发育与分布产生强烈影响。

(1)地形高度地形的高低会引起气候的垂直变化

通常海拔面升高 100 m，气温平均降 0.5~0.6 ℃，一般降水量增加 50 mm，其他气象要素，例如：日照、积温、土温等也因此会发生很大变化。

随着海拔的上升，生物气候条件的变化，形成一系列土壤垂直带谱。垂直带谱中的土壤类型与基带土壤有明显的不同，类似于较高纬度地区的土壤类型。

（2）地形起伏度

地形起伏度即不同地形类型间相对高差的大小，或称相对高度。在一些多山地区，由于相对高度大，坡度陡峭，侵蚀强烈，因而上层浅薄，石砾多，且山高谷深，谷地狭窄，光照不足，气温低、土温低，也影响了土壤的发育。

平原地区地形起伏一般不超过 20 m，即使是平原上的微小起伏，也可能会对土壤的发育产生重大影响。例如：华北平原上有大大小小的平浅洼地，与古河道自然堤形成的带状缓岗，其高低相差一般为 3~5 m，甚至只有 1~2 m，但它们在质地、地下水矿化度、土壤盐渍化等方面都有显著差别。

较大的地形起伏制约着热量和水分条件的分布，这主要体现为地形屏障作用。例如：燕山山系作为一道屏障，在冬季阻挡了西北南下的干冷寒流侵袭，使该山系南北间的冬季低温相差 4 ℃以上。地形还显著影响着降水量的分布，特别是正对海洋水汽水路且有相当高度的山岭，其迎风坡多形成多雨带，而背风坡则成为少雨或干旱的雨影区。地形支配着地表径流。地形可分为正地形和负地形，一般来讲，地表径流从正地形流向负地形。正地形一般为侵蚀区，负地形一般为堆积区，处于固态和溶解态的化学元素的迁移方向，是由侵蚀区指向堆积区。例如：山坡上氮、磷、钾及微量元素向河谷的迁移。

不同地形造成不同的地下水补给、径流、排泄条件。这不仅影响到地下水资源的总量，也影响到地下水的质量。在山区，广泛分布基岩裂隙水，这种类型的地下水接受降水补给，并受山区水文网的排泄作用。由于坡度大，地下水径流速度快，潜水来不及矿化，所以通常是低矿化重碳酸盐水。在扇形地和山前平原前缘以及内陆盆地内，随着地势的降低，地形越来越平缓，潜水埋藏也越来越浅。由于受强烈蒸发作用，水的矿化度逐渐增加。潜水排泄以垂直排泄为主。盐分积聚，有可能形成沼泽土和盐渍土。

（3）地面坡度

坡度对单位面积地面上接受的太阳辐射量多少有极大影响。以北半球为例：南坡坡度增加 1°，相当于纬度降低 1°，相当于该地南移 110 km；而对北坡来说，坡度每增加 1°，相当于纬度增加 1°。坡度也是影响土壤侵蚀的重要因素之一。一般来说，坡度越大，水土流失强度也越大。水土流失的严重程度，直接关系着土层厚薄和土壤的养分含量。

（4）坡向

在不同方向的坡地上，日照、降水、气温、湿度和风等各个气候因子都有显著差异。在高、中纬度地区，这种差异更为明显。一般是南坡接受阳光多，热量充足，有较强的蒸发量，一般相对温暖干燥，北坡则相反。迎风坡降水丰富，地表径流发达，侵蚀作用强，易产生水土流失；背风坡多为雨影区，降水较少，地表径流不发达，易产生干旱环境，由于这种自然景观分异作用形成的土壤类型有很大的不同。

2.3.2.2　按形态特征划分的地貌类型

（1）山地

山地指地面上四周被平地环绕的孤立高地，其周围与平地交界部分有明显的坡度转折。山地是大陆上最常见的地貌形态，山地的形态特征是地面起伏大、海拔在 500 m 以上，相对高度在 100 m 以上，根据海拔和相对高度及山体的切割程度可将山地划分成不同的等级（表 2-3）。其特点一般是山岭与谷地相间分布，地面坡度大。

山地内部按形态要素，可继续分为：

山顶　呈长条状延伸的称山脊，按其形态有尖顶山、圆顶山和平顶山。

表 2-3　地形分级表

名称	切割程度	绝对高度（m）	相对高度（m）
极高山		>5000	>1000
高山	深切割高山	3500～5000	>1000
	中切割高山	3500～5000	500～1000
	浅切割高山	3500～5000	100～500
中山	深切割中山	1000～3500	>1000
	中切割中山	1000～3500	500～1000
	浅切割中山	1000～3500	100～500
低山	中切割低山	500～1000	>500
	浅切割低山	500～1000	100～500
丘陵	高丘	<500	100～200
	中丘	<500	50～100
	低丘	<500	<50
平原	高平原	<200	5～10
	低平原	<200	0～5

山坡　山坡分为直形坡、凸形坡、凹形坡和复合坡。

山谷　两山之间凹陷的地形称为谷，谷的两侧称谷岸，基部称谷底。两岸宽阔者称宽谷，陡窄者称峡谷。山谷与山体走向平行者称纵向谷，与山体走向垂直者称横向谷。开阔的谷底包括河漫滩和阶地。

扇形地　在山地的沟谷出口常见到。在山地沟谷出口处，由于坡度锐减，流速降低，同时因洪水流出沟谷后不再受两侧沟壁束缚，水流分散而形成放射状水道，流水搬运能力大大减弱，就在沟口堆积大量的砾石、砂、亚黏土等，形成半圆形的扇形地。

（2）丘陵

丘陵属于山地与平原之间的过渡类型。切割破碎，构造线模糊，地形起伏缓和绝对高度在 500 m 以内，相对高度在 200 m 以内。按相对高度，丘陵可分为高丘、中丘和低丘。三者的相对高度分别为 100～200 m、50～100 m 和 <50 m（表 2-3）。

丘陵按形态续分标准及名称，各地不尽相同。西北黄土丘陵，按切割后的形态特征划分成：

塬　未受强烈切割的广阔平坦地。

梁　切裂成条带状的地面，形似屋梁。

峁　纵横地割成孤立的块体，形似馒头。

川　丘间谷地，平坦如坪，故又称坪。

2.3.3　研究方法

2.3.3.1　现有地形地貌资料的收集和分析

研究一个地区的地形要收集前人对调查区有关地形的论述，要从大量的资料分析中，对调查地区的地形有一个全貌的概念。首先根据地貌图件及自然地理资料弄清调查区所属的大的地貌区域，进而续分出地貌类型及其组成。因为地貌的形成自然受内营力的作用，但也受外营力的影响，不同的自然地理区，即使是平原，其类型也有明显的差异。干燥地区，山麓洪积扇的发育十分明显，而湿润地区，由于水流量较大形成扇形地的现象就不十分明显。对一些较大的水系，还要借助陆地卫星图像的判读才能清楚地看出。

2.3.3.2　进行地形图和遥感影像的分析

根据地形图的等高线及其地物符号以及遥感影像标志等，进行调查区具体的地貌类型分析，例如：哪组等高线或遥感影像特征表现的是山地，哪组等高线特征为不同类型的丘陵等，而且还能掌握一些量的概念，例如：地面高程的变化，山体的坡度，河流的比降，平原区河流是地上河还是地下河等。

现代遥感技术的发展，使我们可以通过遥感影像。例如：航片和陆地卫片来更形象地认识地表形态，特别是彩色影像提供的信息更多、更丰富。如果用影像地形图，对分析地貌更有利。

2.3.3.3　进行详细的野外观测和地形描述

在掌握总体地貌规律基础上，还要在野外路线调查中进行实际观测描述。在进行土壤剖面观察与制图时，针对不同的地形部位，选择一些典型的地貌类型及组合地段，对地貌类型进行具体调查和描述。

第一，山区调查可借助气压计、罗盘仪等简单仪器。测出山地的高程及其变化，坡面的坡长、坡度、坡向以及基岩露头，岩层的走向、倾斜，植被的变化等。

第二，丘陵岗地调查，则应注意相对高差，坡面的长度及坡度，丘间谷地开阔程度，面积大小，水土流失的程度等。

第三，河谷地形及阶地的调查，必须弄清新、老阶地的分布及特点，观察地下水的埋藏深度，记载河漫滩的宽度及河水泛滥的程度。

第四，平原地区的调查，要特别注意描述微域地形的变化。

2.3.3.4　绘制综合断面示意图

选择一条具有代表性典型路线，根据地形变化，与其引起的母质类型、植被类型、土壤类型相应变化的关系，按比例尺规定的要求，绘制综合断面示意图。而用来表示区域地形、母质、地下水和土壤、植被等的综合关系的断面示意图可在野外粗略绘制，以加深对该地区地形区域规律的理解。

2.3.3.5　地形素描

为了补充断面图的不足，可以在野外绘素描图，把观察到的地形，用简单的素描绘出来。首先用线条把主要地形轮廓描绘下来，然后用补充线条进行加工，突出阴面和阳面。素描与山水画不同，必须按一定的比例尺绘成。有时还可以结合地质特点绘成方块立体图。

2.3.3.6　摄影方法

用摄影方法拍摄调查地区的地形特征及其与土壤、植被类型的关系。地形与农业生产活动的关系，更能直观地反映出地形的作用，是现在广为应用的一种方法。

2.3.3.7　新构造运动对地形影响的分析

对一个地区地壳升降运动做正确的分析和判断，对现代土壤发生、类型、特性及其分布规律出现的异常现象进行推论，有很大帮助。

2.4　母质因素调查研究

2.4.1　母质对土壤形成的影响

地球表层的岩石经过风化，变为疏松的堆积物，这种物质称为风化壳，它们在地球陆地上有广泛的分布。风化壳的表层就是形成土壤的重要物质基础——成土母质。母质是形成土壤的物质基础，在生物气候的作用下，母质表面逐渐转化为土壤。成土母质对土壤形成发育和土壤特性的影响，是在母质被风化、侵蚀、搬运和堆积的过程中对成土过程施加影响形成的。母质对成土过程的主要影响可归纳为以下几个方面：

第一，母质的机械组成直接影响到土壤的机械组成及其他化学成分，从而影响土壤的物理化学性质、土壤物质与能量的迁移转化过程。例如：基性岩石铝硅盐的含量较多，而二氧化硅的含量较少，故抗风化能力弱，在这种母质上发育的土壤，土壤质地则较黏重。

第二，非均质的母质造成地表水分运行状况与物质能量迁移的不均一性。例如：质地层次上轻下黏的土体，就下行水来说，在不同质地界面造成水分聚积和物质的淀积。如果界面具有一定的倾斜度，就造成在界面处形成土内径流，非均一母质这种对土壤水分的影响必然会影响土壤形成与发育的方向。

第三，母岩种类、母质矿物与化学元素组成对土壤形成发育的方向和速率也有决定性的影响。例如：灰化作用一般都发生在盐基贫乏的砂质结晶岩或酸性母质上。

2.4.2 主要调查内容

2.4.2.1 母质的物理性状和化学性状观测

（1）物理性状

颗粒组成的粗细，砾质的、粗粒质的、细粒质的，以及风化层的厚薄、堆积母质的成层性等。

（2）化学性状

主要是 pH 值、石灰性、可溶性盐分和石膏等。

2.4.2.2 主要的风化壳类型

地球表面的风化层称为风化壳。风化壳是土体的组成部分。风化壳在分布上与气候带大致相符，由北向南，由东向西呈现有规律的变化。

（1）碎屑状风化壳

碎屑状风化壳是岩石风化的最初阶段，由各种火成岩或水成岩的机械崩解块状组成。生物、化学风化弱，风内线层甚薄；质地粗，砾石含量多达 60% 以上，细粒含量低，元素迁移很微弱。广泛分布于干旱寒冷地区或严重剥蚀的山坡地，无明显的土壤发生层可判别。

（2）含盐风化壳

主要分布于广大的干旱和半干旱区，由于降水少，淋溶微弱，风化壳中富含盐分。多分布于新疆、甘肃、青海柴达木盆地、内蒙古。

（3）碳酸盐风化壳

主要分布于暖温带和温带半干旱条件下，最易移动的元素氯、硫及一部分钠从风化产物中淋失，钙、镁和钾等大部分保留在风化壳中，并有一些在风化过程中游离出来的钙离子与碳酸根作用生成不易溶解的碳酸钙。多分布于华北及西北丘陵山区，与黄土、次生黄土、石灰岩、石灰质灰岩等碳酸盐类岩石的分布区一致。

（4）硅铝型风化壳

分布于温带和寒温带湿润半湿润条件下，风化壳受到强烈淋浴，最易移动的元素（氯和硫）和易移动元素（钙、钠、镁、钾）大量从风化壳中淋失，移动性小的元素相对累积，堆积了硅、铝、铁组成的次生黏土矿物。因风化壳缺乏盐基，呈中性至微酸性反应，主要分布于东北及华北山区。

（5）富铝风化壳

在亚热带湿润气候条件下，风化过程中盐基大量淋失，而且铝硅酸盐分解时形成的硅酸也大量淋失，残积层中的主要成分是 Al_2O_3，并有少量 Fe_2O_3，铁铝风化壳由此得名。铁铝风化壳很深厚，呈酸性反应，因其风化壳呈红色又称红色风化壳。其中，以花岗岩、片麻岩一类岩石的残积风化物最具代表性，集中分布于广大华南地区。

（6）还原系列风化壳

在相对低洼的地方，由于有较高的地下水位的影响（地下水直接浸没或地下水受毛细管力作用上升浸润)使环境条件的 Eh 处于相对较低的状态下, 地壳表层的松散物质多处于还原状态。这种风化壳类型在全国各地都有分布, 尤以湿润海洋气候地区较为普遍。

2.4.2.3　按成因划分母质类型

母质按成因可分为残积母质和运积母质两大类, 如图 2-2 所示。残积母质是指岩石风化后, 基本上未经动力搬运而残留在原地的风化物; 运积母质是指母质经外力, 例如: 水、风、冰川和地心引力等作用而迁移到其他地区的风化物。

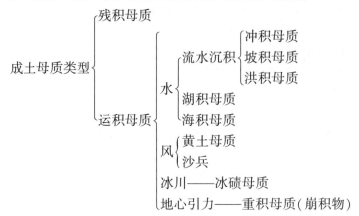

图 2-2　土壤成土母质

(1) 残积母质

残积母质指岩石就地风化而形成的产物。多分布在山地、丘陵或准平原等平缓的顶部。在一定程度上保留了母岩的特性, 母质中的砂粒和碎石有明显的棱角, 颗粒无分选和层理, 原生矿物组成与底部基岩相同, 真正的残积物母质分布不广。

发育在残积母质上的土壤, 一般层发育明显, 典型而完整的主体构型为 A—B—C型, 全剖面多含有砂粒和碎石, 表层含量较少, 且粒径较小, 至下层逐渐增多且粒径较大。残积母质受基岩的岩性影响很大, 而岩性较明显地影响到土壤的发生及性状。

残积物可根据岩石的矿物学和风化化学特性分为:

酸性结晶岩类风化物　包括有花岗岩、流纹岩、花岗片麻岩、花岗斑岩等酸性结晶岩类和风化物。其特点是抗风化能力较强, 常形成深厚的风化壳, 矿物组成以石英和正长石为主, 也有少量斜长石和角闪石, 风化物有较多的石英颗粒, 故质地偏砂, 矿质营养元素少。

中性结晶岩类风化物　包括正长岩、粗面岩、闪长岩、安山岩及其各种斑岩风化物。抗风化能力稍强, 风化度较浅, 矿物组成主要是正长石和斜长石, 也有黑云母、角闪石、辉石等, 石英含量少, 风化物的质地较轻, 矿质营养含量也较少, 但比酸性结晶岩类风化物稍多。

基性结晶岩类风化物　例如: 玄武岩、辉长岩、辉绿岩、辉绿玢岩、辉岩等。抗风化能力较弱, 矿物组成以斜长石为主, 其次为辉石、角闪石、橄榄石等, 石英极少或无，矿质营养元素含量较高。

石英岩类风化物 包括石英砂岩、石英岩、片麻石英岩及硅质类等风化物。风化物中的二氧化硅含量很高，抗风化能力强、风化层很薄，故土层较薄，多粗骨性。矿物中的长石和铁化物都很少，矿质营养含量低。

泥质岩类风化物 指泥岩、页岩、板岩、千枚岩和片岩等含泥质较多的风化物。抗风化能力弱，一般易于风化。风化后的土层较厚，物质组成比较复杂，除原生物外，还有许多次生黏土矿物，所以质地偏黏，保水保肥力强，矿质营养元素含量较高。

碳酸盐类风化物 例如：石灰岩、白云岩、大理岩等碳酸钙、镁类风化物。风化过程以化学风化为主，风化层较薄，风化物质黏重，保水、保肥能力强，但土层一般较薄。风化物中有时有石灰反应，中性至微碱性，矿质营养元素丰富。

紫色岩类风化物 包括三叠纪、侏罗纪和白垩纪等时期的紫红色岩类风化物，在四川盆地周围的山地丘陵区广泛分布，在云南、贵州、浙江、福建、广东和广西等地区也有一定的分布。紫色岩在亚热带湿热条件下，极易就地风化，加之所处地面有一定坡度，侵蚀也较强，故风化与侵蚀同时进行。大部分仍保持岩层的色泽与性状，土层中的碳酸钙、pH 值、色泽、黏土矿物特性均与母质极为相近，仅盐基物质遭到轻度淋溶而已，很易形成松散的紫红色风化壳。

第四纪红色黏土 属于第四纪漫长湿热条件下形成的红色风化物，既包括由基岩就地形成的，也包括在搬运物质基础上形成的富铝红色黏土。主要见于江南低矮丘陵区，是丘陵、岗地的重要组成物质。

（2）运积母质

冲积物 由经常性水流堆积成泛滥淤积而成。分布于沿河两岸的滨河床浅滩、自然堤、河漫滩和低阶地上。河流冲积物的特点是砾石磨圆度好，分选性也好，有明显层理。发育在河漫滩上的冲积物一般均有二元结构，即表层为质地细而具有水平层理的堆积层（河漫滩相堆积），而下层质地较粗的具有交错层理的堆积层二元结构。

坡积物 坡积物受间歇性水流和重力的影响（河床相堆积）。有时还可出现复合式的，沿地表倾斜面搬运堆积而成，在山地丘陵坡面及坡麓有广泛分布。因搬运距离近，堆积物无磨圆特征，且分选性不好，无明显层理。土层厚薄往往取决于坡度的大小，坡积物顶部较薄，下部深厚，可见到叠加层次和埋藏层次。

洪积物 由暂时性线状洪流搬运堆积而成。多分布于山麓地带和沟谷出口处，形成洪积扇或洪积堆。洪积物由于经过一定距离的流水搬运，所以砾石有一定的磨圆度，但磨圆度和分选性均不好。由于洪水的变动，常有一些透镜体存在。较大的洪积扇，大水平方向上粒径有明显分选。顶部粒径大，多为砾石层，漏水严重，养分缺乏，农业利用价值较小，越向下部，粒径越小，土层越厚，到扇缘地段往往地下水位增高或溢出，形成沼泽化或盐渍化土壤。

湖积物 湖积物属静水沉积物，多分布于地形低洼的湖盆地。其特点是以黏粒为主，质地均一，下层可见到灰蓝色的潜育层，由于湖积物受当地生物气候和地球化学物质迁移的影响，不同的自然地理区域，其堆积物的性质也不相同。分布于南方一带湖积物，由于水生植物残体丰富，多形成肥沃的黑色淤泥沉积物，农业利用价值大；而分布于西北内陆地区的湖积物，往往伴随盐湖相沉积，造成严重的盐渍化，其农业利用价值很小。位于山间盆地的沉积物，由于搬运力较强，沉积物多含砾石，并形成粗细相间的沉积层理；位于湖滨和河流入口处的湖积物，也可发现斜层理。

滨海沉积物   即为沿海岸线一带的松散堆积物，主要由河流的河口堆积、海湾堆积和海水助力而成。其特点是分选明显，多有水平层理。在波浪分选作用下，海积物常为颗粒大小不同的混杂物，粗体物质向上移动，形成海岸堤，细粒物质向下移动，形成水下台地。

风积物   由风力搬运形成的堆积物。广泛分布于我国的西北、华北和东北地区。在这些地区，风积物往往同其他成因类型的成土母质交错存在，大片沙漠区例外。

风积物的特点是有分选性，但堆积的层理不水平，层理间可见埋藏的干植被层，富含碳酸钙。除沙质风积物能反映出明显的沙丘、沙垄和沙链等形态外，黄土等壤质类浮移物质的堆积，其形态往往随原地面形态而异。从大的宏观视野可以看出戈壁、沙地、沙黄土、黄土和变质黄土(黏性黄土)等沿风向垂直分布的规模分异以外，在小范围内很难看出像水营力搬运堆积那样的明显分异规律。

黄土堆积物   中国的黄土分布最广，堆积也十分丰厚，因而是一类重要的成土母质。中国黄土母质是一类较特殊的成土母质，黄土堆积的过程是间歇性的，最有力的证据是黄土层中可见多层红色条带，说明在黄土堆积的间隙期间，曾进行过土壤形成过程，红色条带夹层是埋藏的古土壤，记录了当时的土壤形成特征。在黄土高原 5.8×10^4 km^2 的广阔范围内，降落的黄土堆积物一般厚度在 30～50 m，最厚可达 280 m。黄土层多见于吕梁山以西、秦岭以北、长城沿线以南的甘、陕、晋等境内，在青海东部、山西太行山以西，亦可见厚层黄土堆积。不过，长江中下游广泛分布的黄土，普遍认为是水成的次生黄土，最有代表性的就是南京的下蜀黄土。

沙丘   从西北干旱区到内蒙古高原一带，广泛分布着风成沙丘、沙垄，系由西北荒漠地区吹起沙粒，一旦风力减缓后堆积而成。在堆积甚厚的阶段，可见相连的沙丘链和密集的沙丘群。在阿尔金山与祁连山强风口地段，风沙堆积起厚度达 200～400 m 的沙山。这种风力移动堆积的砂土，可直接作为成土母质。

冰碛物   即为冰川堆积物，形成冰积扇、冰水平原和蛇形丘等。在我国分布不广，多分布于我国西北和西南的高山地区。其特点是无分选性，多含有角砾、漂砾和泥沙，黏粒含量很少，多无水平层理(冰水沉积物除外)。

重力堆积物   它是在陡坡下方或洞穴底部由于重力作用而堆积的物质，包括崩坍堆积物、滑坡堆积物等多种类型。

2.4.3   研究方法

2.4.3.1   利用地质部门现有的地质资料和地质图

利用这些图件可了解调查区的母岩和母质的类型、特点，同时了解岩石形成的地质时期。通常情况下，获取母质信息比较困难。例如：常见的母质类型风化壳信息的获取就十分困难。但风化壳下的母岩信息可以很容易地从地质图上获得。既然风化壳来自其下部的母岩，它们具有很强的相似性，故可用下部的母岩信息代替母质。因此，在土壤制图的实际工作中，通常采用地质图来代替土壤母质的分布图。地质图的信息主要提取当地地层的地质年代、岩性和构造特征等情况，大致了解成土母质的地质基础。

2.4.3.2 实地调查分析

了解母质的成因、性质和组成等，确定成土母质的成因类型在野外工作中，结合对地貌类型的观察和已有资料的分析，进一步确定成土母质的成因类型，并与地貌类型相结合，观察两者相关性。从绘制地貌、母质断面图的分析，可反映区域地貌与母质的关系，进一步确定成土母质的类型。

2.4.3.3 进行地层分析

在确定母质成因类型以后，再进一步选择一些自然的主要断面点，进行地层分析。特别是几种岩层交错分布的地区，必须弄清楚其地质年代的先后关系。例如：在北方地区广泛分布着不同时代的黄土和红土母质。

在土壤母质研究中，要注意古土壤层和埋藏层的研究，因为土壤个体剖面在母质方面有地质上的继承性，有时在土壤剖面中发现的一些土壤层次难以用现代的生物气候条件来解释。绝不能牵强附会，应当用地质地层学的方法来加以分析，而且要注意异源母质的鉴别，例如：冲积物的二元结构，坡积物与下伏基岩的差异等，否则就会得出错误的结论。

2.4.3.4 研究成土母质的化学属性、岩石学属性和矿物学属性

例如：残积物中原生风化物的岩石特点、母质中 $CaCO_3$ 含量、pH 值、冲积物硅质砂的比例和黑色矿物的含量与形态等，这些性质可以通过野外的简单化学测试和放大镜观察来鉴别。必要时取一部分样本带回实验室进行化学分析、矿物学分析，甚至花粉孢子分析及 ^{14}C 测定。后者主要是了解其母质的地质年代及其古生态环境。这些母质的岩石学、矿物学和化学属性，是土属划分的基础。

在母质的化学属性研究中，还要注意结合风化壳理论与地球化学矿物的物质迁移规律。例如：在南方温热地区属富铝风化壳，而北方为钙质风化壳，它们与母质的化学和矿物学特性密切相关。

至于野外研究母质的具体方法，主要采取：

(1)观察剖面

包括人工剖面、自然断面以及深井洞口的土层。剖面观测对于准确地鉴定母质类型、研究母质分布规律都非常必要。

(2)鉴定母质类型

主要鉴定矿物机械组成、上下是否有层性变化、砾石形态和磨圆度、有无层理、土石比例、沉积物颜色、生物遗体类型和酸碱性，以及有无石灰反应等。在野外首先就要按照母质的这些表征，结合地貌特点确定成因类型。然后再根据岩性、质地和生物遗体堆积类型异同，以及酸碱性、石灰性反应，确定母质类型名称。

土壤剖面的母质有的是多元结构，例如：上部是坡积物下部是残积物，就要采用复合命名，可称为坡、残积物。在母质中有时混有构成母质成分以外的异样物质，特别是在受成土作用影响的 A 层和 B 层，例如：混有风积沙、火山灰等，均应进行记载。

（3）研究母质属性与土壤性质的关系

质地的层性变化　沉积母质的质地层次组合大体可归纳为 3 大类型：

均质型　可分为壤质适中型，砂质松散型和黏质紧实型。

夹层型　可分黏夹砂型或砂夹黏型。这两种夹层厚度、出现部位都要进行观察研究。

底垫型　可分上砂下黏型和上黏下砂型。

母质的矿物组成　由于母质不同，矿物成分不一，所以在不同母质上发育的土壤，其矿质养分的丰缺差别很大。钾长石和云母含量高的母质，钾素来源丰富，而石英含量高的母质，各种养分来源都显得贫乏，但母质中如果含有大量的黑云母、辉石、橄榄石和白云石等矿物，钙、镁、铁、锰的来源丰富。一般来说，以酸性结晶岩风化物为主的母质，除钾素外，矿质养分含量低；而基性结晶岩风化物为主的母质矿质养分含量较高。因此，在野外研究土壤剖面时，首先要用放大镜仔细观察岩石风化物和各种沉积物，辨认其矿物成分；其次就是结合其成因，分析各种矿质养分来源的丰缺。

酸碱性　当 pH 值小于 5.5 或大于 7.5 时，磷就要发生明显的固定作用，降低了磷的有效性，但铁、锰、铜、锌的有效性，随 pH 值的增高而增大。因此，在野外要检验各层的 pH 值，以便推断母质中矿质养分的有效性，同时还应检验各层的石灰性、可溶性盐和石膏等。

2.4.3.5　了解母质的机械组成及其分层性

为了某些实用目的，可制作母质分布图，特别是对灌区土壤调查，需要了解母质的机械组成及其分层性，为灌溉与排水工程的设计和实施提供科学依据。

2.5　水文因素研究

水分是所有生物活动，特别是高等植物生长发育不可或缺的生命要素和营养元素的载体，也是土壤发生发育过程必需的物质，水分参与了土壤全部（物理的、化学的、生物的）物质与能量迁移转化的过程。由此可见，水分在生物生理代谢过程和土壤形成过程中起着重要的作用。因而不了解外部水文因素与土壤中其他物质之间的相互作用、土壤系统内部水分的运动机理和变化规律、土壤水分与土壤中其他物质之间的相互作用、土壤水分与外部其他环境因素之间的相互作用，就无法全面和正确地认识土壤形成过程的本质，以及土壤与成土环境的相互作用。土壤水分并不是孤立存在的，而是全球水圈（包括冰冻圈）的重要组成部分，土壤水文循环也是陆地水文循环的重要一环。由于土壤水分与水圈之间这种密切的关系，使水文因素在土壤形成中具有特殊的作用。因此，必须深入了解土壤水文循环的机制及其动态变化。

2.5.1 水文因素对土壤形成的影响

2.5.1.1 水分在母岩崩裂过程中的作用

在高寒地带或者温带季风气候区，由于气温变化常使地表母岩裂隙及土壤孔隙中的水分在一日或者一年之内发生冻融交替现象。由于水分在冻结成冰的过程中体积膨胀，冰块会对母岩的裂隙壁施加巨大的压力，加速母岩的破碎；当冰块融化时，水分在重力的作用下进一步渗入到母岩内部，并再次被冻结成冰楔。这样频繁地冻融交替使母岩不断破碎分解，最后形成具有较好通透性的成土母质。

2.5.1.2 水分在物质转化过程中的影响

水分是自然地理环境中物质迁移转化的重要介质，以水分为介质或载体的物质迁移转化过程是土壤发生发育的重要组成部分。从土壤发生发育的共性来看，土壤形成过程可归结为 3 类不同的过程：

（1）物质消耗过程

包括溶解、分解与水解、淋溶等，其中成土母质及土壤中易溶性盐的消耗过程、矿物在土壤剖面中的重新分配以及新矿物的形成均是以水分为介质的，而且水分也直接参与了上述许多物质的转化过程。这清楚地反映了水分在土壤矿化中的重要作用。

（2）营养物质的循环过程

包括植物对土壤、地下水、母质和大气中营养元素的选择性吸收和积累，生物代谢产物被土壤微生物分解与合成的过程。水分不但是生物营养的重要组成部分，而且也是其他营养元素循环的介质或载体。

（3）无机物质在土壤剖面中的迁移过程

包括物质分离与混合、淋溶与淀积等。例如：土壤黏土矿物、碳酸盐在土体中的淋溶与淀积均是以水分为介质在重力作用下进行的，并形成了不同形态的土壤。

水文因素对成土过程的影响绝对不是单向的，地表水文过程与土壤形成过程总是存在着相互作用、相互影响。例如：在中国东南沿海湿润地区，土壤及母质因遭受强烈的淋溶过程，导致土壤中矿质元素的大量流失，使土壤呈现酸性或强酸性；同时地表水中的矿质元素含量也很少，即河水矿化度值低于 56 mg/L；而在中国西北干旱区，因干旱少雨土壤及母质未遭受明显的淋溶过程，故在土壤及母质中有大量的易溶性盐的积累，使土壤呈现碱性甚至转变为盐碱土，同时仅有的少量地表水中也富含易溶性盐分，荒漠区下游的河床矿化度可达 1000 mg/L 以上。

2.5.1.3 水分在土壤形态中的作用

在干旱地区，干旱土表土层、龟裂层、片状土层的形成以及碱土中柱状结构土层的形成均和土壤水分状况的剧烈变化有关。

2.5.2　主要调查内容

2.5.2.1　地表水

地表水指存在于河流、冰川、湖泊和沼泽等水体中的水分，也称为陆地水。在这里，我们主要指河川径流。河川径流的水文特征对土壤，特别是水成土壤和半水成土壤的影响是深刻的。

(1)间歇河和常态河

间歇河　指河水忽断忽续，随季节而变化。例如：干旱区河流只有雨季时才有水流，一般河床宽浅而不固定，虽然对地下水补给量不大，但对土壤中的盐分的再分配起很大作用。半干旱半湿润地区的许多支流，也有间歇河暴涨暴落的水文特征。

常态河　也称恒流河，是指终年流水的河流。还有一类河流，在石灰岩地区常常转入地下成为伏流，称为潜流河。

(2)河川径流的补给方式

我国河川径流不仅在地区分布上极不平衡，而且在年内季节分配和年际变化上也很不平衡。这种不平衡具体表现在汛期与枯水期出现的季节月份，延续时间以及径流集中的情况等方面。河川径流的季节变化对地下水的补给及对水成土壤和半水成土壤发育的影响，关系很大。径流的季节变化主要取决于河流的补给条件。我国河流的补给来源有雨水、冰雪融水、地下水等。根据各地区补给情况的不同，可以粗略地分成 3 大区：

- 秦岭淮河以南，主要为雨水补给，河水变化主要受制于降水的季节变化，夏汛非常突出；
- 东北、华北地区为雨水和季节性冰雪融水补给区，河流每年有两次汛期，即春汛和夏汛；
- 西北和青藏一带，各种补给都具备，但主要为高山冰雪融水补给，水量的多少取决于气温的高低。

(3)河川径流与地下水

根据河流对地下水的补给和排泄关系，可分为 4 种类型：

补给性河流　一般多为地上河，或称游漫型河流，河水通过河床渗漏向两岸补给地下水。

排泄性河流　多为下切性的曲流型河，河漫滩和阶地较完整，一年中大部分时间河床水位低于两岸的地下水位。

补给—排泄型河流　它在枯水期起地下水的排泄作用，丰水期则对地下水起补给作用。

不对称型河流　常出现在山麓一带，侧向地形倾斜，一侧的边岸接受地下水，另一侧边岸又不断补充地下水。

2.5.2.2　地下水

(1)地下水类型

根据地下水的存在条件，可以将地下水分为 3 个类型，即上层滞水、潜水和自流水。

上层滞水 水是存在于地壳最表层的地下水，主要包括土壤水和狭义的上层滞水，即局部隔水层(黏土或亚黏土)上的重力水。

潜水 存在于地表以下第一个稳定的隔水层上的重力水，称为潜水。它广泛分布在第四纪疏松沉积物中，或者具有裂隙的基岩上部。由于潜水上覆透水岩层，可以接受大气降水和地表水的渗透补给，具有自由的表面，又称潜水面。潜水面常具有一定的坡度，坡度的大小与地长有关。在山区的山坡地带，潜水面可达千分之几或百分之几的坡度，而在地势平坦的平原，则常常仅有数千分之一的坡度。一般说来，潜水面的形状与地貌有一定程度的一致性，但比地貌的起伏要平缓得多。

自流水 又称承压水，它是充满在两个不透水层间的含水层中的重力水。

(2)潜水水位

潜水水位变化，取决于气候、地貌、地层结构、径流条件、人为因素、冰川径流等因素的综合影响，而就整体而言，气候因素居首位。随着降水丰、枯年及雨、旱季的不同，呈有规律的变化。

潜水水位变化，是水资源循环的结果，是地下水补给与排泄的动态标志。地下水补给包括有降水入渗、地表水入渗、灌溉渗漏等。地下水的排泄包括潜水蒸发、开采和补给地表水。地下水补给地表水或出露地表，称为地下水的水平排泄。潜水蒸发称为地下水的垂直排泄。垂直排泄只有水分的蒸发，但不排泄水中的盐分，结果导致潜水矿化度升高。

按潜水对土壤影响程度，可以划分3种类型的潜水水位：

深位潜水 潜水面在3 m以下，潜水难以通过毛细管到达土壤剖面，土壤的发育不受地下水影响。土壤一般发育为地带性土壤。

中位潜水 一般水位在2 m左右，毛细管水上升可能达到地表，地下水补给充足。在干旱、半干旱地区则土壤有盐渍化威胁。

高位潜水 潜水面在1 m左右，甚至更高，土壤剖面可为毛细管水所饱和，土体水分过多，已有沼泽化、盐渍化的发生。

(3)水质

水质可以以矿化度或水化学组成的方式来表示。矿化度指每升(L)水中含干残余物质的克(g)数来计算，分级标准见表2-4。水化学组成指水中所溶解的盐分。表2-5按阴离子组成将地下水进行划分，类型名称一般以含量最大(超过阴离子或阳离子总数25%的离子类型命名)，例如：HCO_3^-含量超过阴离子总量的25%时称为重碳酸盐水。或按各种离子含量大小顺序排列命名。

表2-4　地下水矿化度分级

分级名称	干残余物质含量(g/L)	分级名称	干残余物质含量(g/L)
淡水	<1	强矿化水	10~30
弱矿化水	1~5	极强矿化水	30~80
矿化水	5~10	盐水	>80

表 2-5　地下水矿化类型划分

	类型名称	离子类型	占同类离子总数(%)
阴离子	重碳酸盐	HCO_3^-	>25
	硫酸盐	SO_4^{2-}	>25
	氯化物	Cl^-	>25
	重碳酸盐 – 硫酸盐	$HCO_3^- + SO_4^{2-}$	>25
	重碳酸盐 – 氯化物	$HCO_3^- + Cl^-$	>25
	硫酸盐 – 氯化物	$SO_4^{2-} + Cl^-$	>25
阳离子	钙盐	Ca^{2+}	>25
	镁盐	Mg^{2+}	>25
	钠盐	Na^+	>25
	钙镁盐	$Ca^{2+} + Mg^{2+}$	>25
	钙钠盐	$Ca^{2+} + Na^+$	>25
	镁钠盐	$Mg^{2+} + Na^+$	>25

2.5.2.3　将地表水、地下水与地形图等高线联系起来

在山地与丘陵区,河谷与地形的关系比较清楚。例如:纵向河谷、横向河谷、串行状河谷、"V"形河谷等都在等高线上有所反映。在平原区则有下切性河床(等高线向河谷上游凸出)和地上河河床(等高线向河谷下游凸出)等。

2.5.2.4　研究地表水和地下水之间的补给或排泄关系

可结合地形图进行,一般等高线所表示的地形使河床高于两侧者(等高线向河床方向凸二者),则为地上河;反之,则为地下河。

2.5.2.5　水文资料的收集

包括调查地区的河流名称、长度、流域面积、年径流量等。此外,还应通过对不同比例尺地形图的阅读,对调查区的水文特征做出分析统计,例如:主要流域的几何特征和自然地理特征值等。

2.5.2.6　径流特征值的收集

包括调查区主要流域的径流总量、径流模数、径流深度和径流系数等。

(1)径流总量

径流总量指某时段通过河流某一出口断面的总水量为该时段的径流总量。包括年径流总量、月径流总量等,以万立方米或亿立方米计,它是水资源的重要特征值,其大小与流域面积和河流补给有关。

（2）平均径流量

平均径流量指单位时间内通过的径流总量。例如：以月计就称月平均径流量，以年计就称年平均径流量，单位为 m^3/s。计算公式如下：

$$Q = W/t \tag{2-6}$$

式中　Q——平均径流量；

　　　W——径流总量；

　　　t——时间，可以是日、月或年。

（3）径流模数

径流模数又称径流率，是指流域内单位面积上单位时间的径流量，单位为 $L/(s \cdot km^2)$。多年平均径流模数是把多年不同的径流模数除以统计年数而得出的算术平均值，或称作正常径流量。径流模数用于比较不同自然地理条件下流域径流量的大小，有一定的地区分布规律。

（4）径流变率或（模比系数）

径流变率指各年的径流模数和历年平均径流模数的比值，由此得出各年径流模比系数的变化特点。

（5）径流深度

径流深度指某时段流域的径流总量，平铺在整个流域面积上所得的水层厚度。

$$r = w/1\,000F \tag{2-7}$$

式中　F——受水面积（km^2）；

　　　W——某时段流域的径流总量（m^3）；

　　　r——径流深度（mm）。

径流深度直接反映各地区水量的多少和干湿的程度。

（6）径流系数

径流系数指某时段的径流深度与形成该时段径流的降水深度的比值。一般以百分数表示，其数值取决于自然地理条件，有一定的地区分布规律。

计算一年内从流域面积流出的水量可按下式计算：

$$W = (31.5 \times 10^6)FM/7\,000 = 31\,500FM \tag{2-8}$$

式中　W——流域内一年径流总量（m^3）；

　　　F——流域面积（km^2）；

　　　M——径流模数[$L/(s \cdot km^2)$]；

　　　31.5×10^6——1年时间的秒数。

2.5.2.7　结合地貌研究潜水的补给和排泄条件

研究一个地区潜水补给和排泄对地区性的土壤改良十分重要。例如：平原区的地下水补给可能有扇缘补给、河床补给和渠道补给，而在弄清地下潜水补给来源之后，在排水设计上则应当将主要排水系统垂直于地下潜水补给来源。在半干旱和干旱区，土壤是否盐渍化，主要取决于地下潜水是否存在较高的矿化度，而矿化度高低往往取决于地下潜水排泄的地质条件。如果是处于一个封闭或半封闭的洼地，地下潜水处于停滞状态，大量的地表蒸发肯定会引起土壤盐渍化。因此，必须和地貌条件的研究相结合。

2.5.2.8　确定地表水和地下水对土壤影响的强度

结合土壤剖面中的土壤颜色、新生体和土壤湿度，以及指示植物等的综合观察，确定地表水和地下水对土壤影响的强度。此外，还可结合剖面水位观测，或附近具有自由水面的井水位观测，以协助判断。

2.5.2.9　观测地下潜水的矿化盐分、矿化度和地下潜水的埋深

可以根据生产要求，绘制潜水矿化度图，潜水埋深图、潜水等水位线图等。调查研究地下水，可以通过观测主要土壤剖面、民井和土井来进行。野外调查时，凡受地下水影响的土壤类型，都要选择一至几个典型剖面，挖到地下水位以下，进行观测。

利用当地民井或土井进行观测，应选择在群众取水之前进行。调查中由于对民井或土井的地下水位观测只是一次性资料，因此，还需调查当地地下水位的季节性变化。某些土壤有形成临时上层滞水的可能性，以及高位地下水和上层临时滞水对作物生长发育的影响，也要进行调查。在涝洼地和水稻田地区，要以土壤剖面上的铁锰锈斑特征和潜育层出现位置来判断地下水的变动情况和土壤滞水程度。以便结合地表水的现状，确定降低地下水位的深度。

在干旱、半干旱地区还要注意研究不同土体构型中的地下水的临界深度，为防止土壤次生盐渍化和制定灌溉措施提供依据。在盐土地区调查，为查明地下水的动态，一般可用定点井位观测法，即：在设置的观测井上，将具有明显标志的染料投入井中，然后查出在其下游观测井中出现的时间和两个观测井间的距离便可算出地下水位水流的速度。

2.6　生物因素调查研究

2.6.1　生物因素对土壤形成的影响

从土壤具有肥力这个质的特征认识出发，生物因素是土壤发展中最主要、最活跃的成土因素。由于生物的生命活动，把大量的太阳能引进成土过程，使分散在岩石圈、水圈和大气圈中的营养元素向土壤表层富集，形成土壤腐殖质层，使土壤具有肥力特性，推动土壤的形成和演化。所以，从一定意义上说，没有生物因素的作用，就没有土壤的成土过程。土壤形成过程的生物因素主要包括植物、土壤动物和土壤微生物。它们在土壤形成过程中的作用主要表现为以下几个方面。

2.6.1.1　植物在土壤形成过程中的作用

（1）植物对土壤有机质积累的影响

由于不同类型的生态系统所产生的有机物的数量、组成和向土壤的归还方式的不同，它们在成土过程中的作用也不同。有机质在土壤中的分布状况是：森林土壤的有机

质集中于地表，并且随深度锐减，即土壤有机质的表聚分布型；而草原土壤的有机质含量则随深度增加而逐渐减少，即土壤有机质的舌状分布型，这是由于植物生长方式和植物残体结合进入土壤的方式不同。

（2）植物对土壤矿质养分的影响

在土壤微生物的作用下，有机质所包含的矿质营养元素释放到土壤中，造成土壤中的矿质营养元素的相对富集和土壤性状的改善。但不同类型植物残体所含的矿质营养元素差异较大，一般湿润地区的森林、针叶林植物的灰分含量低，一般为 1.5%~2.5%；在湿润区的阔叶林、高山亚高山草甸、半干旱区草原、灌木及热带稀树草原的灰分含量中等，一般为 2.5%~5.0%；在极端干旱荒漠区的地衣以及热带滨海红树林植物的灰分含量较高，一般为 5.0%~15.0%。

（3）植被类型与土壤淋溶、淋洗程度

在相同的气候条件下，相邻生长的森林和草原具有相似的地面坡度和母质，森林土壤则显示了较大的淋溶和淋洗强度，造成这样的差别有 2 个原因：

- 森林土壤每年归还到土壤表面的碱金属与碱土金属盐基离子较少；
- 森林蒸腾作用消耗的水分较多，降水进入土壤的比例较大，水的淋洗效率较高。

（4）植被类型对土壤的指示关系

植被类型与土壤类型　　自然植被和水热的演变，引起土壤类型的演变。中国东部由东北往华南的森林植被和土壤的分布依次是：针叶林(棕色针叶林土)→针阔混交林(暗棕壤)→落叶阔叶林(棕壤)→落叶常绿阔叶林(黄棕壤)→常绿阔叶林(红壤、黄壤、赤红壤)→雨林、季雨林(砖红壤)。

土壤指示植物　　每一个植物都要求一定生态环境条件，有的要求比较严格，有的要求范围比较宽，前者就可以称为环境的指示植物。某些对气候环境条件指示敏感，可称之为气候指示植物。某些对土壤条件最为敏感可称之为土壤指示植物。例如：侧柏指示碱性土壤；蕨类指示酸性土壤；盐蒿指示盐土，铁芒箕是我国热带和亚热带强酸性土壤（pH 值为 4~5）的指示植物；蜈蚣草是钙质土的指示植物；盐角草、盐爪爪等是氯化物—硫酸盐土(含盐量为 10% 以上)的典型标志。

指示植物的研究，对土壤调查工作来说是很重要的。指示植物可以帮助我们去认识土壤的某些特性，如土壤质地、土壤水分、土壤养分、土壤酸碱度、土壤盐分等。

2.6.1.2　动物在土壤形成过程中的作用

在成土过程中，动物参与了土壤中有机质和能量的转化过程，动物通过吞食有机质，消化后排除的代谢物质，再由微生物进行分解并合成土壤有机质。据调查，在温带和热带地区，每公顷土壤生活的蚯蚓数目在 10^5~10^6 条，它们平均每年吞食 36t 的土壤（干重）。其结果使得土壤中细菌数量，有机质含量，全氮含量，交换性钙、镁离子含量，有效态磷钾含量，盐基饱和度等明显增高。改善了土壤结构，增加土壤通透性，土壤动物种类在一定程度上是反映土壤类型和土壤性质的标志。

2.6.1.3　微生物在土壤形成过程中的作用

土壤微生物对成土过程的作用是多方面的，而且其成土过程也是非常复杂的。总的来说，微生物对土壤形成的作用主要表现为：

- 分解有机质，释放各种养料，为植物吸收利用；
- 合成土壤腐殖质，发挥土壤胶体性能；
- 固定大气中的氮素，增加土壤氮含量；
- 促进土壤物质的溶解和迁移，增加矿质养分的有效浓度。

总之，生物因素是影响土壤发生发展的最活跃的因素。土壤动物、微生物和植被构成了土壤生态系统，并共同参与了成土过程，是成土过程中的积极因素。

2.6.2　主要调查内容

2.6.2.1　植被

（1）植物群落生物量的累积特征

地球表面由于气候、水文、地质条件等的差异，植物群落带是不一样的（表 2-6）。

表 2-6　各类生态系统生物积累特征

生态系统类型	面积 （ ×10^6 hm^2 ）	生物量（干物质）（ ×10^9 t/a）		
		正常范围	平均值	总计
热带雨林	17.0	6~80	45	765
热带季雨林	7.5	6~60	35	260
亚热带常绿森林	5.0	6~200	30	175
温带落叶森林	7.0	6~60	20	210
北方泰加林	12.0	6~40	6	240
森林和灌丛	8.5	2~20	4	50
热带稀树草原	15.0	0.2~15	1.6	60
温带草原	9.0	0.2~5	0.6	14
苔原和高山	8.0	0.1~3	0.7	5
荒漠半荒漠灌丛	18.0	0.1~4	0.02	13
岩石、荒漠和冰地	24.0	0~0.2	1	0.5
耕地	14.0	0.4~12	15	14
沼泽和湿地	2.0	3~50	0.02	30
湖泊和河流	2.0	0~0, 1	12.2	0.05

从冰沼至热带，随着光照、热能和水量的增加，植物群落不断演替，生物量不断增加，对土壤形成和特征都会产生深刻的影响。

（2）自然植被的水平分布规律

中国植被的分布，主要取决于水热条件，遵循着自然环境地域分布规律。受季风气候的强烈影响，降水量一般自东南向西北递减，东南半部（大兴安岭—吕梁山—六盘山—青藏高原东缘一线以东)是森林区,西北半部是草原和荒漠区。中国的气温分布由北向南递增,自北向南由寒温带向温带、暖温带、北亚热带、中亚热、南亚热带,直到热带。与温度变化最直接相联系的是由最北端寒温带的针叶林,向南依次是温带的针阔(落)叶混交林、暖温带的落叶阔叶林、北亚热带的常绿阔叶与落叶阔叶混交林、中亚热带的常绿阔叶林、南亚热带的季雨林,直到最南端热带的季雨林与雨林。

由于海陆分布的地理位置所引起的水分差异,在昆仑山—秦岭、淮河一线以北的广大温带地区由东向西,即:从沿海的湿润区,经半湿润区到内陆的半干旱区、干旱区,表现为明显的植被类型的经度方向更替顺序,出现森林带、森林草原带、草原带和荒漠带。随着植被类型的变化,土壤类型在水平方向上也有规律地变化,它们两者之间存在着非常紧密的联系(表2-7)。

表 2-7 我国植被—土壤分区

区域类型	景观特征	土壤类型区
森林区域	热带季雨林	赤红壤、砖红壤区
	亚热带常绿阔叶林	黄棕壤、黄壤、红壤区
	温带落叶阔叶林	暗棕壤、棕壤区
	寒温带落叶针叶林	棕色针叶林区
草原区域	温带森林草原	黑钙土、黑垆土区
	温带草原	栗钙土、灰钙土区
	高寒森林草甸	高山草甸土区
	高寒草原	高山草原土区
荒漠区域	温带荒漠、半荒漠	灰棕漠土、风沙土区
	温带荒漠、裸露荒漠	棕漠土、风沙土、盐土区
	高寒荒漠	高山寒漠土区

注:引自《中国经济地理》,1985。

中国在不同的水平地带内还有隐域性植被分布,它们主要是受地下水影响的草甸植被、受区域地球化学影响的盐生植被、受岩性影响的石灰岩植被和沙丘植被等。它们的地理分布主要受到地下水、岩性、地表组成物质的影响。例如:东北、华北和华南的草甸植被,其种类和生物量都有所不同。在隐域性植被下,也有一部分土壤在地下水、成土母质等的影响下,形成与地带性土壤不一样的土壤,称为隐地带性土壤。例如:潮土和草甸土都是受地下水的影响而形成的。

(3)自然植被的垂直分布规律

中国是一个多山的国家,山地植被类型十分丰富。随着山地海拔的增加,出现了类似于水平地带的垂直带谱。由于中国东部季风区域和西北干旱区域气候条件,尤其是水分差异明显,山地垂直带谱也有很大的不同,东部为海洋性山地垂直带谱,西部则为大陆性山地垂直带谱。青藏高原其地势特别，高原面植被是在垂直地带性的基础上出现水平分布规律。在青藏高原面上，其植被以高原中部的冈底斯山、念青唐古拉山为界分为南北两带。青藏高原北带自东向西，由高原边缘到高原内部，依次出现山地森林草原、高山草甸、高山草原、高山寒荒漠植被类型。青藏高原南带，自东而西分布着沟谷森林灌丛、亚高山草甸、亚高山草原等植被类型，在某些谷地甚至有下垂带谱存在。随着海拔的升高，植被类型以及土壤的水热状况发生变化，从而导致土壤出现垂直的地带性分布规律。例如：珠穆朗玛峰自基带的红壤向上，依次分布的土壤类型为山地黄棕壤、山地酸性棕壤、山地灰化土、亚高山草甸土与高山草甸土，直到高山寒漠土上线的雪线。

（4）指示植被与土壤植物

对于环境具有灵敏的反应，同时植物对于环境具有严格的选择性。因此，一个地区的植物生长状况，往往是当地自然地理环境的综合反映，这种反映就是植物的指示现象。植物和植物群落可以指示土壤类型、土壤酸碱度、土壤水以及其他土壤化学和物理性状。铁芒箕是我国热带和亚热带强酸性土壤（pH 值为 4~5）的指示植物；蜈蚣草是钙质土的指示植物；盐角草、盐爪爪等是氯化物—硫酸盐土（含盐量 10% 以上）的典型标志；内蒙古一带生长的油蒿是砂性很强的土壤质地指示植物。植物也可以指示地下水的状况。例如：香蒲繁生，说明地下水过剩；针茅大量分布，说明土壤干旱；骆驼刺、欧洲甘草的生长，说明潜水呈微碱性；泽泻一定生长在沼泽土上。这些说明植物与土壤都有明显的相关性。调查中应对这部分资料进行广泛收集，并深入分析指示和特殊性土宜植物的生理机制，对土壤调查工作来说是十分必要的。

（5）作物

通过对农作物的长势和缺素症状的研究，可用来帮助认识当地土壤肥力状况。主要了解作物的种类、布局、种植制度和轮作制度，生产状况以及生产中的问题等。

要根据农作物群体的密度、个体的高度、茎叶比例和发育阶段特征等方面来分别其生长状况。同时要根据作物的形态特征进行分析诊断，研究有无缺素症状等。

2.6.2.2　动物

土壤中物质的转移和能量的交换，如果没有动物的活动就会成为不可能。动物对土壤的作用主要表现在动物的排泄物，包括厩肥、人粪尿等是补充土壤有机质、供给植物养分、改善土壤结构、增长土壤肥力不可缺少的成分。此外，动物对土壤的作用还表现在它们对土壤的挖掘和搅动作用，使土壤疏松多孔，物理性状得到改善。

（1）土壤中的动物类型

土壤中的动物根据其个体大小分为以下 4 组：

微型动物　个体小于 0.2 mm 的动物类型，包括原生动物、线虫等，多分布在湿润的土壤环境中，生活在充满土壤溶液的毛细管和孔隙内。

中型动物　包括个体大小为 0.2~4 mm 的各种动物群，例如：节肢动物门的最小的昆虫，多足纲动物和特殊的蠕虫等，它们适应在非常湿润的土壤中生活。

大型动物　由个体大小为 4~80 mm 的各种动物群，例如：蚯蚓、高等昆虫（包括白蚁、蚂蚁及其幼虫）、多足纲动物、软体动物以及泥鳅、田螺等。

巨型动物 包括个体大小在 0.01～1.5 m 的大动物，例如：田鼠、龟、蛇、鳝鱼、湖鳗、蟹等，最大的动物类型如狐狸等也是生活在土壤穴洞中。

（2）土壤动物群落结构

水平结构 土壤动物群落随不同植被、土壤、微地貌与海拔以及人类活动等而呈水平差异性，表现为组成与数量、密度和群落多样性等的水平差异。例如：吉林省东部山地相同海拔带、同一土壤不同植被类型下的土壤动物类群数和数量表现出明显的差异，尤其是自然植被改变后的耕作土壤，种类和数量明显减少，显示出植被类型对土壤动物群落水平结构的巨大影响可以通过土壤动物群落特征，推断土壤的变化。例如：甲螨分布广、数量大、种类多，有广泛接触有害物质的机会，所以当土壤环境发生变化时有可能从它们种类和数量的变化中反映出来。

垂直结构 一般具有表聚性特征，即土壤动物的种类数和个体数、密度、多样性等随着土壤深度而逐渐减少，例如：泰山土壤动物 A 层占 77.18%，B 层占 16.35%，C 层占 6.47%。不同类群、不同季节、不同环境土壤动物的表聚性的程度有所差别。

时间结构 主要研究季节变化，当然也包括昼夜变化和多年变化，特别是全球变化对土壤动物群落结构的研究也应得到关注。土壤动物的季节变化与环境的季节性节律密切相关，植被、土壤水分和温度的季节变化制约着土壤动物类群数和个体总数的变化。在中温带和寒温带地区，土壤动物群落的种类和数量一般在 7～9 月达到最高，与雨量、温度的变化基本一致，而在亚热带地区一般于秋末冬初达到最高（11 月）。同时，不同土壤动物类群的季节动态也不相同。

2.6.2.3 微生物

土壤中的微生物具有多方面的功能。主要是分解动植物残体，使有机物矿物质化和合成土壤腐殖质。此外，还有多种自养型微生物能起固氮作用、氨和硫化氢的氧化、硫酸盐和硝酸盐的还原，以及溶液中铁、锰化合物的沉淀等作用。土壤微生物的种类包括以下种类。

（1）原核微生物

古细菌 包括甲烷产生菌、极端嗜酸嗜热菌和极端嗜盐菌。这 3 种细菌都生活在特殊的极端环境（水稻土、沼泽地、盐碱地、盐水湖和矿井等）。

细菌 土壤细菌占土壤微生物总数的 70%～90%。主要的能分解各种有机质的种类。包括有芽孢杆菌和无芽孢杆菌、球菌、弧菌和螺旋菌等。据记载，土壤中细菌有近 50 属 250 种，它们和真菌一起是岩石和原生矿物强有力的分解者。

放线菌 广泛分布在土壤、堆肥、淤泥等各种自然环境中，其中土壤中数量和种类最多。一般肥土比瘦土多，农田土壤比森林土壤多。放线菌最适宜在中性、偏碱性、通气良好的土壤中。包括诺卡氏菌属（*Nocardia*）、链霉菌属（*Streptomyces*）与小单孢菌（*Micromonospora*）。这是被认为介于细菌和真菌之间的微生物，具有极细的菌丝（小于 1 μm），为好氧性微生物，主要分解和消耗纤维素、半纤维素和蛋白质，甚至木质素等。

蓝细菌 蓝细菌属于光合微生物（过去称蓝藻）。分布很广泛，但以热带和温带居多，淡水、咸水和土壤是其主要的生活场所。在潮湿的土壤和稻田中常常大量繁殖。

黏细菌　黏细菌在土壤中的数量并不多，但在施用有机肥的土壤中常见。黏细菌是已知的最高级的原核微生物。

（2）真核微生物

真菌　包括藻菌纲（*Phycomycetes*）、子囊菌纲（*Ascomycetes*）或半知菌纲（*Deuteromycetcs*）和担子菌纲（*Basidiomycetes*）。在土壤和堆肥中，产生大量菌丝和孢子，纤细的菌丝和分泌物可把小土粒团聚成块。对森林土的形成，以及在低温或极干燥的气候条件下作用特别大，并形成腐蚀性较强的腐殖质酸以及使土壤酸化的有机酸，例如：草酸、醋酸和乳酸。并且由于真菌在土壤中合成各种独特的酸性化合物和许多毒性物质，可使土壤破坏和杀死一定的细菌群。

各种真菌与高等植物（木本植物、草类和作物）共生形成菌根，将营养物质供给植物。豆根表面还能直接吸收有机质和矿物质，以改善木本和草本植物的根部营养。有些植物，例如：橡树和松树如果缺少菌根，就会发育不良。

藻类　包括绿藻、蓝藻和硅藻等，它们和其他土壤微生物的不同点在于它们具有叶绿素型的各种特殊色素，能同化 CO_2，通过光合作用形成有机物，提高土壤有机质和氧气贮存量。因此，它们一般只居住在有阳光照射的土壤表层，有些藻类（硅藻）在土壤硅酸盐化合物和钙化合物的转化过程中，起着重要作用。另一些藻类还能固氮。

地衣　地衣是真菌和藻类形式的不可分离的共生体。地衣广泛分布在荒凉的岩石、土壤和其他物体表面，地衣通常是裸露岩石和土壤母质的最早定居者。因此，地衣在土壤发生的早期起重要作用。

（3）滤过性生物

包括噬菌体和另外一些病毒，是土壤中最小的生物体，也是最简单的生物，在土壤中噬菌体能分解豆科植物根部的根瘤菌。除此之外，还有一些微生物，只存在于一定的土壤中和特殊的环境及耕作条件下。例如：豌豆根瘤菌，大多局限于有这种豆科植物生长的旱地土壤中；圆褐固氮菌只发现在土壤 pH 值为 6 的条件下。

土壤微生物与植物生长量比仅为 0.000 1%。但是，由于微生物具有惊人的繁殖速度，其作用可与高等植物相比，并超过土壤动物。

2.6.3　研究方法

2.6.3.1　野外植物调查

（1）植被调查

研究群落分布规律　研究某些植物群落的分布规律及其与一定地形、土壤的生态关系，并绘出断面图，作为进行遥感影像解译的参考。

样方选择　选择有代表性的地区进行典型样方或样段的调查，以收集某些植物组成的具体资料。主要根据工作要求及植被类型，在不同典型样区，结合土壤剖面观察，选择 1 m²（草原区）、25 m²（灌木草原区）、100 m²（森林区）作为观察记载的样方。记载内容包括：

生境条件：包括植被所处地形环境、气候条件、土壤资料、地下水位等。

群落名称：一般以其优势种、亚优势种依次排列命名。例如：长芒羽茅—西伯利亚蒿群落，表明该群落是由长芒羽茅与西伯利亚蒿构成。有时一个群落有3种以上的植物组成，其命名可按其所占比重多少依次排列，例如：长芒羽茅—西伯利亚蒿—蒙古柳群落。

多度 是指在群落描述时植物种的个体数量的频率分布。(一般目估法估算)通常多按德鲁捷(Drude)分级法表示，一般是分为密集(SOC)、丰盛(COP)、稀疏(SP)和零星(SOL)4级：

- SOC(sociales)"特多"(背景比)，植物地上部郁闭，个体数占90%以上；
- COP3(copiosae3)"很多"，个体占70%~90%；
- COP2(copiosae2)"多"，个体占50%~70%；
- COP(copiosael)"相当多"，个体占30%~50%；
- SP(sparsal)"零散分布"，个体占10%~30%；
- SOL(solitariae)"稀少"，个体占10%以下；
- UN(unicum)"单株"，只有单株。

盖度 即每一种植物所有个体的总和所能遮盖的地面面积占整个群落面积的百分比。通常用目估测定，以百分数表示。

测绘植物群落分布图 采用样方调查法，其样方面积已如上述，它是一种特大比例尺的植被制图。一般草原植被要注意有用牧草的种类、产草量、有害植物种类等。在林区要注意树木的胸径、蓄积量及林下幼树生长状况等。

植物地下部分的调查 详见植物地下部介绍。

(2)植物地下部

根系在土壤中不仅可以机械穿透疏松土壤，形成结构，而且以其残体丰富了土壤有机质。显然它与土壤有着极其密切的关系。为了研究这种关系，应特别注意根系在土壤中分布的状况及其在土壤中的残留量。一种方法是用方格纸将植物根系在土壤中分布的纵、横断面关系绘制成一定比例尺的纵断面图和横断面图。另一种方法是采用一定容积(50 cm × 50 cm × 50 cm)土层浸湿过筛(小于0.5 mm筛孔)，把土粒冲走；而剩余的根系烘干称重，并换算成每公顷的根系重量。

(3)指示作物的调查指示作物的观测

可以推断土壤的某些理化性质，作为鉴别土壤共性的参考。例如：南方的茶树对土壤酸度的要求较严，当土壤中含有一定的钙质时，则会生长不良，以致死亡。

(4)农田地区的样点调查

主要是了解作物种类、布局、种植制度或轮作制度、生产情况及生产中的问题等。借以了解土壤的某些性质与肥力情况。

第一，调查研究不同土壤上栽培作物的种类、品种、长势、长相(包括株型、分蘖或分枝数目、叶色、高度)、发育及缺素现象、根系发育及分布情况、结实情况和产量等。对于一些不良土壤，更应注意对作物生长的影响及特殊情况表现。这对于土壤肥力、宜种性和用地养地等方面都是重要的参考资料。

第二，调查研究不同土壤类型上的作物布局、品种搭配方式、种植制度及其优缺点，为因地制宜利用土壤提供依据。

第三，调查研究田间杂草的种类和数量。因为许多田间杂草是农田土壤肥力、土壤水分和土壤盐分等良好的指示植物。

2.6.3.2　土壤动物研究法

土壤取样方法一般采用常规采样方法，即在每个取样区，选择具有代表性的样点，进行三点重复取样，4 个层次分层取样，按 0~5 cm、5~10 cm、10~l5 cm 和 15~20 cm 挖掘剖面。大型土壤动物调查，挖掘面积 50 cm × 50 cm，深度 20 cm，手捡动物计数和分类。

土壤动物的分离提取和鉴定采用干漏斗法和湿漏斗法分离提取中、小型土壤动物，活泼性土壤小型节肢动物以吸虫器采集。并计数和分类，一般分到目或科。

2.6.3.3　土壤微生物研究法

鉴于微生物的变异性及其生活的土壤条件的复杂，如何使所得结果尽可能反映自然情况，在方法上应多加考虑。为了得到关于土壤微生物在自然条件下的真实情况，不少研究者先后提出了若干直接显微镜观察和计数的方法。随着免疫学的发展以及放射性同位素示踪研究的广泛应用，给土壤微生物的直接鉴别提供了有实际意义的手段。生境中土壤微生物检测方法有土壤细菌的显微镜直接计数法、琼脂膜法、土壤微生物区系的切片观察法、光学显微镜直接检测土壤颗粒法、毛细管法、尼龙网法、电子显微镜法和土壤切片观察法等。

土壤中微生物数量的测定，除了用分离培养的方法和直接镜检法观察计算或根据各类微生物的数量和比重折算为菌体重量外，目前最常用的方法为化学方法测定微生物细胞体被降解产生 CO_2 的量或菌体中某种组分的量来计算微生物总量。例如：熏蒸法、ATP 含量换算法和真菌体内几丁质含量换算法等。

2.6.3.4　土壤生物综合研究法

（1）生物地球化学研究法

即研究不同的物理因素、化学因素及生物因素等的作用，特别是从土壤、气候、天然水等地球化学观念出发来研究它们对于有机体的影响。

（2）不同土壤生态型的生物地球化学特征研究法

该研究法就是把土壤生物学、土壤地理学和土壤微生物学综合在一起的研究方法。研究时必须搜集每种生态型中各种要素的全部化学分析资料。为此，要选择具有代表性的点，采集土壤剖面、岩石及其风化产物、土壤水、地下水、植物的地上部分和地下部分、土壤动物和微生物等标本进行化学分析。

为了进行动态研究，设置定位观测是十分必要的。也可以选择一些能形成各种化合物和能参与生物循环的挥发性示踪元素综合体，置于土壤中以观察它们在景观中移动的途径。

2.7 时间因素调查研究

气候、地形、母质、水文和生物等因素对土壤发育的影响是通过时间来体现的，所以时间对土壤发育的影响也是一个间接因子。以基岩上土壤的发育过程为例，首先是坚硬块状的母岩在地表环境中被风化成初具营养条件的、疏松多孔的风化壳（成土母质）；然后，在一定的气候条件和生物的作用下，母质与环境之间不断进行物质与能量的交换和转化，产生土壤腐殖质和次生黏土矿物；随着时间的推移，母质、气候、生物和地形等因素的作用强度逐渐加深，发育了层次分明的土壤剖面，从而出现了具有肥力特性的土壤。因此，可以说，时间提供了土壤发育的"舞台"。

2.7.1 时间因素对土壤形成的影响

时间因素对土壤形成没有直接的影响，但时间因素可体现土壤的不断发展。成土时间长，气候作用持久，土壤剖面发育完整，与母质差别大；成土时间短，受气候作用短暂，土壤剖面发育差，与母质差别小。

2.7.1.1 土壤年龄

像一切的自然体一样，土壤也有一定的年龄。土壤年龄是土壤发生发育时间的长短，通常土壤年龄分为绝对年龄和相对年龄。绝对年龄是指从该土壤在当地新鲜分化层或新母质上开始发育算起，迄今所经历的时间，通常用年表示，可以用多种技术测试出来，一些古老的土壤自第三纪已存在，绝对年龄达数千万年；相对年龄则是指土壤的发育阶段或土壤的发育程度。土壤剖面发育明显，土壤厚度大，发育度高，相对年龄大；反之，相对年龄小。需要说明的是，相对年龄和绝对年龄之间没有必然联系。有些土壤所经历的时间虽然很长，但由于某种原因，其发育程度仍停留在比较低的阶段。

2.7.1.2 土壤发育速度

土壤发育速度主要取决于成土条件。在干旱寒冷的气候条件下，发育在坚硬岩石上的土壤发育速度极慢，长期处于幼年土阶段（按相对年龄），例如：西藏高原上的寒漠土。而在温暖湿润的气候条件下，松散母质上的土壤发育速度非常迅速，在较短的时间内就可发育为成熟土壤。例如：我国南方的紫色页岩经十余年的风化成土就可形成较肥沃的土壤。

有利于土壤快速发育的条件是：温暖湿润的气候，森林植被，低石灰含量的松散母质，排水良好的平地。阻碍土壤发育的因素是：干冷的气候，草原植被，高石灰含量且通透性差、紧实的母质，陡峭的地形。

土壤的发育速度整体上随发育阶段而变化。一个土壤的有机质含量的变化分为3个阶段：在土壤发育的初级阶段，有机质含量迅速增加，因为土壤中有机质增加的速度大大超过有机质的分解速度；成熟阶段的土壤以有机质含量的稳定不变为特征，此阶段的有机质的增加与消耗持平；到老年期，一般由于合成有机质的条件消失，土壤有机质含量表现出下降的特征。

2.7.1.3　土壤发育的主要阶段

如果土壤发育条件有利，母质可以在较短的时间内转变为幼年土。这个阶段的特征是有机质在表面累积，而风化、淋洗或胶体的迁移都是微弱的，仅存在 A 层与 C 层，土壤性质在很大程度上是由母质继承来的。随着 B 层的发育，土壤达到成熟的阶段。如果其他成土条件不变，成熟土壤继续发展，最终可以变成高度风化的土壤，以至于在 A 与 B 之间出现一个舌状的漂白层 E，土壤进入老年阶段。

实际上土壤发育千变万化，随成土母质的性质和发育过程中其他成土条件(气候、地形、母质、水文和生物等)的变化而变化。例如：抗风化的石英砂母质上发育的土壤长期停留在幼年土的阶段；有些成熟的土壤因为受到侵蚀而被剥掉土体，新的成土过程又开始。在土壤调查中，确定了主要的成土因素，但不能仅凭一个成土因素对土壤类型进行划分，应将多因素结合起来进行研究。

2.7.2　研究内容

对时间因素的研究，往往就是通过古土壤和现代土壤性态的表征来体现的。这样，对古土壤的研究，便构成时间因素研究中的重要内容。

理论上说，自4.5 亿年前陆生植物开始出现，就产生了最早的土壤。但地质史的多次巨变导致这种古土壤侵蚀殆尽。现在北半球所存在的土壤多是在第四纪冰川退却后开始发育的。古土壤是在与当地现代景观条件不相同的古景观条件下所形成的土壤，它的性质和现代当地土壤有某些差异，它们可以是因为环境条件的改变而终止了原来的土壤形成过程，成为现在土壤发育的一种母质；它们也可以是因为地壳新构造运动的升降或地面的变迁，使原来的土壤发育受到埋藏而终止。古土壤的形成往往与气候条件有关系。因此，研究古土壤，就必须对当时的气候条件有所了解。

2.7.2.1　古气候

古气候研究可追溯到 6 亿年前的震旦纪，但这些远古地质时期的气候影响，由于海陆变迁和构造运动，多已消失或凝固于深部的岩层中，对现今土壤体的研究意义不大。而重要的是要研究第四纪的古气候，因为在野外调查中常常需要应用第四纪的古气候知识来研究土壤剖面的发育。

第四纪以来几个主要地质时期(间冰期)的古气候与当时沉积物及土壤形成的关系如下：

(1)上新世(N_2)

在上新世时，特别是它的早期，我国北方的气候温暖湿润，致使有些地方堆积了铁锰淀积层、质地黏重的红土层，例如：三趾马红土(保德红土)、静乐的红土、北栗红土等。红土的上覆地层遭受侵蚀后有的已露出地面，作为成土母质而影响着现代土壤的形成发育和理化性质。

（2）早更新世（Q）至晚更新世（Q₃）

在间冰期，气温均有回升，但幅度不一，对沉积物和土壤性质的影响也很不相同。第四纪的第一次冰川退缩后，我国北方气候炎热湿润，例如：黑龙江河谷中发现的 Q 红色黏土层，pH 为 6.0～6.5，轻黏土、黏粒含量达 40% 左右；还夹有砂石，经孢粉分析有棕榈属花粉。据推测，这种红色风化壳是亚热带气候条件下富铝化作用的产物，在东北山地丘陵区分布较广。中更新世（Q₂）大姑冰期冰川退却后，我国气温普遍炎热，但北方干燥南方湿润，因而北方出现大面积的周口店期的红色土，而南方普遍发现有经过湿热化作用形成的网纹土风化壳。南方的风化作用非常强烈，不仅使冰碛物遭到了强烈的风化，甚至连砾石也是如此，被淋溶下来的铁质胶结，形成多层铁盘。熊毅根据分析结果，认为北方红色土不是湿热气候下的产物，而是干热气候下形成的，网纹红土则是湿热气候的产物。到晚更新世（Q₃）初期，气候又转寒冷，在北方有大量的马兰黄土堆积，在南方有下蜀黄土堆积。熊毅根据分析资料也认为这些黄土均是干冷环境下的产物。直到晚更新世末转入冰后期阶段，气候又有转向温暖湿润的趋势，例如：在辽宁朝阳和喀左的马兰黄土中可见到 1～2 层黑土型古土壤，其中有根孔和姜状灰白色的钙质结核，说明马兰黄土在晚期堆积中曾出现过几次温湿的气候。

（3）全新世（Q₄）

近年来，我国地理学家对全新世以来的古气候做了大量研究，获得了大量新资料。根据资料可把我国 10 000 年前至今这段气候变化归纳为 4 个时期，现就各时期的气候特性及其与土壤形成的关系简介于下：

第一，距今 5000 年前一段时期，我国气候温暖湿润。这种气候不仅出现在长江以南直到东北北部，甚至内蒙古和青藏高原也受到了影响。黑龙江呼玛在全新世中期地层中发现了阔叶林和桤树花粉，内蒙古察哈尔出现了喜湿乔木的栎树和十字花科草本植物花粉，北京一带当时是河流纵横、池沼广布的地区，天津还发现了只能在亚热带淡水中生长的水蕨。从南昌和洞庭湖南岸的泥炭沼泽中的孢粉看，气候比现在还要湿润。

从上述古气候和古植物的分布可以推测，当时我国山地丘陵的土壤分化淋溶很强，质地黏重，而低洼地区进行沼泽和泥炭化过程，积累了大量有机质。

第二，在距今 2500～5000 年间，气候又转向温暖干燥。辽宁南部的阔叶林中增加了松树的成分；北京一带的沼泽地不再形成泥炭，原有的泥炭土也被淤泥掩埋；洞庭湖南岸虽然还保持着原有的阔叶林型，但耐旱草本植物增加；四川和鄂西的长江及其主要支流水位下降；内蒙古察哈尔增加了适应恶劣环境生长的麻黄和在较干燥条件下生长的松树。

据此可以推测，当时山地丘陵土壤的分化和淋溶作用减弱，氧化作用加强，而低洼地区土壤沼泽化逐渐消失，有的还形成了埋藏泥炭土。

第三，在距今 700～2500 年间，北方气候又变冷变湿。对在辽宁庄河、普兰一带湖沼黑灰色的淤泥层中的古莲子进行 ^{14}C 年代测定，认为时间相当于距今 700～2500 年间。因此，说明当时的低洼地带土壤是在冷湿气候条件下进行着沼泽化过程。

第四，我国距今 700 年以来，气候又逐渐变干。根据郑斯中等人的研究，认为我国东南部地区距今 1900 年来，湿润时期短，干旱时间长，特别是近 50 年来旱灾多于水灾。

黄河流域近 400 年的旱灾也比较频繁。在这个阶段我国农牧业生产有了较大的发展，可能与近期气候变干有一定的联系。近 100 年来，世界冰川开始退缩，至 1930 年退缩加剧，地球气候有变暖趋势。

2.7.2.2　古土壤

按古土壤分布及其保留的现状，大致分为 4 类：

（1）埋藏古土壤

系原地形成并被埋藏于一定深度的古土壤。它一般保存较完整的剖面和一定的发生土层分异，例如：淋溶层、淀积层、母质层，甚至有的还保留有古腐殖质层。黄土高原地区深厚的黄土剖面内埋藏的红褐色古土壤条带，即属于埋藏古土壤。

（2）裸露埋藏土

一度被埋藏于地下，后来覆盖层被侵蚀而重新裸露于地表呈残留状的土壤。各类埋藏古土壤层（古褐土、古黑垆土等）均有可能成为裸露埋藏土，并在原古土壤基础上开始了现代化成土过程，成为多元发生型土壤。

（3）残存古土壤

系原地形成但又遭受侵蚀后残存于地表的古土壤。残存古土壤原有腐殖层或土体上半部分已被剥离掉，裸露地表的仅仅为淋溶层或淀积层以下部分。在新的成土条件下此残缺剖面又可继续发育，或在其上覆盖沉积物，形成分界面明显的埋藏型残积古土壤北京低山丘陵区零星分布在各类岩石上的红色土，即属于残存古土壤。

（4）古土壤残余物

系古土壤经外营力搬运而重新堆积后形成，与其他物质混杂在一起。北京周口店洞穴堆积物中就有古土壤残余物。例如：西藏珠穆朗玛峰地区土壤普遍存在一些结构紧密、颜色较红、风化程度很深（状似红色风化物）的古土壤残留体或残留特征它们与周围土体没有发生联系，而是新构造运动前，在低海拔和湿热条件下形成的土壤（风化物）。

2.7.3　研究方法

对埋藏古土壤层的研究，主要采用从古论今的方法，即通过比较埋藏古土壤层与现代土壤的性质，推测该古土壤层形成时的古地理、古气候的情况。当然，某些残存于地表的古土壤层，例如：黑垆土层、砂姜黑土的砂姜层、云南山原红壤的红壤层等，它们多数是在原古土层的基础上开始了现代的成土过程，其成土时间的自然历史继承性必须加以注意，否则，会对其成土过程得出一些不切实际的结论。比较好的研究方法是先采用地貌与第四纪地质的研究方法进行野外观察，而后采样进行年龄测定等室内分析。例如：北京地区的褐土，一般多在 Q_3 的黄土阶地上发育的。

2.7.3.1　查阅搜集资料

野外调查前，要搜集和阅读调查区及邻近地区第四纪地质资料，从有关新构造运动、古气候演变、地文期沉积物排列特点等，推断调查区可能出现的古土壤类型及特征。例如：分布在北京山前倾斜平原与冲积平原之间的交接扇缘带的砂姜潮土，与

10 000万多年前的"北京湾"湖沼有关，应属于古土壤。

2.7.3.2　分析现代土壤剖面残遗的特征

古土壤和遗留特征都是表明成土过程或成土条件发生了变化的证据，研究它们对了解土壤发展历史和成土条件的变化具有实际意义。所谓遗留特征是指地球陆地表面现代土壤中存在着的与目前成土条件不相符合的一些性状。如果现代河流高阶地上的土壤中发现有铁锰结核或锈纹锈斑，这是以前该河流阶地土壤未脱离地下水的作用，在氧化还原交换条件下形成的；而目前由于阶地的抬升，已不具备氧化还原交替过程的条件，这些铁锰结核或锈纹锈斑就称为现代土壤中的遗留特征。

2.7.3.3　古土壤年龄量测法

（1）放射性碳法

此法简称^{14}C法，是测定最年轻的地质建造年龄的方法之一。它可测定5万~6万年内土壤的年龄。利用测定土壤年龄的原理如下式：

$$t = t_0 \ln A_0/A_t \tag{2-9}$$

式中　　t_0——^{14}C平均寿命（8030年）；

　　　　A_0——现代样品中碳的放射性比度；

　　　　A_t——所测土壤样品碳放射性比度。

所谓放射性比度是指样品中同位的放射性（以$\mu Ci*$、mCi表示）与该样品中同一元素的重量（mg）之比，即土壤样品^{14}C/（^{12}C + ^{14}C）的比值。式中，A_0应是生物死亡后或碳酸盐沉积物形成以后的^{14}C/（^{12}C + ^{14}C）的值。

（2）测定第四纪沉积母质年龄法

从测定第四纪沉积母质的年龄中，估测其上部土层的发育时间，也是有效的测定土壤年龄的方法。用^{14}C法能测定的极限年龄仅为6万年。

2.8　人为因素调查研究

2.8.1　人类活动对土壤形成的影响

土壤形成的作用的传统看法认为是母质、气候、生物、地形和时间五种因素的相互作用，而把人类的作用简单地包括在生物因素之内，这种观点降低了人类对土壤影响所起的作用。

人类活动在土壤形成过程中具有独特的作用，但它与其他5个成土因素有本质的区别，不能把其作为第6个因素，与其他自然因素同等对待。这是因为：

第一，人类活动对土壤的影响是有意识、有目的、定向的。在农业生产实践中，在逐渐认识土壤发生发展客观规律的基础上，利用和改良土壤、培肥土壤，它的影响可以说是较快的。

第二，人类活动是社会性的，它受着社会制度和社会生产力的影响，在不同的社会制度和不同的生产力水平下，人类活动对土壤的影响及效果有很大的差别。

第三，人类活动的影响可通过改变各自然因素而起作用，并可分为有利和有害 2 个方面。

第四，人类活动对土壤的影响也具有两重性。利用合理，有助于土壤肥力的提高；利用不当，就破坏土壤。例如：我国不同地区的土壤退化原因主要是由于人类不合理利用土壤造成的。

2.8.2　研究内容

2.8.2.1　社会经济概况

包括有行政区划、人口劳力、农业机械、水利设施、产量、产值和收入等。社会经济状况反映出人均资源的占有量，投入产出水平以及集约化程度。

2.8.2.2　土地利用结构

土地总面积、各类土地所占面积比例及变化。还需调查燃料来源，牛、羊的饲养方式，水面的利用状况和乡镇企业的发展等。

2.8.2.3　农田基本建设

兴修水利和修建山区梯田为中心的农田基本建设是人们通过工程措施改变土壤生态条件的实际行动。农田基本建设包括有打井修渠、挖沟排水、平整土地、植树造林、修建梯田和改土培肥等措施。

2.8.2.4　农艺措施

实施灌溉、耕翻、中耕、施肥、间作轮种、覆膜等农艺措施，可以定向培肥土壤，达到土壤肥力与农作物产量同步提高的良性循环。但是，若不能正确地实施这些措施，不仅作物会减产，土壤的肥力也会降低。调查农艺措施时，需了解各项措施实施的时间、面积、次数、数量、方式等内容。

2.8.2.5　生产问题

包括水土流失状况；土壤是否有退化趋势，例如：盐渍化、沙化等；作物是否有缺素症状；是否有灾害性天气，例如：旱、涝、风和冻等。

2.8.3　研究方法

耕地土壤是由自然土壤经过人工耕作发育而成的，在形成过程中，既受人为活动的作用，又受自然因素的制约。而人为因素主要是通过耕作和施肥两大措施，在自然因素作用的基础上，调节和改善土壤性质，建造适宜人工栽培生长发育的土壤条件。如上所述，耕地土壤熟化过程的基本特点，实质上是集中在对土壤腐殖质的合成与分解过程的调节。因此，对研究方法的设计也应当围绕这一特点来进行。

2.8.3.1 土壤腐殖质形成过程的研究

在调查研究各种耕作土壤的形成和发育时，一般应注意：

(1)有机肥料的物质来源

在有机肥的来源之中，植物残株、厩肥、绿肥和堆肥占首要地位。植物残株除了茎、叶和植物其他收获残余物外，也应包括植物根系。但由于根系提取比较困难，一般只测定地上部分。不同种类的植物残株在化学组成上有相当大的变化，例如：一般谷物的残株和根中的含氮量0.5%，磷0.1%，钾0.5%；而豆科残余物中，一般含氮达2%~3%，磷0.5%，钾2%~2.5%。要进行全部物质的组成成分的全量分析，计算它们的全部化学组成，几乎是不可能的。在近似法的分析中，只能求出植物中最丰富的物质和最容易了解它们分解过程的那些化合物。因此，在一般情况下，也可单独测定它们施用时和施用后经过一定时期的碳氮比率的变化。

(2)土壤条件的研究

土壤条件的研究内容主要包括土壤物理性状，例如：水分状况，通气性，土温；土壤化学性状，例如：pH值、碳氮比；土壤微生物区系的特点，例如：微生物群体组成等。

(3)土壤腐殖质特性的研究

土壤腐殖质的研究要分别采集地表上层和亚表层土样进行如下项目的分析：

- 土壤腐殖质的总碳量和全氮量，并计算碳氮比；
- 胡敏酸和富里酸量的测定，并计算胡敏酸/富里酸比值；
- 土壤残渣中胡敏素的含碳量计算，由土壤全碳量减去胡敏酸与富里酸碳量而得；
- 胡敏酸与富里酸的光学性质测定，根据二者在紫外分光光度计上的消光系数(E)检测短波段(465 nm)和长波段(665 nm)部分的消光系数值，并比较E_4/E_6比值，检测其缩合度等。

通过这些项目的分析研究，一般能取得有机肥在不同的土壤条件下分解和合成腐殖质的数量和质量特征，以便了解施肥措施在土壤形成发育中的作用。

2.8.3.2 群众经验的调查研究

我国幅员辽阔，南北有纬度的差别，东西有地形起伏的变化和距海远近的不同。因此，传统的农业经验常具有比较独特的地方性。调查研究时，必须注意区域性条件的变化，推广应用时应注意因地制宜。通常对一个地区的传统农业经验的调查总结应当包括如下3项内容：

(1)农民的生产经验

求同法　调查出现某一现象的不同场合，然后寻找这些不同场合中共同的因素，找到了就可能是某一现象的原因。例如：每年早稻坐苗的土壤类型很多，有山垄烂泥田、坡地黄泥田和平原灰泥田等，所有这些场合，土壤性质都不一样，所处地形条件也不相同。但根据土壤速效磷的分析结果，唯一的共同因素是它们的磷素含量多在3~5 mg/kg，因而得知早稻坐苗的原因可能是土壤缺磷所引起。

　　差异法　即使作用于两个实验组的所有其他因素保持不变，而仅仅对两组中的某一组变更某一因素，然后观察其效应。如果两组出现不同的效应，则可认为被变更的某一因素就是这不同效应的原因或部分因素。例如：在闽北有一位农民采用石膏防治黏质土中的坐苗田。他认为黏质土是冷性土，种水稻容易坐苗，只有用石膏能防治。于是在他指定的田块进行试验，其他条件不变，而只改变肥料的种类，除一小区施石膏外，另外一些小区施用硫酸铵、钙镁磷肥、过磷酸钙和尿素。结果，对照钙镁磷肥区和尿素区都发生坐苗，而其他 3 种肥料石膏、硫酸铵和过磷酸钙区却未发生坐苗现象。因此，诊断这位农民所提供的经验是一种土壤缺硫现象，这就是求异法。

　　共变因果法　使某一现象发生一定的变化，观察另一现象是否随之发生一定的变化。如果重复试验，第二个现象恒定发生变化，则第一个现象所发生的那个变化就是第二个现象所发生的原因。例如：推广良种时，为查明它们对不同土壤的适应性，可以选择肥力差异较大的不同土壤进行对比，把土壤肥力分为高、中、低 3 级分别检查（在管理措施一致条件下），这称为共变因果法。

　　（2）农谚的收集

　　农谚是传统经验提炼的科学语言，也是流传于我国广大农村中的传统经验的提炼，其内容很丰富，有气候、耕作、施肥、土壤等方面的，都有一定的参考价值。

　　（3）地方志的收集

　　地方志是研究我国农业、历代政治、经济、文化等方面的重要资料之一，我国各地都有收藏，也是土壤调查前必读的资料。

2.8.3.3　年度对比法

　　年度对比法指在同一地方，同一耕地上，土壤生产力（以作物年产量衡量）的年际变化，因为不同年份的气候差异，年产量是不相同的。一般应寻找两种以上的不同土壤类型在耕作措施基本一致的情况下作变化曲线的比较。

　　应当注意，在进行这种生产经验的调查总结，并通过试验研究使之上升为科学材料时，选取样本必须有一定数量基础，而这种数量是否可靠则是十分重要的。然而，又只能根据调查研究的目的要求，采取抽样调查的方法获得材料。统计学有一个二项分布 95% 可靠性，由此统计出两组百分比相差显著时即为所需要的选择数。例如：在相同的地域条件和相似的耕作水平下，同一山垄或地段施用磷肥的团块有 75% 不坐苗，而在未施肥的情况下，只有 10% 的田块未出现坐苗，调查时应选择多少田块才能判断两组百分比相差是显著的。经查表可知相差显著需要 15 个样本（在这里为田块），两组共需 30 个。这样，我们得出的施用磷肥与不发生坐苗之间的结果可靠性为 95%。

本章小结

　　土壤是在气候、地形、母质、生物等自然成土因素和人为生产活动综合作用下长期形成的历史自然体，具有自身的发生和发育及演变规律，含有时空的概念。土壤的发生发育、肥力升降演变、土地利用改良，都与成土因素有关。气候直接影响着土壤的水热状况，气候条件和植被类型有着直接的关系，因而气候也通过植被间接地影响土壤形成。地形影响物质和能量的再分配，为间接因素。地形的高度、坡度和坡向及其组合的形态特征，对土壤形成起着主要的支配作用，是研究的重点内容。母质是土壤形成的物质基础。土壤与母质存在"血缘"关系。土壤发生性状、肥力、某些障碍性状与母质有关。土壤分类（土属），依据母质类型。土壤水分是土壤肥力的重要因素之一，水文因素影响土壤的发育和分布，水对土壤的作用越来越受到重视。没有生物，就没有土壤形成。生物是土壤发生、发育的驱动因素。主要包括植物、动物和微生物对土壤的作用。时间对土壤发育的影响也是一个间接因子。随着时间的推移，母质、气候、生物和地形等因素的作用强度逐渐加深，发育了层次分明的土壤剖面，从而出现了具有肥力特性的土壤。像一切的自然体一样，土壤也有一定的年龄。通常土壤年龄分为绝对年龄和相对年龄。人为活动对土壤有着综合的影响，其强度在局部范围内有时往往是别的成土因素所难以比拟的。农田基本建设和农业技术措施都对土壤有一定的影响。

　　本章通过介绍成土因素在土壤调查中的意义，重点掌握成土因素调查方法。

复习思考题

1. 如何对土壤形成的气候条件进行研究？
2. 地形有哪几类？各类地形的描述要素是什么？
3. 地形有几种研究方法？
4. 母质如何分类？通过什么手段获得母质分布情况？
5. 什么是绝对年龄？什么是相对年龄？
6. 地表水的主要形态有哪些？地表对土壤形成有何影响？如何有效查阅水文资料？
7. 什么是指示植物？如何进行与土壤形成环境有关的植被研究？
8. 哪些农业生产对土壤有影响？如何调查农业生产活动？

第 3 章

土壤剖面性态的观测研究

　　土壤剖面性态是土壤形成过程的结果和具体表现，是成土过程的客观记录。土壤剖面性态的观测是野外调查研究土壤的基础，是土壤调查的核心。它既是土壤工作者野外研究土壤的发生性和生产性、确定土壤分类和制图的科学依据，又是识土、辨土的重要技术手段。

　　土壤是连续分布在地球陆地表面的自然客体，而土壤剖面只是某一土壤实体的一个切面。因此，如何将有限剖面点上的调查资料转换成面上成果，这就需要运用各种专业技能，也是本章所要详细讨论的内容。

3.1　土壤剖面及其设置与挖掘

3.1.1　土壤剖面与单个土体、聚合土体

3.1.1.1　土壤剖面

　　土壤剖面(soil profile)的概念和土壤剖面的研究法，是俄罗斯土壤学家道库恰耶夫于1883 年首先提出来的。土壤剖面是指一个具体土壤的垂直断面，包括土壤形成过程中所产生的发生学层次和母质层次，即土壤剖面是从地表至母岩的土层(含母质层)的垂直序列。土壤剖面表征着各种土壤性质的垂直变化特征，它是母质在成土过程中，由于物质和能量的垂直流动，土壤中活性有机物质(根系、微生物、土壤动物)垂直分布的结果。

3.1.1.2　单个土体

　　在现代土壤学中，从土壤是一个三维实体出发，把土壤剖面的概念立体化，引入单个土体(pedon)的概念作为土壤最小单位，此后又进一步明确，它是土壤调查和研究中的一个最小描述单位和采样单位。这是 20 世纪 50 年代美国土壤调查工作者首先提出来的，其定义是：作为空间连续体的土壤三维实体在地球表层分布的最小体积。人为地假设其平面形状为近似六角形，一般的统计面积为 1 ~ 10 m² 不等，在此面积范围内其土壤

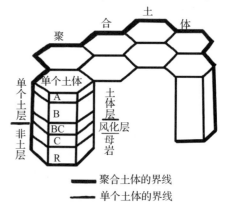

图 3-1　单个土体与土壤剖面的关系

剖面的发生层次是连续的、均一的。面积的实际大小取决于土壤的变异程度。单个土体的性态及其所处的景观，具有一致性与均匀性。单个土体垂直面的下限，是土壤与非土壤之间的模糊界线，即单个土体只包括非土壤以上的部分，相当于土壤剖面的 A + B 层（图 3-1）。

3.1.1.3 聚合土体

聚合土体（polypedon）是若干剖面特征相似的一组土壤聚合体。也就是一些性质上属于同一种类相邻单个土体的组合。两个以上的单个土体可以构成一个聚合土体，即土壤分类中最基本的分类单位，相当于美国分类体系中的土系，大致相当于中国的土种或变种。聚合土体在野外处于一个具体的景观单元，是土壤制图中的一个制图单位。

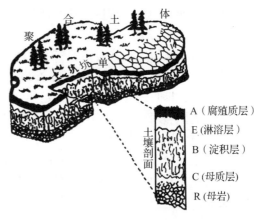

图 3-2 土壤剖面与单个土体、聚合土体三者关系

综上所述，土壤是地球陆地表面各种聚合土体的综合，聚合土体则由两个以上具有三维空间特征的单个土体所构成。单个土体与聚合土体的关系，就像一棵松树与一片松林的关系一样。而土壤剖面只是单个土体的一个垂直观察面上土层的纵向序列（图 3-2）。

土壤剖面是聚合土体的一个缩影。研究聚合土体，即土壤类型，需要通过研究土壤剖面来实现。所以，正确选择好有代表性的土壤剖面，十分重要。

3.1.2 土壤剖面的种类

土壤剖面按其来源可分为 2 类，即：自然剖面和人工剖面。

3.1.2.1 自然剖面

自然剖面是因修路、开矿、平整土地、兴修水利等工程建设，在施工挖方地段裸露的土壤垂直断面，并被长期保留下来，成为土壤调查中可以利用的现存剖面。自然剖面的优点是垂直面往往开挖得较深，延伸面较广，连续性较好。但是，它不是因土壤调查需要而开挖的垂直面。其缺点首先是不能均匀地分布在各种土壤类型上，位置也不一定具有较好的代表性；其次，自然剖面长期露在大气中，日晒雨淋，生物滋生等环境因素的变化，使土壤理化性态不可避免地发生变化。例如：土壤水分和盐分状况，由于自然剖面的长期表面蒸发而不同于毗邻的土壤。因此，土壤调查中自然剖面上不能采集土壤理化分析样品，只能作为了解土壤类型的过渡关系。

3.1.2.2 人工剖面

人工剖面是根据土壤调查的要求，临时开挖出来的土壤垂直切面，一般挖成阶梯状的斜坑，又称土坑。按其用途和特点可细分为主要剖面，检查剖面和定界剖面 3 种：

（1）主要剖面

主要剖面也称基本剖面或骨干剖面。它是为了研究某个土壤类型的全面性状特征，用于确定某一土壤类型的"中心概念"而开挖的垂直断面。因此，要求挖掘大坑而且要设置在最有代表性的地段上。对主要剖面上的各个土层必须详尽地进行观测研究，例如：具体的土壤属性、分异程度、排列顺序等，掌握其发生、发育的全部特性及生产性能，以便做出全面确切的鉴定。

为充分观测研究土壤实体的三维空间特征分异，剖面宽度应拓宽到足以观察土层在水平方向上的变化，理论上定为 1~3.5 m。剖面的深度，应能使全部土层（含母质层）显露出来为止，即自地表垂直向下，延伸到不受或少受成土作用影响的地质形成物（母质或母岩）为止，使剖面贯穿于土体的全土层。实际工作中，在土层水平变幅不大的情况下，在南方稻区一般剖面宽 1 m、深 1 m 为主；在有地下水参与土壤形成的盐土或发生层深厚的土壤分布区，观察深度应达临界地下水位，一般要求在 1.5 m 左右，甚至 2 m 以上，直至挖到地下水面为止；在某些土层浅薄的丘陵山区，土壤剖面深度以挖至母岩出露为止。

（2）检查剖面

检查剖面又称对照剖面或次要剖面，它是为检查主要剖面中所观测到的土壤属性的变异性和稳定性，确定某一土壤类型的"边缘概念"而设置的剖面。其作用在于：

第一，检查主要剖面所确定的土壤属性变化程度，补充与修正主要剖面所确定的土壤类型的分类指标。

第二，准确地鉴定剖面所在地段的土壤类型，研究土壤分布规律，为土壤定界提供推理依据。检查剖面的深度一般较浅，只要挖出某类土壤的主要土层（控制段），可以确定土壤类型的深度即可。如果发现土壤性状与主要剖面差异较大，则应将其改挖成主要剖面。

（3）定界剖面

定界剖面是为确定土壤界线而设置的土壤剖面。因此，剖面只要求能确定土壤类型即可。但为寻找一条土壤分界线，需要大量的定界剖面，密度大、数量多。因此，在野外往往用钻孔代替土坑。这种定界剖面一般只在大比例尺土壤制图中采用，在中、小比例尺土壤制图中应用较少。

主要剖面和定界剖面的点位，都要用 GPS 精确定位并标注在野外工作底图上，其中主要剖面还要按土壤剖面记载表的要求做规范化的剖面性状的描述记载。

3.1.3　土壤剖面数量的确定

在土壤调查区内土壤剖面设置的数量多少，不仅决定了野外工作量，而且直接关系到土壤调查成果的质量。因此，土壤剖面数量的确定是保证土壤调查质量的重要措施之一，也是野外工作量估算的重要依据。在实际工作中可以根据以下原则来确定土壤剖面数量。

3.1.3.1 地区分级原则

这是根据调查地区的地形，土壤复杂程度和土地利用特点来对调查区进行复杂性分级。调查区的等级越高，相应的剖面数量也要求越多。在《全国第二次土壤普查暂行技术规程》中，将调查区的复杂程度分成5个等级（表3-1）。

表3-1 地区等级划分标准

地区等级	地形特点	土壤母质复杂状况	土壤利用明显程度	通气状况	地区举例
I	平坦而微有倾斜的山麓洪积—冲积平原与高平原	比较均一、简单（无沼泽和沙丘）	分异明显、旱作为主、群落清楚	良好	华北、东北、西北大平原；内蒙古、青海高原
II	割裂较明显的切割平原，地形平坦但多次沉积的冲积平原	切割平原母质单一，冲积平原母质复杂	分异尚明显，水、旱兼有	较好	西北黄土塬；东北漫岗平原；长江中下游平原；洞庭湖、鄱阳湖、太湖等滨湖平原及华北平原非盐渍化地区
III	明显切割分化丘陵，洼涝平原，河谷平原及泛滥平原	土壤母质复杂，地下水影响土壤复区面积达20%左右	不明显，利用类型多	较困难	南方红土丘陵；西北黄土丘陵；长江中下游平原局部地区；丘陵山区、河谷平原
IV	高差500 m以上山地，微地形复杂的盐碱地和沼泽地	母质岩性复杂，土壤垂直分布明显，或母质地下水复杂，复区面积30%~40%	类型复杂，群落不明显或零星	不良	各地区山地、松花江、黑龙江下游沼泽地、西北盐土区、海南岛西部
V	农地	农业土壤为主	农业利用高度集约	较好	蔬菜地、试验地、苗圃

3.1.3.2 精度要求原则

在同一等级的土壤调查区内，其剖面数量还因精度要求不同而差异悬殊。具体数量可参照原国家农垦局荒地勘测设计院的标准（表3-2）。一般制图比例尺大，要求设置的剖面数就多。

3.1.3.3 底图质量原则

野外调查的工作底图质量，也是关系到剖面数量多少的前提。如果以单一的线划地形图作为工作底图，因其所提供的地面信息有限，要求设置的剖面数就多。如果利用航片或卫片，则地面信息丰富、景观影像逼真，主剖面的数量可以大大减少，许多相同的景观单元可以不设置主剖面，而以检查剖面代替（表3-3）。

表 3-2　每个主要土壤剖面所代表的面积及调查线路的距离

土壤图比例尺	每个主要土壤剖面代表的面积（hm²）					调查线路间距		主要的土壤制图单元
	地区地形复杂程度等级					地　面（m）	图上（cm）	
	I	II	III	IV	V			
1∶2000	4	3.3	2.7	2	1.3	100~200	5~10	变种
1∶5000	13.3	11.3	9.3	7.3	5	200~300	4~6	变种
1∶10 000	25	20	18	15	10	300~500	3~5	变种
1∶25 000	80	65	50	40	25	500~1000	2~4	变种
1∶50 000	120	100	88	64	40	1000~1500	2~3	土种
1∶100 000	300	25	200	150	75	1500~2000	1.5~2	土种
1∶200 000	733.3	600	450	357	200	2000~3000	1.0~1.5	土种

表 3-3　不同底图的各种比例尺制图时所要求的剖面数

地形复杂程度等级	每 100 hm² 的剖面数				每一个剖面控制的面积（hm²）			
	1∶2000		1∶5000		1∶2000		1∶5000	
	地形图	航片	地形图	航片	地形图	航片	地形图	航片
I	26	17	7	4	3.8	6	14	25
II	30	20	9	5	3.3	5	11	20
III	39	25	11	7	2.5	4	9	14
IV	50	35	14	9	2.0	3	7	11
V	78	50	21	14	1.2	2	5	7

注：引自《土壤地理研究法》，1989。

3.1.3.4　因人制宜原则

在遵循剖面设置原则的基础上，最后还应根据调查人员的专业水平做适当调整。一般，实践经验丰富的老工作人员，相同土壤类型的主剖面可以少看一些；而对于新队员，则应适当增加主剖面，以加深感性认识、保证分类和制图质量。

3.1.4　土壤剖面点的设置

在土壤调查的室内准备阶段，调查者必须在分析研究调查区地形、地貌的基础上，根据大致确定的剖面数量，在野外工作底图上(地形图或航片、卫片)进行主要剖面和检查剖面点的布置。这一工作的好坏将直接关系到土壤调查的速度和精度。正确布置剖面点，尤其是主要剖面点，有利于建立各类土壤的"中心概念"，有利于对调查区土壤做出正确的判断和推理。从而获得高质量的土壤调查成果。反之，如果土壤剖面设置不当，不仅浪费挖掘土坑的劳力和观测剖面的精力，更严重的是缺乏代表性和典型性的剖面资料，难以建立起正确的土壤"中心概念"，给野外分类、制图带来困难，甚至对调查区土壤做出错误的结论。为此，土壤工作者必须慎重对待土壤剖面点的设置。土壤剖面点的设置有常规布点法和统计抽样法两种。

3.1.4.1 常规布点法

土壤剖面常规布点，应从土壤调查要求出发，全面考虑剖面点的代表性和均匀性的原则。所谓调查要求，就是本次土壤调查制图比例尺决定的土壤分类单元和制图单元的要求。所谓代表性原则，是指主要剖面点的设置要做到每个制图单元或景观单元至少有一个以上的主要剖面点，并尽可能地将剖面点布置在最有代表性的典型地形部位上。所谓均匀性原则，是指在一个面积较大且景观变化较小的区域，即同一景观单元之内，应按一定的面积比例(一个主剖面所能代表的面积)设置主要剖面点，以确保调查制图的精度。

(1)中、小比例尺土壤调查的剖面点设置

制图单位通常是亚类或土属(在土壤比较简单的地区，中比例尺土壤调查的制图单位也可以是土种或土种组合)。所以，一般只能在调查范围内选择主要的具有代表性的地形单元设置主要剖面。例如：在山地、丘陵、岗地、平原以及洪积扇的不同部位设置主剖面，以观测土壤高级分类单元之中的亚类(有时为土属)的变异即可。不能把主要剖面设置在小的地形部位上，以免得出以偏概全的错误结论。例如：在林区调查时，往往出现小片采伐过的林间洼地，因积水而成草甸沼泽，若将主要剖面设在这片洼地上，便有可能得出林区土壤都有沼泽化的结论。中、小比例尺的土壤调查，着重考虑的是主要剖面。检查剖面相对用得较少，定界剖面甚至不用，土壤界线主要以景观变化目视估测完成。

(2)大比例尺土壤调查的剖面点

设置制图单位是土种或变种，所以在制图允许的范围内应注意一切可能引起土壤发生变化的因素，以观测其分类中的土种或变种分异。因此，在不同地貌类型中，要考虑地形部位的变化。以岗地为例，在同一岗地的顶部、坡地谷底上都要设置剖面点，如果坡形发生变化，还要在不同的凹坡、凸坡、直线坡及不同的坡度处设置剖面点。在平原地区，应当考虑在不同阶地和地形微小变化处设置剖面点。

3.1.4.2 统计抽样法

除了常规方法进行土壤剖面点设置外，还可按数理统计方法进行，它对于那些地面变化小、景观单一的地区更具有优越性。首先，它可用不多于常规布点的剖面数量，可以达到、甚至超过常规布点调查的精度；其次，可以获得一系列统计数据来说明土壤分类的可靠性和制图的精度水平。具体做法如下：

（1）划分类型

统计学上称之为"分层"，也就是将调查区按地面差异划分成若干个类型，其目的是为了减少土壤类型内的变异系数，使每一类型中的每个土壤个体比较均匀，从而提高抽样精度。因此，当"分层"后不足以提高精度的地区（即单一景观），可以不必"分层"，例如：某些变异较小的平原区就是如此。当利用航片、卫片作底图时，因影像具有丰富的地面信息，对调查区进行"分层"比较容易实现。

（2）确定数量

根据数理统计原理，按下式计算剖面点数量：

$$n = \frac{C^2 \times t^2}{E^2} \times K \tag{3-1}$$

式中 n——剖面点数量；

C——样本变异系数；

t——可靠性指标，一般取 95% 的可靠性，$t = 2.0$；

E——允许误差限额，根据精度要求而定，若规定抽样精度不能低于 80%，则 $E = 1 - 80\% = 20\%$；

K——安全系数，一般取 1.2。

C 为样本标准差（S）对样本平均值（X）的相对值（$C = S/X \times 100\%$）。因为分层后各层内的变异比总体内的变异相对较小。因此，层内 C 值必然小于总体的 C 值，各层的 C 值（相当于各类土壤变异）可以根据历史资料或勘察过程中收集的资料估算，一般单因素分层比综合分层的变异性要小。

（3）计算点距

根据调查区总面积和总样点数（剖面数），按下式求得：

$$L = \sqrt{A/n} \tag{3-2}$$

式中 L——点间距（m）；

A——总面积（m^2）；

n——总样点数。

（4）剖面布置

采用统计学上"分层机械抽样法"，根据上述公式求得 L 值，按比例尺制作为边长为 L 的透明方格图（图 3-3，A），然后在调查区的地形图上以某一点为起点（或为中心点），进行蒙盖，每一方格网的交叉点即为剖面点。

如果发生方格网正巧与某些线性地物的走向一致（图 3-3，B），使某些土壤类型落点过多，而另一些类型落点过少。在这种情况下，可将格网向上、下（或左、右）移动半格，剖面点布置比较合理（图 3-3，C）。然后用刺针按一定顺序将网格交叉点刺在地形图上，并编号（即为剖面点）。若以航片、卫片作底图时，可根据地形图上的同名地物点再转刺。

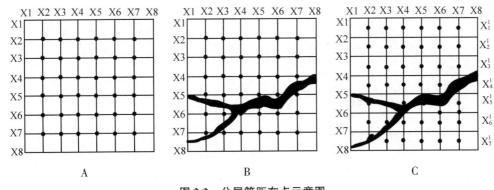

图3-3　分层等距布点示意图

A. 等距布点的透明网格　B. 线性地物产生落点过少的情况　C. 透明网格向南移动半格后产生落点，变异的情况

3.1.5　土壤剖面点的野外选择、挖掘与定位

3.1.5.1　土壤剖面点的野外选择

在室内虽然已完成了土壤剖面点的图上设置，但并非每个剖面点都能在预先设置的点位上挖掘。其原因是野外实际微小变化，在有限比例尺的地形图上难以反映出来，尤其在陈旧的历史图件上，许多微小地面变化在图上看不出来。因此，剖面点位在野外还要做具体的调整。其选择的原则是：

第一，有一个相对稳定的土壤发育条件，即具备有利于该土壤主要特征发育的环境（通常要求小地形比较平坦和稳定），否则土壤剖面缺乏代表性。

第二，不宜在路旁、住宅四周、沟渠附近、粪坑周围和田角沤肥坑等一切人为干扰较大而没有代表性的地方挖掘剖面。

第三，如果发现母质或人为熟化等未预料的因素，使土壤发生变化，则应改变剖面点位，或重新增设剖面。

第四，山地丘陵区的土壤比较复杂，应根据调查目的和精度要求选择不同高度和坡地的上、中、下或坡形变化较大的部位挖掘剖面。

在剖面地点的选择中，要注意代表性和典型性的辩证关系，一般以代表性为主，不要以主观上的所谓典型性来要求，造成剖面点选择困难。

3.1.5.2　土壤剖面的挖掘

当剖面地点选定以后，就开始用铁锹挖掘土壤剖面。土壤剖面规格一般要求宽1.0 m、长1.5~2.0 m、深1.0~1.5 m（图3-4）；盐碱土地区挖深至地下水位或使用土钻打孔至地下水位（图3-5）；山地深达基岩出露为止（图3-6）。

剖面挖掘时应注意以下几点：

第一，剖面观察面应垂直、向阳，便于观察和拍照；在条件不允许时方可采用其他方向。

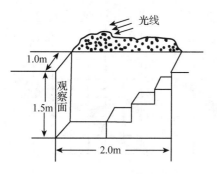

图 3-4   平坦地面土壤剖面坑的挖掘

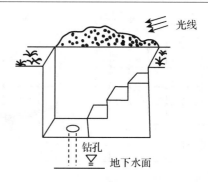

图 3-5   盐渍土壤剖面坑及土壤钻孔的配置

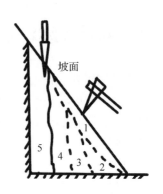

图 3-6   山地丘陵坡面土壤剖面的挖掘

1~4. 挖掘顺序线   5. 整修剖面线

第二，挖掘出来的表土和底土应分别堆放在土坑两侧，不能掺混，以便在观察剖面后分层回填。回填时分层填土，不要因打乱土层而影响肥力，特别是农地更应注意。同时，应分层踏实，以免造成事故。例如：南方沼泽性稻田区，田底软，要采取夹杂草类将土层下层踏实，以免春耕时农机具陷入。

第三，观察面上方不应堆土、走动或踏踩，以免破坏表层结构而影响剖面观察。

第四，垄作农田，观察面应垂直垄沟走向。在土壤剖面上，同时可以看到垄背、垄沟部位的表层土壤的变化。

第五，剖面点的位置必须用目视或仪器测量，准确地标在工作底图上。

在用机动土钻代替挖掘土壤剖面时，所取土柱应按秩序放于木板上进行剖面观察与取样。

3. 1. 5. 3   土壤剖面点定位

利用手持式 GPS 定位仪或采用全站仪等仪器设备对剖面点进行定位，记录其经纬度坐标并标注在工作底图上。如果利用航片作土壤剖面图的底图，由于它的地面信息量丰富，其定点比较容易。但如果利用地形图作为大比例尺制图的底图，特别是一些图件的质量较差，或年代已久，地面状况已发生变异的地点，就要求利用一些简单的仪器，例如：袖珍经纬仪、罗盘仪来协助定点，具体的方法一般有前方交会法、后方交会法和极坐标法。还可利用全球定位系统 GPS 进行定位(剖面点所处经度、纬度、海拔)，以便今后能精确找到点位。

3.2　土壤剖面点地表状况的描述

土壤剖面点的地表状况描述，是土壤野外调查工作的重要组成部分，它和土壤剖面性状鉴定与描述、土壤性状的调查解译分析，是土壤剖面记载表填写的三项重要内容。地表状况的描述也是成土因素的调查内容。因此，土壤剖面描述不能仅限于剖面部分，而要综合包括剖面点所在地的地表景观条件和环境过程等。另外，在描述地表状况时，应尽量使用规范性语言和定量化指标。

3.2.1　地貌和地形

主要描述剖面所在地的地貌类型和地表形态。其中，地貌说明其发生类型，地表形态是进一步从量的方面描述其立体空间。

3.2.1.1　土壤剖面所在地的地貌类型及地貌部位

第一，地貌有大、中、小之分。一般在描述时，主要根据其相对高差和平面延伸的范围进行，即为：

● 大地貌是指所占水平面积从数百平方千米到几万平方千米，甚至更大，相对高差在数百米至千米以上；

● 中地貌是指所占水平面积数十至数百平方千米，相对高差在数十至数百米，它是大地貌的组成单位；

● 小地貌是指所占水平面积在数平方千米至数十平方千米，相对高差在 10 m 以下，它是中地貌的组成单位。

第二，一个大的地形区中常见的地貌类型有山地、丘陵、平原、河谷、扇形地、阶地等。在每一个地貌类型上可以进一步分出不同的地貌部位，例如：扇形地的上部、中部和下部，以至扇缘地区等；同样，一个丘陵体的侧坡，可以分出坡顶、坡肩、坡身、坡脚等。

3.2.1.2　地形大小的划分

它主要是对地表形态进行一种量的划分，一般在描述时可根据其相对高差和平面延伸的范围来考虑。

(1)大地形

是指相对高差在 10 m(平原)至 100 m(山地)以上，平面延伸 1 000 m 以上，在这个平面范围内相对一致，例如：高原、山地、丘陵、平原等。

（2）中地形

一般相对高差在 1～10 m，平面延伸则在几十米或几百米，需要在 1∶5 000～1∶10 000 的地形图上方可表示出来，例如：阶地平原、河谷平原等。

（3）小地形

一般相对高差在 1 m 以内，平面延伸在几十米的范围内，地表形状相对一致，各地区有关小地形的划分和命名的内容较丰富，例如："溜岗""河槽地"等，在利用当地名称时最好给予一定的科学说明及形态数量的描述以便汇总时加以对比。

（4）微地形

一般相对高差在 1 m 以下，面积仅几平方米或几十平方米。仅凭人眼很难看出，一般只有在水准测量时才可以显出差异，但是它在土壤分布与利用方面都可产生一定的影响，特别是土壤盐渍化地区表现更为明显。

3.2.1.3　地表形态描述

（1）平坦地

水平的或接近水平的。

（2）缓坡地

包括较缓坡与缓坡。

（3）较大坡度

包括一定坡度和较大坡度，例如：大于 25 °的坡度。

（4）波状（漫岗）

波状起伏。

（5）起伏（丘陵）

有相对高差，起伏较大。

（6）地形特征

海拔　海拔的确定一般可以用海拔计在现场测定，也可以从地形图上的等高线确定。

坡度　利用罗盘仪或测坡仪，量出剖面点所在的坡度。坡度的划分共分 6 级：

微坡：＜3 °，一般不必采用土地平整措施。

极缓坡：3 °～7 °，可以机耕和等高种植，利用等高种植可取得水土保持效果。

缓坡：8 °～15 °，必须采用坡式梯田或宽垄梯田方可取得水土保持效果。

中坡：16 °～25 °，必须采用水平梯田方可取得水土保持效果。

陡坡：26 °～35 °，不宜农用，如果已农用者则宜退耕还林。

极陡坡：＞35 °，不宜农用，适宜发展林业，预防土壤侵蚀和泥石流发生。

记载坡度时，应包括剖面所在地局部地段的坡度变化及整体坡度，两者应分别记载。

坡型　包括直行坡、凸坡、凹坡、复式坡等。

坡向　可分为 E（东）、SE（东南）、S（南）、SW（西南）、W（西）、NW（西北）、

N(北)和 NE(东北)8 个方位,使用罗盘仪测量更为准确。坡向对土壤水分和温度状况及土地利用影响较大,特别是山地与丘陵区,在坡度描述上应予以注意。

3.2.2 母质类型、岩石露头与砾质状况

3.2.2.1 母质类型

一般首先按第四纪地质类型及其特性,分出残积物、坡积物、洪积物等。当对剖面进行观察以后,还可对其母质的岩石学、矿物学和物理性状、化学性状进一步加以补充描述。

3.2.2.2 地面的岩石露头情况

按照基岩出露占地表面积的百分数分为以下 6 级:

0 级 无岩石,或很少岩石露头(少于2%),不影响正常的农业耕作。

1 级 中等石质露头,岩石露头的间距为 35~100 m,覆盖地表 2%~10%,基岩露头已开始干扰耕作,但不影响条播形式种植中耕作物的耕作。

2 级 较多石质露头,岩石露头的间距 10~35 m,覆盖面积 10%~25%,该等级已不能种植中耕作物,但能改为牧场,或进行非机械化的耕作和发展果园。

3 级 非常多的石质露头,岩石露头的间距为 3.5~10 m,覆盖面积 26%~50%。这种情况下所有的机械作业均不可能进行,除去土壤特别好可以改良为使用小型机械化牧场外,还能进行非机械化耕作和果园种植。

4 级 极多石质露头,岩石露头较多,其露头间距为 3 m 左右或更小,覆盖面积 50%~90%,而且岩石离地面很近,土层极薄,所有的机械应用均不可能,但还可以利用手工作业种植一些浅根耐旱作物,或用作牧场。

5 级 完全是岩石露头的,露头面积 >90%,难以农用。

3.2.3 土壤侵蚀与排水状况

3.2.3.1 土壤侵蚀状况

一般可分为水蚀和风蚀 2 类:

(1)水蚀

以降水和地面径流作为主要侵蚀营力,与坡度关系密切。按其侵蚀形态可分为:

片蚀 指以溅蚀和薄层漫流均匀剥蚀地表的现象,地表无明显的侵蚀沟,由于发生的面积广,侵蚀量大。

耕作土壤按侵蚀后土壤存留程度划分为:

轻度:表土小部分被侵蚀。

中度:表土 50% 被侵蚀。

强度:表土全部被侵蚀。

剧烈:心土部分被侵蚀。

非耕作土壤根据植被覆盖度划分：

轻度：覆盖度 >70%。

中度：覆盖度 30%~70%。

强度：覆盖度 <30%。

沟蚀　是指地表径流以较集中的股流形式对土壤或土体进行冲刷的过程，也是片蚀进一步发展的结果。

沟蚀程度按侵蚀沟面积占总面积的比例划分为：

轻度：<10%。

中度：10%~25%。

强度：25%~50%。

剧烈：>50%。

崩塌　在沟壑中，陡直沟壁的土体，受到雨水或地下水的浸透后，在本身重力作用的影响下，发生土体大块下坠滑塌的现象。实际上，它既是沟蚀的发展，又是重力侵蚀的结果。

按崩塌面积占山丘面积的比例划分为：

轻度：<10%。

中度：10%~20%。

强度：20%~30%。

剧烈：>30%。

（2）风蚀

风蚀是指风以其自身力量和所挟带的砂粒对地表岩石、土壤进行冲击和摩擦，并使受作用的岩石碎屑、土壤颗粒剥离原地而发生的搬运和堆积作用。主要发生在干旱地区或沿海沙质海岸的地带。一般可分为：

轻度：表示受到侵蚀，并有轻微的风积现象，大田作物正常生长，仅苗期偶遭轻微危害。

中度：地表有明显的风蚀和风积，春季或常年对作物危害较大。

强度：因侵蚀而失去 A 层 50% 以上，地表出现明显的风蚀槽与沙丘，一般作物难以生长。

剧烈：因侵蚀失去全部 A 层，地面多为砾石。

3. 2. 3. 2　土壤排水状况

包括地形所影响的排水条件和土壤质地与土壤剖面层次所形成的土体内排水条件 2 个方面，共分 5 级：

（1）排水稍过量

水自土层中排出较快，土层持水力差。一般地势较高，土层较薄，土壤质地较粗，且土层质地均一。

（2）排水良好

水分易从土壤中流走，但流动不快，雨后或灌溉后，土壤能保蓄相当水分以供植物生长。

(3)排水中等

水分在土体中移动缓慢，在一段时间内(半年以内)，剖面中大部分土体湿润。该类土壤往往在土体内或土体以下具有不透水层，或地下水位较高，或有侧向水渗入补给，或三者兼而有之。

(4)排水不畅

水分在土体中移动缓慢，在一年中有半年以上的时间(不足全年)地面湿润，而剖面中的下部大体呈潮湿状态。其原因可能为地下水位较高，或有侧向补给，或者两者结合。

(5)排水极差

水分在土体中移动极为缓慢，一年中有一半以上的时间地表或近地表土层呈潮湿状态，有时地下水可上升至地表，呈现少量积水。其原因可能是因为地下水位过高，或是侧渗补给，或是两者结合。

3.2.4　植被状况

主要记载剖面附近的主要植物群落名称，植物组成(主要的优势种和伴生成分)的复杂程度，层次分化和外观以及覆盖度等。必要时(如草原地区)可以作一定的植被样方调查。

3.2.5　土地利用现状

3.2.5.1　土地利用现状分类

1984年全国《土地利用现状调查技术规程》将土地利用现状分为耕地、园地、林地、牧草地、居民点用地及工矿用地、交通用地、水域、未利用土地等，8个一级分类。

1999年施行的《中华人民共和国土地管理法》中规定将土地分为农用地、建设用地和未利用地。

2007年国家颁布的《土地利用现状分类》(GB/T 21010—2007)国家标准采用一级、二级两个层次分类体系，共分12个一级类、57个二级类，其中一级类包括：耕地、园地、林地、草地、商服用地、工矿仓储用地、住宅用地、公共管理与公共服务用地、特殊用地、交通运输用地、水域及水利设施用地、其他土地(表3-4)。《土地利用现状分类》国家标准确定的土地利用现状分类，严格按照管理需要和分类学的要求，对土地利用现状类型进行归纳和划分。一是区分"类型"和"区域"，按照类型的唯一性进行划分，不依据"区域"确定"类型"；二是按照土地用途、经营特点、利用方式和覆盖特征4个主要指标进行分类，一级类主要按土地用途，二级类按经营特点、利用方式和覆盖特征进行续分，所采用的指标具有唯一性；三是体现城乡一体化原则，按照统一的指标，城乡土地同时划分，实现了土地分类的"全覆盖"。

表 3-4 土地利用现状分类

一级类		二级类		含 义
编码	名称	编码	名称	
01	耕地	011	水田	用于种植水稻、莲藕等水生农作物的耕地。包括实行水生、旱生农作物轮种的耕地
		012	水浇地	有水源保证和灌溉设施，在一般年景能正常灌溉，种植旱生农作物的耕地。包括种植蔬菜等的非工厂化的大棚用地
		013	旱地	无灌溉设施，主要靠天然降水种植旱生农作物的耕地，包括没有灌溉设施，仅靠引洪淤灌的耕地
02	园地	021	果园	种植果树的园地
		022	茶园	种植茶树的园地
		023	其他园地	种植桑树、橡胶、可可、咖啡、油棕、胡椒、药材等其他多年生作物的园地
03	林地	031	有林地	树木郁闭度≥0.2乔木林地，含红树林地和竹林地
		032	灌木林地	灌木覆盖度≥40%的林地
		033	其他林地	包括疏林地（指树木郁闭度≥0.1、＜0.2的林地）、未成林地、迹地、苗圃等林地
04	草地	041	天然牧草地	以天然草本植物为主，用于放牧或割草的草地
		042	人工牧草地	人工种植牧草的草地
		043	其他草地	树木郁闭度（覆盖度）＜0.1，表层为土质，生长草本植物为主，不用于畜牧业的草地
11	水域及水利设施用地	115	沿海滩涂	沿海大潮高潮位与低潮位之间的潮浸地带。包括海岛的沿海滩涂；不包括已利用的滩涂
		116	内陆滩涂	河流、湖泊常水位至洪水位间的滩地；时令湖、河洪水位以下的滩地；水库、坑塘的正常蓄水位与洪水位间的滩地；包括海岛的内陆滩地；不包括已利用的滩地
		119	冰川/永久积雪	表层被冰雪常年覆盖的土地
12	其他土地	124	盐碱地	表层盐碱聚集，生长天然耐盐植物的土地
		125	沼泽地	经常积水或渍水，一般生长沼生、湿生植物的土地
		126	沙地	表层为沙覆盖、基本无植被的土地。不包括滩涂中的沙地
		127	裸地	表层为土质，基本无植被覆盖的土地；或表层为岩石、石砾，其覆盖面积≥70%的土地

注：引自《土地利用现状分类》（GB/T 21010—2007），不含建设用地。耕地需注明轮作制度；对耕地和次生的林/灌/草地等需要了解形成的年代。

3.2.5.2 土地利用状况

- 土地利用方式；
- 作(植)物种类、长势与产(生长)量；
- 耕作方式，施肥、灌排水平；
- 产量水平、生产效益；
- 土壤污染状况。

3.3 土壤剖面形态观察与描述

土壤作为独立的历史自然体，有其独特的剖面形态。一方面反映了它与周围环境之间的关系，即："土壤是景观的一面镜子"(道库恰耶夫)；另一方面表征了它经过哪些土壤形成过程形成的。因此，通过观察剖面形态特征，可揭示土壤内在性质，初步确定土壤类型，进而解译出土壤的生产性能及其利用改良途径。相反，通过研究地理景观可大致推测出成土过程及土壤类型。土壤工作者十分重视剖面形态的观察研究。因此，掌握和运用土壤剖面观察技术，是土壤工作者野外工作的必备技能，是一项经验性很强的工作。

3.3.1 土壤发生层的划分与命名

3.3.1.1 土层与发生层概念

土壤剖面中与地表大致平行的一些土壤层次，统称为土层。单个土层是组成单个土体的基本单元，故可称为"单元土层"。由此可见，"土壤是土层的总和，聚合土体是聚合土层的总和，单个土体是单元土层的总和"。土层可以根据剖面中的颜色、结构、质地、结持性、新生体等形态特征进行划分。这是原来的成土母质在成土作用影响下产生土层分异作用的结果。其主要形成因素是物质与能量(水、热、气)的垂直流(下行和上行垂直流及其循环变化)和生物有机体(植物根系、微生物、土壤动物)活动的垂直分布。在这些因素影响下，作为土壤形成的物质基础的母质，就会发生实质性的改变。其中，包括母质原有组成在理化性质、矿物学性质和生物学特性方面的改变，并通过淋溶淀积作用、氧化还原作用和其他成土作用，使土体逐渐发生分异，形成了外部形态特征各异的土壤层次。在土壤形成过程中所形成的剖面层次称为土壤发生层。土壤发生层与残留于土壤剖面中的母质层次性具有根本性的不同，例如：沉积岩第四纪沉积物中的砂、黏相间的沉积学层次，它们虽保留在土壤剖面中，但它们的特性不是成土作用所为，是一种非发生学土层。作为一个土壤发生层，至少应能被肉眼识别。

3.3.1.2 主要发生层

在描述每一个土壤剖面时，应划分土壤发生层次并给予命名，以便为揭示每一个土壤剖面内各发生层间的发生关系提供信息。正确地或恰当地比较这些发生层次，对于推断数个被描述剖面的相关关系也是有帮助的。应用一定的符号表示土壤剖面发生层，以便对所观察到的土壤特征给予发生意义上的指示，或为以后根据剖面描述解释土壤提供信息。在土壤学发展的初期(19 世纪末)，道库恰耶夫就把土壤剖面分为 3 个发生层：A 层(腐殖质聚积表层)、B 层(过渡层)和 C 层(母质层)。后来不断有人研究并提出新的土层命名建议，土层的划分也越来越细。但总的来说，基本的土层命名仍不脱离道库恰耶夫 ABC 传统命名法。目前在国际上虽尚无统一的土层命名法，但自 1967 年国际土壤学会提出把土壤剖面划分为：O 层(有机层)、A 层(腐殖质层)、E 层(淋溶层)、B 层(淀积层)、C 层(母质层)和 R 层(基岩)等 6 个主要土层以来，经过一个时期的应用实践，目前已为越来越多国家的土壤工作者所承认和采用。我国对各土层的命名及采用的符号也不一致，但在土壤调查和研究中也趋向采用 H、O、A、E、B、C、R 土层命名法。严格地说，C 层和 R 层不应叫作"土壤发生层"，但可称作"土层"，因为它们的特性不是由成土过程所产生的，它们作为土壤剖面的一个重要部分与主要发生土层并列。

　　现将我国在土壤普查中常用主要发生层介绍如下。在第二次土壤普查汇总编写的《中国土壤》(1998)中有特殊规定的，在某一字母后加以说明。根据土层的层位关系，排列顺序如图 3-7 所示。

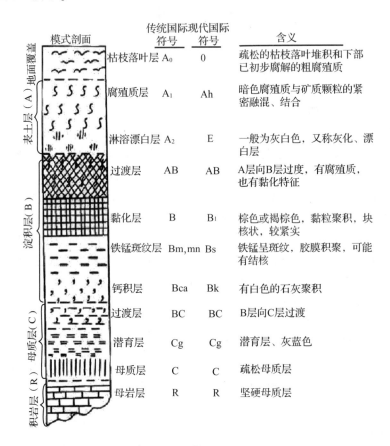

图 3-7　土壤剖面层次模式图

*不代表任何一个具体的土壤类型

(1)基本发生层

H 层(泥炭层)　在长期水分饱和的情况下，湿生性植物残体在表面累积形成的一种有机物质层。如果矿质部分含有 >60% 的黏粒，其有机质含量 >30%；如果矿质部分不含有黏粒，含 ≥20% 的有机质；当黏粒含量为 0~60% 时，相应的有机质含量为 20%~30% 。

O 层(有机质层)　包括枯枝落叶层、草根盘结层，在通气干燥条件下，植物残体不能分解而大量在地表累积形成的有机物层，新鲜或部分分解的有机物质，是枯枝落叶堆积过程。其有机质积聚一般超过 30% 以上。有些植物残片还清楚可辨，或有一定分解，相当于过去土壤文献中 A_0(半分解层)、A_{00} 层(未分解层)。

A 层(腐殖质表层或受耕作影响的表层)　其特征是土壤腐殖质与矿质土粒充分混合，颜色较暗，结构一般较好，有机质含量高于下垫土层，一般在 1%~10%。并具有如下 2 条特征：

第一，有与矿质部分紧密结合的腐殖质化的有机质累积，且 B 层和 E 层的性质不明显。

第二，具有因耕作、放牧或类似的扰动作用而形成的土壤性质。如果一个表层同时具有 A 层和 E 层的性质，但其主要特点是聚积腐殖化有机质，那么这一发生层应划分为 A 层。在温暖而干旱的气候条件下，未扰动的表层可比下垫土层颜色淡，有机质含量很低，其矿质部分也未或很少风化、蚀变，但在形态学上它与 C 层不同；因其位于地表，故仍划分为 A 层。

E 层(淋溶、漂白层)　表示该土层硅酸盐黏粒和铁、铝淋失，石英或其他抗风化矿物的砂粒或粉粒相对富集的矿质淋溶层，一般土色浅淡、质地沙化，它包括原土壤学文献中的灰化层(A_2)和漂白层。E 层的颜色与下面 B 层相比，一般土色要淡一些，但也有例外。有些土壤 E 层的颜色由砂粒或粉粒的颜色所决定，也有很多土壤由于有铁或其他化合物的胶膜包被，掩蔽了一级颗粒的颜色。E 层通常可借其与上覆 A 层相比，具有较浅的颜色和较少有机质含量予以鉴别。与 B 层相比，则有较高的亮度和较低的彩度，或较粗的质地。E 层一般接近表层，位于 O 层或 A 层之下，B 层之上。然而，有时字母"E"，也可表示剖面中任一符合上述 E 层的发生层，而不考虑它在剖面中的位置。

B 层(物质淀积或聚集层，或风化层)　位于 O，A，E 层以下的心土层位的发生层，完全或几乎完全丧失岩石结构与外形，并具有下列一个或一个以上特征：

第一，硅酸盐黏粒、铁、铝、腐殖质、碳酸盐、石膏的淀积，这些物质可单独出现，也可同时存在。

第二，硅酸重新淋失。

第三，三氧化物、二氧化物的残积。

第四，由于存在三氧化物、二氧化物胶膜，与没有铁明显淀积的上下土层相比，该层具有较低的亮度，较高的彩度和较红的色调。

第五，如果该层体积随土壤水分含量的变化而变化(即干湿交替)，使形成的硅酸盐黏土或释放出的游离氧化物，形成核状、块状或棱柱状结构。

很明显，B 层的种类很多(包括淀积层、聚积层、风化 B 层等)，在土体中的位置也各不相同。但所有 B 层都是表下层，或者曾经是表下层但因侵蚀而处于表层。B 层是反映当地土壤长期形成过程的结果，具有相对的稳定性，所以它往往是土壤类型鉴定的主要依据。

C 层(成土母质层)　不具备土壤性质的发生层或土层，也不包括未受发生过程影响的坚硬基岩。多数 C 层是矿质土层，但有机的湖积层也划为 C 层。其中有风化的基岩，疏松的沉积物，甚至有生物性的腐泥，有的母质中甚至有部分可溶性盐和碳酸钙积聚。有些 A—C 型的土壤，其 C 层可能有少量的成土过程的影响。

R 层(岩石层)　表示坚硬的基岩。花岗岩、流纹岩、玄武岩、石英岩或硬结的石灰岩或砂岩等都属于坚硬基岩，应划为 R 层。一般工具难以挖动，也很少有植物根系穿插。允许根系发展的砾质或石质物质被认为是 C 层。岩石裂缝中可能有黏土填充，或有黏粒胶膜覆盖于岩块表面。

(2)特定发生层

除了上述一些"正常的"主要发生层外，尚有一些在特定条件下形成的发生层，它们在发生学上有其特定的共性，难以完全符合上述几种主要发生层的定义，而且根据我国的传统习惯也有必要将其独立划分为土壤的主要发生层。其中有：

G 层(潜育层)　长期被水饱和，土壤中的铁、锰还原并迁移，土体呈灰蓝、灰绿或灰色的矿质发生层。国外多将它视作 B 层或 C 层的一种特性来处理，划分为 Bg 或 Cg 层。但在很多情况下(如水稻土)，这种潜育层往往难以判断它原来是 B 层或 C 层。长期来，我国土壤工作者视之为独立的发生层。

K 层(矿质结壳层)　一般位于矿质土壤的 A 层之上，例如：盐结壳、铁结壳等。出现于 A 层之下的盐磐、铁磐则不能称作 K 层。

P 层(犁底层)　主要见于耕作层之下，由于农具镇压、人畜践踏等压实而形成。土体紧实，容重较大；既有物质的淋失，也有物质的淀积。在土壤发生上有 A，E，B 层的一种、两种或均兼有。因此，不能硬性将之划为 A 层。

(3)发生层的续分与细分

主要发生层按其发生上的特定性质可进一步分为一系列特性发生层。它们用一个英文大写字母之后再加一个或两个小写字母做后缀，可以用来修饰主要发生土层的形态或性状。用英文字母符号联合所标注的土壤发生层，可通过加一个数字，表示该发生层或土层在垂直方向再次连续地划分为亚层次，例如：Bt_2—Bt_3—Bt_4。数字词尾总是跟在所有的字母符号之后。在改变字母符号的情况下，数字次序再重新排列，例如：Bt_1—Bt_2—Btx_1—Btx_2。但数字次序不被母质或岩性的不连续所打断。

在书写形式上，用英文小写字母并列置于基本发生层大写字母之后(而不是右下角)表示发生层的特性。英文字母不够用时，借用希腊字母作后缀。一种特性只用一个字母表示，例如：Ah、Ap 层。小写字母可以联合起来表示在同一发生层共同出现的性质，例如：Ahz、Bty、Cck。通常，在联合使用时，小写字母的应用不会多于两个。对过渡土层而言，小写不仅修饰大写字母中的一个，而且用作修饰整个过渡土层，例如：Bck、、Abg。对于混合土层，如果有必要，可用小写字母分别修饰大写字母，例如：Ah/Bt。

数字划分亚层适用于过渡层，在这种情况下应理解为数字词尾并不是修饰最后一个大写字母，而是修饰整个发生层的，例如：AB₁，AB₂。数字不作为词尾来表示没有定性的 A 和 B 层，以避免与老的土层标号系统冲突。如果对没有用小写字母修饰的 A 层或 B 层再次划分，且必须用数字垂直再次划分的情况下，应在数字词尾前附加小写字母词尾 u，例如：$Bu_1—Bu_2—Bu_3$。

主要发生层或特性发生层的续分：

第一，可按其发育程度上的差异进一步续分为若干亚层。均以阿拉伯数字与大写字母并列表示，例如：C_1、C_2、Bt_1、Bt_2、Bt_3。

第二，对某些特性发生层（P，R，S），按其发生特性的差异进一步细分。例如：Ap（受耕作影响的表层）细分为气 Ap_1 层（耕作层）和 Ap_2 层（犁底层）；Br 层（水稻土潴育层）分为 Br_1 层（铁淀积层）和 Br_2（锰淀积层）；Bs 层（铁锰淀积层）分为 Bs_1 层（铁淀积层）和 Bs_2 层（锰淀积层）。

3.3.1.3　发生层的观测与记载

农业土壤的土体构造状况，是人类长期耕作栽培活动的产物，它是在不同的自然土壤剖面上发育而来的，因此，比较复杂。在农业土壤中，旱地和水田由于长期利用方式、耕作、灌排措施和水分状况的不同，明显地反映出不同的层次构造。

（1）旱地土壤的发生层

在第二次土壤普查汇总编写的《中国土壤》（1998）中将原 A—C 型旱耕土壤分为 4 层：旱耕层，代号 A_1；亚耕层，代号 A_{12}；心土层，代号 C_1；底土层，代号 C_2。

（2）水田土壤的发生层

水田土壤由于长期种稻，受水浸渍，并经历频繁的水旱交替，形成了不同于旱地的剖面形态和土体构型。在第二次土壤普查汇总编写的《中国土壤》（1998）中将水稻土分为：

- 耕作层（淹育层），代号 Aa；
- 犁底层，代号 Ap；
- 渗育层，代号 P；
- 潴育层，代号 W；
- 潜育层，代号 G；
- 脱潜层，代号 Gw 等土层。

上述农业土壤的层次分化是农业土壤发育的一般趋势，由于农业生产条件和自然条件的多样性，致使农业土壤的土体构型也呈复杂状况，有的层次分化明显，有的则不明显或不完全，各层厚度差异也较大，因此，田间观察时，应根据具体情况进行划分。用来限定主要发生土层的小写字母有下面这些：

- b 表示埋藏层，例如：Btb，该埋藏土层之上的覆盖土壤物质应在 50cm 厚；
- c 表示结核形式的积聚，这个词尾通常与另一个表示结核物质性质的小写字母联合使用，Bck 表示碳酸钙结核（砂姜）的存在；
- d 表示漂灰特征（《中国土壤》1998）；
- f 表示冰冻特征（《中国土壤》1998）；

- g 反映氧化还原过程所造成的铁锰斑点、斑块，例如：Bg，Btg；
- h 有机质在矿质土壤中的自然积聚层，例如：Ah，Bh。对于 A 层，h 仅应用在没有因耕作、放牧或其他人为活动所造成的扰动或混合的地方，即 h 和 p 实际上是相互排斥的。
- i 表示弱分解有机质；
- k 表示碳酸钙的积聚，例如：Bk 表示有菌丝状碳酸钙存在；
- m 表示强烈胶结、固结、硬化层次，这个小写字母通常与另一个表示胶结物质的词尾联合使用，放置属于何种性质的符号后面。例如：Bkm 表示石灰磐，Bym 表示石膏磐，Bzm 表示盐磐，Btm 表示黏磐；
- n 表示代换性钠的积聚，例如：Btn 表示一个碱化层；
- p 表示由耕作或其他耕作活动造成的扰动，例如：Ap 表示耕层；
- q 表示次生硅质的累积，例如：Cmq 表示在 C 层的硅化层；
- s 代表二氧化物、三氧化物的累积，例如：Bs 表示砖红壤层或氧化层；
- t 代表黏粒的积聚，例如：Bt 表示黏化层；
- u 表示未特别指出的层次。

这个小写字母用在有关的母词尾修饰，但必须用数字垂直再次划分的情况下，例如：Au_1、Au_2、Bu_1、Bu_2 写字母上是为了避免与以前的记号 A_1、A_2、A_3、B_1、B_2、B_3 混淆，过去的附加 u 到大写字母上是为了避免 A_1、A_2、A_3、B_1、B_2、B_3 有发生学的含义；A_2 表示漂白层，现在漂白层用 E 表示了。如果不必用数字词尾再次划分，符号 A 和 B 也可单独使用。u 表示锈色斑纹（《中国土壤》1998）。

- w 指无论是黏粒含量，还是颜色或结构有所变化的土层，一般修饰 B 层，例如：Bw，它反映在原位发生的变化，即所谓"土内风化"或"蚀变"；
- x 表示脆盘或脆壳的存在，例如：Btx；y 表示石膏的累积，例如：Cy 表示有石膏结晶存在，z 比石膏更易溶的盐分累积，例如：Az 或 Ahz 表示表层盐化；
- su 表示硫化物的聚集（《中国土壤》1998）；
- mo 表示铁锰胶膜（《中国土壤》1998）。

当需要时，词尾 i、e 和 a 能用来修饰 H 层，它们分别代表纤维质有机质层（Hi），半分解的有机质层（He）或高度分解的有机质层（Ha）。

小写字母可以用来描述在剖面内的诊断层和诊断特征。例如：黏化的 B 层为 Bt，碱化的 B 层为 Btn，蚀变的 B 层为 Bw，灰化淀积的 B 层为 Bhs，Bh 或 Bs，氧化的 B 层为 Bws，钙积层为 k，石灰结盘层为 km，石膏层为 y，石膏结盘层为 ym，铁盘层为 sm，铁铝斑纹层为 sg，脆盘为 x，锈纹、锈斑层为 g。应该强调指出，在一个剖面描述里某个层次名称的使用并不是必然有一个诊断层或性质的存在，而字母符号仅反映一个定性的估计。在需要用多个小写字母做后缀时，习惯上把 a、e、、i、h、r、s、t、和 w 排在前面。除 Bhs（腐殖质—三氧化物、二氧化物淀积层）和 Crt（具有黏粒胶膜的半风化层）外，上述小写字母不能在一个土层中进行组合。f、g、m 和 x 排在最后，例如：Bkm（石灰磐层）。

虽然 Bw、Bs 和 Bh 层可以出现于 Bt 层之上或之下，但绝不能划分并命名出 Bth，Bts

或 Btw 层。若某一层系埋藏层，其符号 b 应排在最后，例如：Bth（埋藏黏粒淀积层）。

在《中国土壤系统分类》中，关于土壤发生层的划分和命名，特别是附加符号与数字的表示，根据我国土壤特点，在尽量向国际化靠拢的前提下，吸收美国和联合国粮农组织的共同点，从比较其差异中择其合适者，缺乏或不适当者则予以增补或调整；作增补或调整时尽量保留我国已有方案中可取者，提出了一个建议草案。土壤剖面发生层位与层次字母注记见表 3-5。

表 3-5 土壤剖面发生层位与层次字母注记

土层符号			土层后缀符号	
名称		符号	名称	符号
耕作土壤	耕作层	Aa	腐解良好的腐殖质层	a
	犁底层	Ap	埋藏层	b
	渗育层	P	结核形成的积聚	c
水稻土	潴育层	W	粗腐殖质层：粗纤维≥30%	d
	脱潜层	Gw	水耕熟化渗育层	e
	潜育层	G	永冻层	f
	漂洗层	E	氧化还原层	g
	腐泥层	M	矿质土壤有机质自然积聚层	h
平原旱地	旱耕层	A11	灌溉淤积层	i
	亚耕层	A12	碳酸钙的积聚层	k
	心土层	C1	对壳层，龟裂层	l
	底土层	C2	强烈胶结，固结，硬化层次	m
林、草地土壤	泥炭状有机质层	H	代换性钠积聚层	n
	纤维质泥炭层	Hi	R_2O_3 的残余积聚层	o
	半分解泥炭层	Hc	耕作层	p
	高分解泥炭层	Ha	次生硅积聚层	q
	掉落物有机质层	O	砾幂	r
	在地面或近地面形成的矿质层	A	R_2O_3 的淋溶积聚层	s
	淡色、少有机质、沙粒或粉砂粒富集的矿质层	E	黏化层	t
	母质特征消失或微弱可见的矿质层	B	网纹层	v
	受成土过程影响小或不受影响的母质层	C	风化过渡层	w
	不受成土过程影响的碎屑土层	D	脆磐层，脆壳层	x
	坚硬或极坚硬的基岩	R	石膏积聚层	y
			盐分积聚层	z

注：在各小写字母后，可用 1、2 等代号进一步区分。

（3）过渡土层和指间层的划分

过渡土层 有时在两个发生层之间出现兼有两层特征的过渡层，例如：A 层和 B 层之间的 AB 层。符号用代表上下两个发生层的大写字母连写，例如：AE，EB，BE，BC，AB，BA，AC 来表示。第一个字母标志着过渡层和这个主要层次更相似一些，例如：AB 层表示该过渡层的特征主要像 A 层。

指间层　有的土壤剖面具有舌状、指状、参差状土壤界线。两种土层犬牙交错的部分称为指间层。可用上下发生层符号以斜线分隔(／)置于其间，前面的大写字母代表该发生层在指间层中占优势，例如：E／B，B／D 层。

（4）发生层出现深度的量测与记载

这些测定应以 cm 为单位记录下来，深度测定应从真正的土体上限开始(即紧接着枯枝落叶层或其他没分解的植物物质之下开始)。位于矿质土壤 A 层之上的 O 层和 K 层，其厚度从 A 层向上量测，并前置"＋"表示。土壤剖面深度自 A 层开始向下量测。例如：

$$O_1：+4\text{—}2\ cm；\quad K：+1\text{—}0\ cm；$$
$$O_2：+2\text{—}0\ cm；\quad A：+0\text{—}10\ cm；$$

在发生层厚度上存在任何显著变化的地方，其上限到下限的深度范围，应与在剖面上所观察的这个发生层的厚度范围一起记录下来，例如：45/50～55/65 cm，表明层次厚度变化从 5～20 cm。

（5）发生层的过渡特征

在两个主要发生层之间，出现兼有上、下两层特征的部分，在剖面观察中有时将它单独划分为一个层次，即过渡层。其过渡特点、界线形状及其清晰度具有重要的发生学意义，是确定成土作用强度及其总趋势的标准之一，具有一定的诊断意义。过渡层按其发生层边界的明显程度和形态进行描述。

边界明显程度　剖面观察中按照边界的明显度可分为如下 4 种过渡形式：

突然(abrupt)：上下土层之间不确定的范围(界面厚度)为 0～2 cm。

清楚(clear)：上下土层的界面明显过渡，界面厚度在 2～5 cm。

渐变(gradual)：上下土层过渡界面厚度较大，5～15 cm。

扩散(diffuse)：上下土层的界面模糊不清，厚度 >15 cm。例如：有时某一层的层间既像层又不像层，则可用来表示。特别是淡色的腐殖质表层与雏形黏化常有此现象。

边界形状　剖面观察中按照边界性状往往与地形、母质有关，可分为以下 4 种形态(图 3-8)：

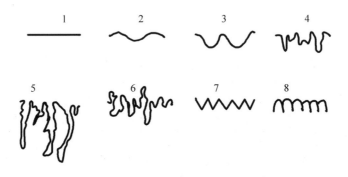

图 3-8　土壤剖面层间界线的形状
1. 平直形　2. 波浪形　3. 袋形　4. 舌形　5. 渗流形　6. 蚀沟形　7. 锯齿形　8. 栅栏形

平直(smooth)：或称平滑形，界线基本在一平面上。这是大多数土壤的界面特征，尤其在剖面下部分变化程度最弱的部位。这种边界形状在土层渐变过渡情况下是常见的。但在突然过渡的情况下，也有可能出现。例如：耕作土壤的耕作层，成土母质的水平层理等。

波状(wave)：界线呈波状起伏，其振幅与波长之比 < 0.5 按波长大小可细分为：细波状(λ < 5cm)，中波状(λ 在 5~10 cm)，大波状(λ > 10 cm)。当波状界线的波谷很浅，而波长较大时，即波的深宽比 < 0.5，可以认为是一种"袋形"的波状界线；当波状界线波峰、波谷锐利，且频率很高，形状似锯齿形时，可称为"锯齿形"波状界线；当波状界线呈峡口深谷、波峰呈椭圆柱状的栅栏形时，可称"栅栏形"波状界线，它只发生在柱状碱土中。上述界线形态都是一种特殊波状土壤过渡界线。

规则(irregular)：其过渡界线无固定形状，上下土层之间呈犬牙交错，或似舌状、或似指状(渗流形)、或似蚀沟状。这样不规则的过渡层，称之为"指间层"。

间断(broken)：其土层过渡界线时明时隐，间断出现。其明显部分界线形状可以是上述各种形态。

(6)发生层垂直序列与异元母质土层的表示

发生层序列　土壤剖面可以用发生层垂直序列来表示，其表示形式一般用发生层符号的并列中间加连字符的方式反映，例如：A—B—C、A—E—B—C—R 等。

异元母质　当两种以上母质上发育的或两个间断成土过程所形成的剖面，应通过土层颗粒大小分布、矿质组成、发育程度等明显差异鉴别后，视分异的明显程度而确定(^{14}C或微古孢粉分析更有说服力)。在剖面垂直序列表示中，应在第二种母质或第二个成土过程所发育的发生层符号 A、E、B、C 和 R 前，加阿拉伯数字"2"(代替过去使用的罗马数字)作为前缀，以反映母质异元和两个成土过程(有两种以上的母质或成土过程者，以此类推)，例如：A—E—Bt1—Bt2—2Bt3—2C—2R。在冲积物上形成的土壤，只要砂黏间层的层理尚未形成发生层，仍然不能称为异元母质。

由异元母质形成的土壤，其上部土层的物质为"1"，可省略不写。只在第二种物质上形成的土层名称前加"2"表示。剖面中由上至下物质种类的变化，即母质不连续性的顺序用数字表示，即使物质"2"下面的物质与物质"1"相同，也应依次用"3"作前缀。这里，数字前缀只说明物质的改变，而不表明物质的种类。另外，同一发生层的续分并不受异元母质，即物质不连续性的影响。上面所举例的 A—E—Bt_1—Bt_2—$2Bt_3$—2C—2R 垂直序列中，说明：

- 该剖面由异元母质发育而形成，剖面上部的 A—E—Bt_1—Bt_2 形成于物质"1"，剖面下部的 $2Bt_3$—2C—2R 则形成于物质"2"；
- 该垂直序列只表示物质的改变，并不表明物质的种类；
- 同一发生层 Bt 的续分，并不受物质不连续性的影响，Bt 层应作为一个整体进行续分，不能写成 Bt_1—Bt_2—$2Bt_1$。

土壤剖面中的埋藏层，虽然与上覆"沉积层"并非同时形成，但若岩性相同，则不必加数字前缀。只是在岩性相异时，才加前缀，例如：Ap—Bt—Ab—$2Btb_1$—$2Btb_2$—2C—2R。

3.3.2   土壤发生型与土体构型

3.3.2.1   土壤发生型

土壤发生型是指土壤发生层垂直序列的高度综合、概括的类型。也就是说，按其共性抽象出来的土壤发生层排列组合的形式。它相当于传统土壤学文献中的土壤剖面构造类型，故有人称"土壤剖面构型"。土壤发生型是土壤高级分类的重要依据，每个高级分类单元土壤都有其相应的发生型。例如：典型红壤土类为 A—Bs—C；普通水稻土亚类为 Ap_1—Ap_2—Br—C 等。

3.3.2.2   土体构型

不同的土壤发生学层次构成了不同的层次组合称为土体构型。它们是区别和鉴定土壤的基础。这里特别要注意的是指具体土层，不是抽象土层，它包括具体的发生学土层和非发生学的母质层次(沉积学层理)。一种土体构型是一种土壤基层分类单元(如土种剖面)的描述，例如：一个发育于河漫滩沉积物上的储育水稻土亚类的土体构型是 Ap_1 (壤)—AP_2(黏壤)—Br_1(黏土)—Br_2(黏土)—C_1(壤)—C_2(砂壤)。土体构型是土壤基层分类(土种、变种)的依据，也是土壤评价的客观依据，因为它直接关系到水、肥、气、热等肥力因素在土壤中的分配与运行。

3.3.3   土壤形态要素及其描述

土壤剖面描述是土壤调查野外工作的重要组成部分，因为土壤剖面一方面综合地"记录"和反映了各成土因素对该土体的影响，另一方面也反映了该土壤的肥力特征，所以土壤剖面特征是土壤分类和制图单元划分的基础。因此，土壤剖面的描述、记载都必须按标准严格地进行。

3.3.3.1   土壤颜色

土壤颜色，首先取决于土壤的化学组合和矿物组成。这一点早在土壤学发展初期就被土壤学家所认识。因此，土壤学家甚至在简单的野外调查中就能做出关于土壤物质组成、土壤性质及其主要特征的充分肯定的判断。

土壤颜色一部分继承于成土母质，一部分且常常是较大一部分来自成土过程。例如：发育于紫色页岩的紫色土，其紫色是母岩所赋予的；而发育于石灰岩的红色石灰土、棕色石灰土和黄色石灰土等，其颜色产生于成土过程中。

(1)土壤颜色及其发生学意义

土壤颜色的基本色调为黑、红、白三色。常见的棕、黄、灰均由它们派生出来。紫色和蓝色只在特种母质或特定成土条件下才会出现。

黑色　染黑土壤的物质主要是腐殖质。腐殖质组成中，灰色的胡敏酸组分具有最暗的亮度，而富里酸组分颜色最浅。因此，不是每一种腐殖质都给土壤染黑(甚至在其含量很高时也是这样)，而只是高聚度胡敏酸盐在土壤中聚积才使土壤变黑。对土壤而言，含蒙脱型黏粒的土壤，其腐殖质染黑作用特别强烈。如果土壤中含有许多蒙脱型黏粒，即使腐殖质含量较少的情况下，但它因腐殖质以特殊的腐殖质一黏粒复合体(即有机一无机复合体)形式聚积，土壤也会呈现黑色。例如：热带的变性土中就有这种情况。土壤的腐殖质含量与土壤黑色色值之间并无完全相关性，因它受腐殖质组分和土壤黏粒矿物类型、含量的影响，通常所说的"土壤越黑腐殖质越多"，仅仅是广义上的。严格地说应该是指某一土类范围内，这种说法是正确的，土壤黑色可以作为土壤肥沃程度的直观指标。除腐殖质外，能使土壤染黑的物质还有：黑色原生矿物(黑云母、角闪石、辉石等)，新生的黑色氧化物(磁铁矿—Fe_3O_4)、硫化物(水化黄铁矿—$FeS \cdot 2H_2O$)，以及母岩、母质赋予的有机碳(如碳质页岩和碳质灰岩的有机碳，沉积母质中的木炭等)。

红色　主要由铁的氧化物引起。土壤红色程度的变化，一方面受土壤中氧化铁含量的影响，另一方面也受氧化铁水化度的影响。在相似的氧化铁含量情况下，土壤颜色随着氧化铁水化度的降低由黄向红发展，即脱水红化。例如：黄磁铁矿($Fe_2O_3 \cdot 2H_2O$)为黄色，褐铁矿(($2Fe_2O_3 \cdot nH_2O$)呈黄棕色，针铁矿($FeOOH$)显红棕色，赤铁矿(Fe_2O_3)显红色。在土壤水分状况相同的条件下，土壤红色程度随游离氧化铁含量提高而加深。熊毅对江西红壤的试验结果证实了这一点，即粉红色红壤，Fe_2O_3 为 6.25%；橘红色红壤，Fe_2O_3 为 14.30%；红色红壤，Fe_2O_3 为 15.56%；黑红色红壤，Fe_2O_3 达 23.36%。

白色　主要同土壤中的石英、高岭土、石灰和水溶性盐类这 4 种组分有关。此外，某些浅色的原生矿物(如斜长石)也能使土壤具有较浅的颜色。沼泽土所特有的蓝铁矿，在潮湿状态下具有特别雪白的颜色。石膏或硬石膏的细小晶体也能使土壤具有白色。

紫色　是游离态的锰氧化物含量高的证据。这是相当少见的现象，它同含锰元素较高的成土母质有关。

蓝色　土壤中纯蓝色很少见，只有在北方某些沼泽土类的潜育层中才会出现，它同干燥状态下的蓝铁矿有关。但是由蓝色派生的灰蓝色几乎在所有沼泽土或沼泽化土中广泛出现，它同一些含亚铁的特殊矿物有关。

绿色　是在过渡潮湿的土壤中形成，这与土壤含有独特带绿色的高铁黏土矿有关，例如：绿高岭石。

(2)土壤颜色的描述与门塞尔比色卡

基于土壤颜色主要由黑、红、白三色组成的观点出发，1927 年，苏联扎哈罗夫(C. A. axapoB)提出了"土壤颜色三角图"(图 3-9)。但是，他忽视了潜育土壤中普遍出现的蓝色调。所以，以后由索柯诺夫(C. И. Coxonos)作了修改，提出了四面立体图(图 3-10)。此图虽增设了蓝绿色，但仍缺少紫色调还不能适应实际应用需要。尽管如此，它们毕竟使土壤颜色描述有了一定标准，在土壤调查中曾被广泛采用。

随着近代色度科学的发展和印染工艺的改进，尤其是门塞尔颜色序列系统的出现和光谱测定技术的完善，使土壤颜色测定更具科学性。早在 20 世纪 30 年代，国际土壤学会就提出要以门塞尔色谱(Munsell atlas of color)作为土壤描述的标准。以后由国际土壤学会向全世界推荐发行了日本出版的《新版标准土色卡》(图 3-11)，我国在第二次全国土壤普查中广泛应用。加上我国土壤类型繁多，土壤颜色多种多样，因此，无论是日本的还是美国的土色卡，都不能完全满足我国土壤工作者描述土壤颜色的需要。为此，1989

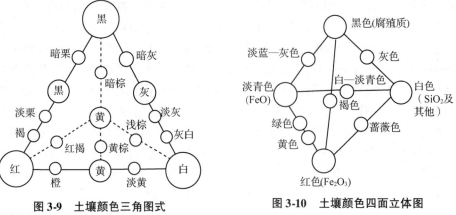

图 3-9 土壤颜色三角图式

图 3-10 土壤颜色四面立体图

图 3-11 新版标准土色卡

(引自 J. M. Hoclgoon《Soil Sampling and Description》)

年，由中国科学院南京土壤研究所和西安光学精密机械研究所，根据中国土壤类型特点研制出版了《中国标准土壤色卡》。该色卡设有 28 种色调，426 个色片，基本上可以满足我国土壤颜色的测定和描述需要。

《中国标准土壤色卡》采用门塞尔颜色序列系统，它包括两个互为补充的内容：

- 形容颜色的标准术语，颜色名称；
- 门塞尔颜色标记，色调(hue)、明度(value)、彩度(chroma)，即颜色的三属性。

色调 又称色彩、色别，是指区分物体所呈现颜色的主要特征，它与物体反射光的主波长有关。共分10个基本色调(其符号用光谱色的英文名称缩写字母表示)。其中5个为主色调，即R(红)、Y(黄)、G(绿)、B(蓝)、P(紫)；5个是中间色调，即YR(黄红)、GY(绿黄)、BG(蓝绿)、PB(紫蓝)、RP(红紫)。每一种色调又可细分10等份，这样整个色调环在R(红)到RP(红紫)之间被分成100等份。在土色卡中以2.5等分值作为基本单位。色调级别是以等分数值在先、色调字母在后，连写表示，例如：2.5 YR、5 YR、7.5 YR等。其中前一色调的尾与后一色调的首正好处在同一等分值上，即首尾相接。例如：10 R等分处就是0 YR，而10 YR又是0 Y等分处。

明度 又称亮度，是指物体颜色的相对明亮程度，与物体反射光谱的强度有关。以无色彩(neutral color)，符号(N)作为基准，将绝对黑(理想的黑色)作为0，把绝对白色(理想的白色)作为10，灰色介于0与10之间。这样由0到10表示物体逐渐变为明亮。

彩度 又称饱和度，指物体呈现颜色的鲜艳程度，与其相对纯度或饱和度有关。颜色的彩度随其鲜艳程度的增加而增加，对于绝对无彩色的颜色(纯灰、白和黑)，其彩度为0(这时也无色调)。彩度从0开始，按等间距(1，2，3，…)逐渐递增至最大值20，但因土壤中并不存在很高的彩度，故土色卡中只表示到8为止。

《中国标准土壤色卡》的色调页，按色调在色立体中的位置由RP(红紫)到R(红)、YR(黄红)、Y(黄)、GY(绿黄)、G(绿)、BG(蓝绿)、B(蓝)、PB(蓝紫)、P(紫)进行系统排列。色调符号记在各色调页的右上角，每一色调页中的纵坐标表示明度，由下向上颜色逐渐变得明亮；横坐标表示彩度，自左向右颜色逐渐鲜艳，由右向左颜色逐渐变灰。各色调页的左邻页为颜色名称页。

门塞尔颜色标记的排列顺序是色调—明亮度—彩度。例如：某土壤的色调为YR，明亮度为5，彩度为6，则其颜色标记为5YR5/6。书写时在色调值后空一印刷字符后接明度，在明度与彩度之间用斜线分隔号分开，不能写成分子式。门塞尔颜色的完整表示方法，应是颜色名称+门塞尔颜色标记，例如：亮红棕(5YR 5/6)、灰棕(10YR6/1)等。

(3)土壤比色方法

室内选择在光线明亮的窗口，室外找无强烈日光直接照射的地方，在林地应避开树冠、枝叶的阴影处，将一批标本在同一照度下进行统一比色。

取大小与土色卡片相似的土块，按土块新鲜断面颜色找出与其相似的色调页，并将框格卡覆盖于色片上(淡色土壤用灰卡、暗色土壤用黑卡)。露出与土壤颜色接近的色片，即可读得色调、明度和彩度数值。

若测得土壤的门塞尔颜色值位于两色片之间，可取其中间值。例如：明度在5与G之间可描述为5.5；彩度在2与3之间；描述为2.5，也即明度和彩度可精确到0.5个单位。色调也同样，例如：处于前后两个色调等分值之间，可取其色调等分值中的1.25个单位。例如：某土壤颜色的色调处于。YR(10 R)与2.5 YR之间，则描述为1.25 YR；

在 2.5 YR 与 5 YR 之间, 则为 3.75YR; 在 5 YR 与 7.5 YR 之间, 则为 6.25 YR; 在 75 YR 与 10 YR 之间, 则为 8.75 YR。

当土壤彩度很低(为 1)、明度也很低(≤3)时, 要特别注意对其色调的测定。当土壤彩度为 0 时, 可用无彩色 N 测定其明度值。当彩度在 0~1 时, 要注意观察其色调是接近 YR 还是 Y 或 CY、G 等。例如: 经比色得知其色调接近 5 G, 明度为 7, 则记载为 N 7 (5 G)。

对颜色不均一, 夹有杂色斑块或斑纹的土壤比色时, 应分别描述土壤底色和斑块、斑纹颜色。当土壤底色或斑纹存在两种或两种以上的门塞尔颜色值时, 若色调相同, 则只需在括号内并列记载其明度、彩色标记, 并用逗号隔开即可。例如: 棕灰有橙色(5 YR6/6, 6/8)斑纹。

干土与湿润的明亮度可相差 0.5~3 个单位, 彩色要相差 0.5~2 个单位, 故描述时要注明是干土还是湿润土。例如: 红棕(5 YR4/6 干), 浊红棕((5 YR4/4 润)。在室内进行比色时, 干土指风干状态的土壤, 湿润土壤颜色可用滴定管将水滴于风干土块表面, 待水刚渗入时立即测定。

(4)土壤红色率(RR)

计算在红壤分类研究中, 为了进行红化(赤铁矿化)程度的对比分析, 国内外尚有将土壤颜色的门塞尔三属性测定值变换成一个数值, 即红色率(RR), 以便进行数值处理。具体变换公式如:

$$RR = H \times C/V$$

$$RR = (10 - H) \times C/V$$

当土壤颜色色调处在 2.5R~10R 时, 红色率可按第一个公式变换; 当色调为 2.5 YR~10 YR 时, 则应按第二个公式换算。H 代表色调, C 代表彩度, y 代表明度。例如: 测得某一红壤颜色为 7.5 R5/8, 则 RR = (7.5 × 8)/5 = 12; 若土壤颜色为 7.5YR5/8, 则 RR = (10 − 7.5) × 8/5 = 4。

3.3.3.2　土壤结构

土壤结构是指在自然状况下, 土体受外力作用破坏成不同形状、大小和性质的团聚体, 又称为土壤结构体。它是由原始机械颗粒或 0.25~10 mm 粒径的微团聚体所构成的形成物。这种大小、形状不同的结构体对土体中的水、肥、气、热等因素的变化, 对作物根系的活动等影响很大。因此, 准确地观察和研究土壤结构具有十分重要的意义。

在剖面观察研究中一般从结构体的形状、大小和发育程度进行分类、分级。

(1)土壤结构体分类

国际采用苏联扎哈罗夫(C. A. 3axapoB)的结构体分类方法, 即沿结构体的高、宽、厚 3 个方向轴相对发展的长度分为: 粒状(三轴相等)、柱状(高大与宽和厚)和片状(高小于宽和厚)(图 3-12)。

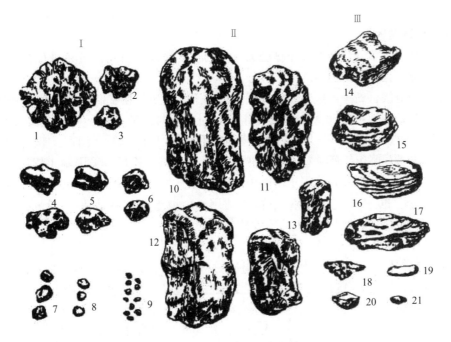

图 3-12　标准土壤结构类型简图

Ⅰ类：1. 大团块状 2. 团块状 3. 小团块状 4. 大核状 5. 核状 6. 小核状 7. 大粒状 8. 粒状 9 屑粒状

Ⅱ类：10. 柱状 11. 小柱状 12. 棱状 13. 小棱状

Ⅲ类：14. 板状 15. 片状 16. 贝状 17. 介壳状 18. 大鳞片状 19. 小鳞片状 20. 小块状 21. 扁豆状

（2）土壤结构体发育程度分级

0级　无结构，呈单粒状或整块状。

1级　弱发育结构——有发育不良的、不明显的单个小结构体聚合而成。土壤搅动时破碎成以下几个部分：极少数完整的小结构体，许多破碎的小结构体，大量非结构体单粒。

2级　中度发育结构——有发育良好的明显的单个小结构体组成。单个小结构体明显较硬，但在未扰动土壤中并不明显。土壤搅动时破碎成以下几个部分：许多完整的小结构体，部分破碎的结构体，极少数非结构体单位。

3级　强发育结构——小结构坚硬，在剖面中十分明显，相互间连接很弱，脱离剖面后变化不大，成为极大量的完整的小结构体；极少破碎的小结构体，非结构体单粒极少或根本不存在。

（3）土壤结构的胶结物观测

土壤结构体观察时应注意说明其胶结物质的种类，一般可分3大类：

腐殖质胶结　一般形成良好的结构体。

碳酸盐类胶结　形成脆性胶结的结构体。如果大量积聚，形成坚硬的胶结磐。

铁铝胶结物和硅酸胶结结构　一般均形成坚硬的胶结特性。

土壤结构观察最好在土壤含水量中等状况下进行。某些结构体较大，在破碎后（改变了原有结构），则应分别记载破碎结构体的形状和大小。在剖面中，要注意表土层与心土层结构体分布的差异性。一个土层中常有两种或多种结构，均应如实记载。

3. 3. 3. 3 土壤质地

土壤质地是土壤基层分类和土壤肥力分级的重要指标,因此,土壤剖面观察中质地的野外简易测定是重要的内容之一。

土壤质地分级,新中国成立后,我国一直采用苏联卡庆斯基制,但因其未能反映出对水稻土淀浆板结性影响颇大的粉砂粒组的含量,而对山地土壤颗粒分级又太细(>1 mm 作为砾石)的原因,在第二次全国土壤普查中改用"国际制"。然而,"国际制"土壤质地分类从未被国际组织所承认,也未被各国所采用过。相反,美国制土壤质地分类,已被美国土壤系统分类及联合国土壤图中应用。为了便于国际交流,中国土壤系统分类(首次方案)中,也采用了美国制。它既能适用于山地土壤的粗骨性(以 2 mm 作为砂、砾的分界线),又能反映出水稻土的粉砂性。

(1)砾石与岩屑

丰度 根据砾石与岩屑占所在土层的体积百分比,可分为:无(0);很少(0~2%);少(2%~5%);中(5%~15%);多(15%~40%);很多(40%~80%);极多(>80%)。

砾石的测定方法:可直接在剖面中根据砾石分布的特点,选取一定的土壤体积,把其中包含的各种砾石用水洗净后,放入 50 mL 的量筒或量杯中测量其增加的体积数,即是该土体中所含砾石的体积数,而后根据所取土体体积大小换算为百分比。

大小划分为:很小(2~5 mm);小(5~20 mm);中(2~75 mm);大(75~250 mm);很大(>250 mm)。

形状可分为:扁平、角状、次圆、圆形。

风化度 按风化程度可分为:新鲜,没有或仅有极少风化证据;风化,砾石表面颜色发生明显变化,原晶体已遭破坏,但有的部分仍然保持新鲜状态,基本保持原岩石所具强度;强风化,几乎所有抗风化矿物均已改变原有颜色,施加一定压力即可将砾石弄碎。

磨圆度 按磨圆度可分为:磨圆形、半磨圆形、半棱角形、棱角形。

性质 应尽可能地精确描述岩石或矿物碎屑的性质。例如:"黑云母片麻岩""花岗岩""石灰岩""石英"等。

(2)颗粒分组

根据土壤颗粒的粒径分为:石砾(>2 mm);砂粒(2~0.02 mm,即粗砂粒 2~0.2 mm;细砂粒 0.2~0.02 mm);粉粒(0.02~0.002 mm);黏粒(<0.002 mm)。

(3)土壤质地分级

采用美国制土壤质地分类,用三角坐标图(图 3-13)表示,可分为六级质地等级:砂土、粉砂壤土、砂壤土、黏壤土、壤土、黏土。

上述质地坐标图应用一般需作土壤颗粒分析,在野外很难做到。因此,C. F. Shaw 提出了简易质地测定法,被不少国际组织所采用(如联合国教科文组织、国际土壤博物馆)。

砂土 松散和单位颗粒、能够见到或感觉出单个砂粒。干时抓在手中。稍松开后即散落;润时可捏成团,但一碰即散。

砂壤土 干时手握成团，但极易散落；润时握成团后，用手小心拿起不会散开。

壤土 松软并有砂粒感，平滑，稍黏着。干时手握成团，用手小心拿起不会散开；润时手握成团后，一般性触动不致散开。

粉壤土 干时成块，但易开碎，粉碎后松软，有粉质感；湿时成团或为塑性胶泥。干、润时所呈团块均可随便拿起不散。湿时以拇指与食指搓捻不成条，呈断裂状。

黏壤土 破碎后呈块状，土块干时坚硬，湿土可用拇指与食指搓捻成条，但往往受不住自身重量；润时可塑，手握成团，手拿时更加不易散裂，反而变成坚实的土团。

黏土 干时常为坚硬的土块；润时极可塑。通常有黏着性，手指间搓成长的可塑土条。

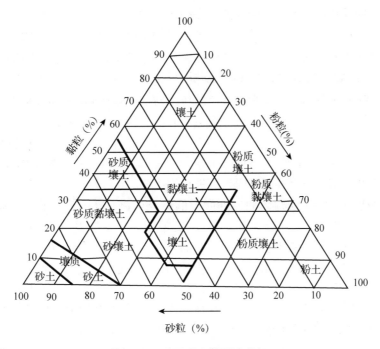

图 3-13 美国制土壤质地分级

3.3.3.4 土壤新生体

土壤新生体是指成土过程中的产物。更确切地说，土壤新生体是土壤物质中在形态上具有一定外形的分离物和聚积物，它是土壤形成过程的结果，反映了土壤形成过程中的化学和生物过程。例如：根据一些元素所形成的不同溶解度的化合物在不同的土体中出现，就基本上反映了不同土壤的气候特征。同样，根据一些容易产生氧化还原电位变化的一些元素所形成的化合物在一些土体中的出现，就反映了该土壤潜水水位的关系。因此，对它的研究更具有发生学意义，土壤工作者通过对新生体的形态、成分、数量和出现部位的观测研究，大致可得出土壤发生性和生产性的结论。

（1）新生体的种类

土壤新生体通常依附于土壤结构体表面或填充于孔隙之中，形态千姿百态。其化学组成也很复杂，主要为易溶性盐类、石膏类、碳酸盐类、三氧化物、铁还原物、硅酸和黏土矿物等几种。

（2）某些新生体的描述

在野外观察剖面时，要对出现的新生体进行详细的描述。以下是按照新生体形态进行分类详述如下：

胶膜（coating）　又称包被，主要由下渗水携带的淋溶性物质在结构体表面的淀积作用形成的。因而，凡能溶于水的上部土壤物质都可能被挟带淀积；并且，凡有下渗水浸透的土层位置都可能出现，有的也可把土层中的砾石表面包被或在根孔、孔的内壁表面发生淀积。但不管在何种界面上，鉴定胶膜或包被的特征，应包括如下几项内容：

颜色：颜色是判断胶膜组成成分的重要依据，按门塞尔比色卡描述。但有时由于太薄或呈透明状而使胶膜本身的颜色不易和土体相区别，而只有在淀积相当厚的情况下才会显示与土体色调的差异，所以测定结构体表面胶膜的颜色与结构体内部的颜色差异往往又可以作为胶膜淀积厚薄的野外鉴别指标。

种类：当胶膜淀积厚度较大时，其色调特征与反映如下：黏粒胶膜，一般较原土体颜色淡，不反光，放大镜下呈粗糙状；腐殖质胶膜，为灰色，湿时呈黏状，干时反光性强；腐殖质—无机物质复合胶膜，一般呈红褐色，反光，放大镜下无粗糙感；三氧化物胶膜，一般是淡红色—红褐色，与复合胶膜较难区别；石灰膜（石灰结皮）。此外，结构体表面或孔隙内的细砂和粉砂覆盖物也应进行描述。

厚度：在野外可根据结构体内、外颜色的差异估测如下：薄（<0.5 mm），结构体内、外颜色无明显差异；中（0.5~1.0 mm），结构体内、外颜色开始变化，特别在彩度上已有明显变化，并趋明亮；厚（1.0~2.0 mm），结构体内、外颜色有明显区别如赤红壤中的 B 层棱柱体内为橙色 5YR 6/8，结构面为赤褐 5YR 4/4，色调虽较一致，但亮度和彩度已有明显差异；很厚（>2 mm）。

丰度：以胶膜表面所占土层面积的百分比计，它表明了胶膜淀积面的广度。野外测定时，可根据胶膜在结构面上的分布情况选择有代表性的结构面，对照丰度测量卡，直接估测所占单位结构面上的面积百分比。可分为以下 5 级：很少（<5%）；少（5%~10%）；中（10%~20%）；多（20%~50%）；很多（>50%）。

包被情况：指在结构体表面或砾石表面上包被状况，可分为：斑状，在结构体面上小的稀疏的胶膜斑点或在孔隙壁内存在；断续状，胶膜包被了很多，但不是全部的结构体表面或在多数孔隙内，但不是全部孔隙内断续排列；全包被，胶膜完全包被了结构体或完全排列在空隙或水道内。

分布部位：结构面；根孔内；虫穴内；整个砾石面；砾石底面。

明显程度：模糊，只有用 10 倍放大镜才能在近处的少数部位看到，与周围物质在颜色、质地和其他性质上差异很小；明显，不用放大镜即可见到，与相邻物质在颜色、质地和其他性质上有明显差异；显著，胶膜与结构体内部颜色有十分明显的差异。

结核　土壤中铁、锰、铝和钙、镁等物质都可以因水分的淋溶和再淀积，并凝聚形成坚硬的结核体。据目前所见，以铁、锰和铝的氧化物为主成分的硬结核多分布在我国长江以南的红壤地带，而以钙、镁碳酸盐类为主成分的软结核多见于长江以北的石灰性土壤中。

颜色：按门塞尔比色卡观察记载。

硬度：软结核，用小刀易于破开；硬结核，用小刀难以破开。

组成成分：铁锰质结核；铁质结核；石灰质结核；石膏质结核。

丰度(占土层体积的百分数)：很少(<5%)；少(5%~10%)；中等(10%~20%)；多(20%~50%)；很多(>50%)。

大小(按平均直径划分)：小(<2 cm)；中(2~10 cm)；大(10~30 cm)；很大(>30 cm)。

形状：米粒状；角块状；管状；球状；不规则形状。

磐层

颜色：按门塞尔比色卡观察记载。

种类：黏磐；铁磐；石灰磐；石膏磐；盐磐；由上列某一物质成分与土体胶结而成的硬磐(如铁质硬磐、石灰质硬磐、石膏质硬磐、磷质硬磐等)。

磐的连续性：连续，磐层扩展成层，没有或几乎没有沿暴露面断裂；不连续，层次由于裂隙断裂，但各部分保持着原来的方向；断裂，层次由于裂隙断裂，各部分非定向排列。

磐的结构：大块状，物质没有可确认的结构；气泡状，物质有海绵状结构，有大孔隙，孔隙内有或没有松软物质填充，豆粒状，层次大部分是由胶结一起的球状凝团所构成；凝团状，层次大部分是由不规则形状的凝团所构成；板状，胶结的单位呈板状(垂直方向小，比另外两方向小得多)。"板状"结构的土壤结构体大小级别的确定同样适用于被胶结的物质。

磐的厚度：薄(<1 cm)；中等厚(1~5 cm)；较厚的(5~10 cm)；极厚(>l00 cm)。

结皮 指在干旱或荒漠条件下形成的有机质含量低，颜色很浅、厚度甚薄的多孔结皮，一般出现在地表。

颜色：按门塞尔比色卡描述。

孔隙数量：以 <2mm 的细孔隙为主，孔隙数量 >14 个/cm²。

结皮的厚度：薄(<1 cm)；中等厚(1~3 cm)；厚的(3~5 cm)；特厚(>5 cm)，也可称结壳。

发育程度：发育弱，有小蜂窝状孔隙或无孔；发育较好，有蜂窝状孔隙；发育良好，有蜂窝状孔隙。

结皮的组成：可溶性盐分或石膏；单一的或混合；以某一盐类为主。

结皮的结构：水平层状的；蜂窝状的；细孔隙状的或混合的。

结皮的硬度：较松的、脆的或稍紧实，甚至是坚硬的。

晶体 是土壤形成发育过程中无机盐类的淋溶与再结晶淀积的新生体，在结构体表面呈胶膜状，沿着裂隙则呈晶霜状，在土壤构成中也可形成晶囊或晶管状物、树枝状晶体和晶页等形态出露。常见的结晶化合物有碳酸盐、碳酸氢盐、硫酸盐和钙、镁、钠的氯化物。结晶矿物的组成分在野外可借助放大镜根据其形态或简易化验方法(如盐酸)加以识别。具体描述时应记载颜色、大小、形状、丰度、化学组成和分布等。

斑纹 斑纹是土壤发育过程中由于水分的淋溶和生物作用的淀积等综合作用的结果

所形成的新生体，常显示为具有较明显的地带性发育。例如：我国南方多以铁质的锈纹锈斑出现，而北方土壤多以假菌丝体和石灰斑物质出现。

斑纹的发育在渍水土壤中的鉴定和描述对了解土壤的发育和生物过程的作用强度具有重要意义。对斑纹的描述除颜色、丰度外，对其形态特征和发育强度也应予注意：

颜色：颜色是判断新生体组成成分的重要依据，例如：红、黄色多为铁化物；黑色或棕褐色多为三氧化物；白色在南方土壤多为高岭石类，而北方土壤多为石灰质物质；蓝色斑为亚铁物质。按门塞尔比色卡观察记载。

丰度：丰度是说明斑纹的数量指标，可根据斑纹占土体或描述面积的百分数或上述的丰度面积估测模型比较，直接标注其所占土壤层平面积的百分比。但严格地讲，这种新生体在土层中的出现都是具有三维空间的体积的特点。因而，详细研究时还应剥开土块具体测量其大小，但在野外情况下，这种描述不如做成薄片进行微形态观察更有意义。一般分为5级：无（0%）；少（<2%）；中（2%～20%）；多（20%～40%）很多（>40%）。

一般情况下仅用丰度值表示已足够说明其数量指标，大小的量测可以不加考虑。

大小：极小（<1 mm）；很小（1～2 mm）；小（2～5 mm）；中（5～15 mm）；大（>15 mm）。

对比度：模糊，即要仔细观察才能看到，斑纹色和土壤底色一般属同一色调，其差别不超过1个单位的彩度或两个单位的亮度，也有在亮度和彩度上很相似（都较低），但色调相差一个基本描述单位（即2.5个单位）。明显，即斑纹色和土壤底色的差别是：属同一色调，彩度为1～4个单位，亮度为2～4个单位；色调相差一个基本描述单位（2.5个单位），但彩度≤1个单位或亮度≤2个单位。显著，即色调、亮度和彩度相差几个单位，彩度和亮度相同，则色调相差至少2个基本描述单位（5个单位）。色调相同，则亮度和彩度至少相差4个单位；色调相差一个基本描述单位（2.5个单位），则至少相差1个单位的彩度或2个单位的亮度。

斑纹边界的清晰度：鲜明，有截然不同的颜色边界；清楚，颜色的过渡带<2 mm；扩散：颜色的过渡带>2 mm。

分布部位：结构体表面；结构体内；孔隙周围；根系周围。

组成：碳酸盐质；二氧化硅；铁、锰；石膏；其他。

网纹 富含铁质，见于铁铝土层的强风化壳，湿时紧实，干时则不可逆性的硬化，故坚硬。

颜色：用门塞尔比色卡记载。

数量：少量，不足体积的20%；中量，网纹占据体积的20%～50%；多量，网纹占据的体积>50%。

3.3.3.5 植物根系

植物根系发育情况是土壤肥力高低的标志之一。土壤肥沃，通气良好，则根系一般发育良好；相反，则根系发育不良。如果有坚硬层或具体障碍土层，则根系就难穿插伸展。例如：地下水位高的土壤，根系就只能在水位以上的层次中发育。因此，对植物根系的观察、描述和研究也是土壤调查工作中的重要内容之一。

大小 按照直径划分为：极细(<0.5 mm)；细(0.5~2 mm)；中(2~5 mm)；粗(>5 mm)。

丰度 共分4级，详见"土壤侵入体"。

根系性质判别 判别为木本或草本植物根系；活的根或已腐化的根。

根系深度 注意根系集中分布的深度以及主根或须根所达的最大深度，描述时应按粗细、多少分别记载，例如："中量粗根和多量极细根"。在水田土壤调查中还要仔细观察根系的特征和数量。例如：正常稻根呈棕红色，根尖呈白色；异常稻根为黑根，整条呈黑色，腐烂；虎尾根呈现一节白、一节红的虎尾巴状；白根的整条老根呈白色；须根为许多细小须根占优势的根系，正常稻根极少。

3.3.3.6 土壤动物

土壤动物数量的多少也是间接反映土壤肥力高低的指标之一。常见的有蚯蚓、田鼠和蚂蚁等动物。不同种类的动物，往往反映出不同的肥力水平。例如：一般蚯蚓多的土壤比较肥沃，蚂蟥多的土壤常为酸、瘦土壤。在剖面描述中应详细观察记载动物种类、数量、洞穴和粪便数量等。

3.3.3.7 土壤侵入体

侵入体是由于人为机械活动混入的物质，与成土过程本身无关，但它能反映土壤受人为影响的程度和人类活动的情况，在耕作土壤时具有重要意义。剖面观察时要说明其种类、数量和出现层位。

（1）种类

其种类有石块、砖瓦片、陶瓷碎片、草木灰、煤渣、贝壳等。

（2）丰度(占土层体积的百分数)

很少(0%~2%)；少(2%~5%)；中(5%~15%)；多(>15%)。

3.3.3.8 地下水位

地下水的状况直接影响成土过程，影响土壤生产力的高低。在土壤剖面观察中，主要观测记载地下水位出现的深度。

3.3.4 土壤自然性态的描述

土壤自然性态是指那些在田间表现很不稳定，极易受气候变化和耕作措施等因素影响而变动的土壤性质。主要包括土壤干湿度、土壤结持性、孔隙度和坚实度4项。对它们的观测描述相对比较困难，但它们又都与农业生产关系密切。

3.3.4.1 土壤干湿度

通过土壤剖面干湿度的观察，能部分地看出土壤墒情这个重要的肥力特征，可以判断土壤水分的补给和运动情况。其次，说明土壤湿度状况对于在野外正确解释许多形态特征，尤其是土壤颜色、结构性等十分重要。土壤干湿度是野外描述土壤剖面的重要项目之一。当然，在野外只能对湿度做出定性粗略的鉴定，但对形态分析完全可以满足。

其测定标准如下：土壤的干湿度能部分地了解土壤墒情这个重要的肥力特征，还可以判断土壤水分补给和运动情况。土壤干湿度是土壤剖面土层自然含水状况，可分以下4级：

湿 用手挤压时土壤出水。

润 挤压土壤成面团状，但不出水。

潮 土壤不散碎成粉，放在手上有凉爽的感觉。

干 土壤散碎成粉，放在手上无湿润的感觉。

3.3.4.2 土壤结持性

土壤结持性包括黏着性、可塑性和松紧度等。它们都是土壤的重要物理性质，对农业生产影响很大，但定量表达也很困难。在野外描述中，应分别记载干、润、湿时的结持性。

（1）干时结持性

指风干土壤物质在手中挤压时破碎的难易程度。共分6级：

松散 土壤物质相互无黏着性。

松软 在大拇指与食指间，用极轻微压力即能破碎。

稍坚硬 土壤物质有一定的抗压性，在拇指与食指间较易压碎。

坚硬 土壤物质抗压性中等，在拇指与食指间极难压碎，但以全手挤压时可以破碎。

很坚硬 土壤物质抗压性极强、只有全手使劲挤压时才可以破碎。

极硬 在手中无法压碎。

（2）润时结持性

润时结持性是指土壤含水量介于风干土与田间持水量之间时，土壤物质在手中挤压时破碎的难易程度。共分6级：

松散 土壤物质相互之间无黏着性。

极疏松 在大拇指与食指间用极轻微压力即可破碎。

疏松 在大拇指与食指间稍加压力即可破碎。

坚实 在大拇指与食指间加以中等压力即可破碎。

很坚实 在大拇指与食指间极难压碎，但以全手紧压时可以破碎。

极坚实 以大拇指与食指无法压碎，全手紧压时也较难破碎。

（3）湿时结持性

湿时黏着性 指土壤物质（<2 mm）与其他物质相互黏着的程度。在野外，以土壤物质在拇指与食指间的最大黏着程度表示，水分含量以满足土壤获得最大黏着性为准。

无黏着：两指相互挤压后，实际上无土壤物质依附在手指上。

稍黏着：两指相互挤压后，仅有一指上依附着土壤物质。两指分开时，土壤无拉长现象。

黏着：两指挤压后，土壤物质在两指上均有附着，两指分开时，有一定的拉长现象。

极黏着：两指挤压后分开时，土壤物质在两指上的附着力极强，在两指间拉长性也最强。

湿时可塑性　指土壤物质在来自任何方向的外力作用下，能持续改变形状而不断裂的能力。观察时取粒径 <2 mm 的土壤物质，加水湿润，在手中搓成直径为 3 mm 的圆土条，然后继续搓细，直至断裂为止。湿时可塑性共分 4 级：

无塑：不形成圆条。

稍塑：可搓成圆条，但稍加外力极易断裂。

中塑：可搓成圆条，稍加外力较易断裂。

强塑：可搓成圆条，稍加外力不易断裂。

3.3.4.3　土壤孔隙度

土壤孔隙是土壤水分和空气运行的通道，其状况直接关系到水、肥、气、热的协调程度。因此，它是评定土壤肥力的重要标志。土壤孔隙度通常是通过对土壤容重、土壤密度(比重)、毛孔持水量等项目测定后换算而得来的。在野外进行土壤剖面观测时应注意描述其形状、大小和丰度。

(1)形状

由不同作用力形成的孔隙形状是不同的，如气泡状孔隙多为水分或空气在土体中运动的作用结果，这种孔隙多时，表明土壤中水、气的作用较为活跃，通透性也较好；管状孔孔隙是小动物或木本植物或水生植物根茎的残余孔洞，当缺乏充填物时，易造成漏水漏肥。可分为：气泡状；蜂窝状；管道状；孔洞状。

(2)大小

主要是指结构体面上的孔隙大小。按照孔径大小可以分为：微(<0.1 mm)；很细(0.1~2 mm)；中(2~5 mm)；粗(5~10 mm)；很粗(>10 mm)。

微细孔隙在所有的土壤内都存在，但没有显微镜是难以看到的。所以，通常在野外描述时不提它。孔隙直径可用合适的标线片和手持放大镜测定，或通过与已知直径的物体比较得到。

(3)丰度

以每平方分米的个数计，可分为：无(0 个)；少(1~50 个)；中(50~200 个)；多(>200 个)。

(4)孔隙排列的方向

可分为：垂直；水平；倾斜；任意。

(5)连续性

可分为：连续；断续；不连续。

(6)分布

可分为：结构体内；结构体外；结构体内外。

(7)裂隙

主要是指结构体之间的孔隙，多呈长形和分枝状。

宽度　可分为：很细(<1 mm)；细(1~3 mm)；中(3~5 mm)；粗(5~10 mm)；很

粗(>10 mm)。

    长度   可分为：很小(<10 cm)；小(10~30 cm)；中(30~50 cm)；大(>50 cm)。

    间距   可分为：很小(<10 cm)；小(10~30 cm)；中(30~50 cm)；大(50~100 cm)；很大(>100 cm)。

3.3.4.4 坚实度

    土壤坚实度可以用硬度计进行测定，但由于对其理解不一致所以表示单位也不同。例如：浙农表示单位：kg/cm^2。据日本土壤学者调查资料表明，(用山中式硬度计测定)土壤硬度与作物根系发育关系，得出土壤硬度超过 10 kg/cm^2 时，是作物根系伸展的限制指标(作物之间略有差异)。这个指标与室内模拟试验所得结果大致相同。

    如果没有测定土壤硬度之类的仪器时，可按下列标准加以描述：

    极紧   铁铲不能插入土层。

    紧实   用铁铲或刀插入土时比较费力。

    疏松   用刀向土中扎入，入土较深。

    松散   用工具触土，土即分散。

    散碎   为砂质土所具有，土粒分散。

3.4 土壤剖面理化性状的简易测定

    野外土壤剖面描述中，有些重要的土壤化学性状往往成为土壤发生分类和生产性评价的重要依据之一，而这些土壤化学性状可以简易测定。因此，应当结合土壤剖面观察，进行分层测定，其中包括土壤酸碱度、石灰性反应、氧化还原电位、电导率和亚铁反应等。

3.4.1 土壤 pH 值测定

    pH 值测定方法可分比色法和电位法。

3.4.1.1 混合指示剂瓷盘比色法

    在 6 孔或 12 孔白色瓷盘(又称点滴板)上，先滴混合指示剂 1~2 滴，看其指示剂是否保持 pH 7 中性色值。若指示剂偏离中性而变色，说明瓷盘不清洁，应用蒸馏水重新清洗，直到指示剂保持 pH 7 不变色为止。然后，从某一土层取直径 2~3 mm 的土粒放入混合指示剂液滴中，用玻璃棒搅拌，静置片刻后以溶液部分的颜色与比色卡进行比色定级。此比色法，比较正确，但需要携带瓷盘、玻璃棒、蒸馏水等，每次都要清洁瓷盘、玻璃棒，在野外操作很不方便。故一般宜在室内进行。

3.4.1.2 混合指示剂薄膜比色法

    它是选用白色透明的塑料薄膜(裁成 5 cm × 5 cm)，代替瓷盘，滴 1~2 滴混合指示剂，加小土粒后，用手隔着薄膜将土和指示剂揉捏，然后进行比色。薄膜为一次性消耗材料，不需要清洗回收。因此，野外作业比较方便。

土壤的 pH 值分级如下：极酸性(pH < 4.5)；中性(pH 6.6 ~ 7.3)；较强酸性(pH 4.5 ~ 5.0)；弱碱性 (pH 7.4 ~ 7.8)；强酸性(pH 5.1 ~ 5.5)；中碱性(pH 7.9 ~ 8.4)；中酸性(pH 5.6 ~ 6.0)；弱碱性(pH 8.5 ~ 9.0)；酸性(pH 6.1 ~ 6.5)；极强碱性(pH > 9.0)。

3.4.1.3　便携式电位计法

便携式 pH 计也包括笔式的 pH 计，而且现在随着技术的不断进步，pH 计有各种外形和功能的，有防水的，折叠式的等。简单明了地显示在液晶屏幕上，该方法快速准确、轻巧方便。

3.4.1.4　广泛 pH 试纸比色法

要测定土壤的 pH 值，最简便的方法是利用 pH 试纸。市售 pH 试纸分为广泛试纸和精密试纸，广泛试纸测量范围是 1 ~ 14，它只能是大致测量土壤的酸碱性。具体做法：分层取少量土壤放入点滴板孔穴中，加入少量蒸馏水，用草根或小树枝等搅拌成泥浆状，分别用试纸快速蘸取溶液，与 pH 试纸标准比色卡比对即可。

3.4.2　土壤石灰性反应

泡沫反应可以指示土壤中碳酸盐的大体含量。反应强度与样本表面积、干湿程度等有关。在野外测定时，应将新鲜土样在手指间压碎，用少量水浸润后，再滴加 10%（约 1 mol/L）的盐酸，观察其泡沫反应的情况。其分级如下：

无碳酸盐　无泡沫反应，记为"－"。

轻度碳酸盐的　很微弱的起泡，一般很难看出，但近耳时可以听出声音，记为"＋"。

中度碳酸盐的　能看出泡沫反应，记为"＋　＋"。

强度碳酸盐的　较强的泡沫反应，一般能清楚地看出碳酸盐的颗粒，记为"＋　＋　＋"。

极强碳酸盐的　明显的碳酸盐积聚，泡沫反应强烈，而且往往在起泡时伴随有雾化现象。记为"＋　＋　＋　＋"。

3.4.3　土壤氧化还原电位(Eh)

在野外可以用"铂电极直接测定法"进行测试，从而获得土壤现势性的氧化还原电位，分析土壤通气性状况。

3.4.3.1　测试要点

野外选用 pHS - 29A 型酸度计，将铂电极和甘汞电极直接插入待测土层中，平衡 2min 后读数，取得相对的结果。为了测得较为精确的 Eh 值，除对铂电极进行表面处理外，常以延长平衡时间直至读数稳定为止。

根据土层厚度来确定重复次数，一般测 1～10 次，取其平均值。在重复测定前，先将铂电极用水洗净，再用滤纸吸干，然后插入另一处进行测定。如果土壤水分适宜，两电极间的电阻不大，饱和甘汞电极可不移动。

3.4.3.2 土壤氧化还原电位计算

土壤氧化还原电位(Eh)可按下列公式计算：

$$Eh(土壤) = E(实测) + E(饱和甘汞) \tag{3-2}$$

式中 $E(实测)$——电位计读得电位值；

$E(饱和甘汞)$——饱和甘汞电极的理论电位值。

土壤氧化还原状况分级：氧化状况(>400 mV)；中度还原状况($0～200$ mV)；强还原状况(<0 mV)。

3.4.4 土壤电导率测定

在一定浓度范围内，土壤溶液的含盐量与电导率呈正相关。在土壤溶液中盐类组成比较固定的情况下，用电导率值测定总盐分浓度的高低是相当准确的。因此，电导法用于田间定位，定点测量，及时了解土壤盐分动态变化，是最快速而又精确的方法。电导率是盐土分类中的重要指标。因此，在盐土调查时，应进行电导率测定，一般应取土样回室内成批测定。具体步骤如下：

(1) 土壤溶液制备

取风干土 10 g，放入 100～150 mL 塑料广口瓶中，加蒸馏水 50 mL 制成 5∶1 水土比的土壤溶液，振荡 3 min，静置 2 h 至澄清后，吸取上层清液即成待测液。

(2) 电导度测定

适用 DDS – 11 型电导仪和铂电极；按要求接线，打开电源开关；将电极插入待测液中，按仪器操作法读取电导度。同时，测量待测液温度。测第二个样品时，必须将取出的电极用蒸馏水洗净，用滤纸吸干后再测。

(3) 电导率计算

测得电导度(S_t)后，按溶液温度查表可得温度校正系数(f_x)，然后按下式计算电导率：

$$土壤浸出液的电导率(EC_{25}) = 电导度(S_t) \times 温度校正系数(f_x) \tag{2-3}$$

3.4.5 土壤亚铁反应

土壤亚铁反应是间接反映土壤氧化还原状况的指标，大量亚铁离子的存在会影响作物根系正常生长，甚至受害中毒。但亚铁离子极易氧化变价，故必须在田间就地测定。其测试方法有赤血盐显色法和邻菲罗啉显色法。

(1) 赤血盐显色法

取一待测土块，在新土块新鲜面上滴加 10% 盐酸 2 滴，使之酸化。然后加 1.5% 赤血盐溶液2滴，看其土壤显蓝程度定级。

无　无色(-)。

轻度　浅蓝(+)。

中度　蓝色(+ +)。

强度　深蓝(+ + +)。

（2）邻菲罗啉显色法

取少量(3~4米粒大小)待测土块放入白瓷板孔穴中，滴入0.1%邻菲罗啉显色剂5滴，搅匀，稍待澄清后观其面上清液的显红色程度定级。

无　无色(-)。

轻度　微红(+)。

中度　红色(+ +)。

强度　深红(+ + +)。

3.4.6　土壤自然含水量的快速测定

野外速测多采用酒精燃烧法。此法快速，但缺点为准确性不如烘干法，有机质含量高于30 g/kg的土壤不适于应用。因为有机质被燃烧后炭化，不能准确地测定土壤含水量。其方法原理是利用酒精燃烧气化土壤中的水，使之变干，根据燃烧后失重计算出土壤含水量。

3.5　土壤标本的采集与剖面摄影

从土壤剖面采集土壤样本进行实验室分析，是土壤调查不可缺少的组成部分。目的在于：第一，获知土壤的物理和化学性质；第二，测定用于土壤分类的基本标准；第三，进一步确定在野外所观察的土壤类型；第四，获得有关土壤利用改良、水分管理、土壤—植物关系的基本资料；第五，研究土壤发生。然而，实验室工作的价值不仅取决于分析结果的精确性和如何综合分析结果，而且也取决于采样方法和标本的代表性。因此，调查者在剖面观测记载以后，必须认真对待土壤标本的采集。

3.5.1　土壤分析标本的采集

为了系统研究土壤发生分类和土壤肥力特性，在野外土壤性态观测与土壤理化性质简易诊断的基础上，必须采集土壤标本供室内进行各项理化分析。按分析要求可分为全量分析、农化分析和物理分析3类分析标本。

3.5.1.1　全量分析标本

主要是为了研究土壤的生成发育，土壤剖面中的物质移动以及影响肥力的主要化学性质。凡主要剖面都要带回室内再进行选择取舍，这样可避免返工。采集方法有典型取样法和柱状取样法2种，具体视土壤而定。

（1）典型取样法最常用的方法

若系统研究土壤理化特性，一般按土壤类型（土种）采取。在一个县内采集土样的时间应力求一致，以利于化验数据的应用。一般以播种前或秋收后采样为适宜。据已划定的发生土层（图3-14，A），自下而上，在每个土层的典型部位取土块。采样方法和注意事项如下：

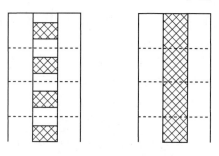

图3-14 土壤剖面取样示意
A. 典型取样 B. 柱状取样

第一，要按层次采，层次厚的可采两个样，一个样品不可跨2个土层。

第二，要自下而上逐层采集，严防混杂，要从土壤表层到坑底的两条垂直平行线取样，不可任意改变，但有特殊质出现时例外。

第三，一般从每层中间取10 cm。在荒地上，表层0~10 cm要采；在耕地上，表层要去掉1 cm的风化层，然后垂直取全耕层。表层不足10 cm的有多少采多少。采样深度应记实际深度，不应记层次深度。

第四，样品数量根据需要而定，一般1 kg左右，分层装入塑料袋或布袋。

第五，所采土样放入布袋中，并拴上标签（袋内放入同样标签），上面要写明剖面号、采样地点、农用地种类、土壤名称、层次、取样深度、采集人和采集日期。采样后，要及时风干，防止发霉，送化验室。

（2）柱状取样法适用盐渍化土壤的取样方法

因盐分能随水分上下运动，分层采样不能说明土壤盐分状况，故需要采取上下一致的代表整个土壤剖面的土柱状样品（图3-14，B）。其他一切同上。这种取样方法一般适用于盐渍化土壤，用以计算盐分贮量或土壤水分贮量。

在采集盐碱土壤样品时，在耕层中将0~5 cm这一层单独划分出来，如有表层盐结壳及结壳下"蜂窝"状土层，也应单独划分和取样。所采土样装入塑料袋中。另外，还要采取地下水样，测定水质。

土壤样品宜采自新挖的剖面，尽量不采道路切面等自然剖面的土样。在取样前都要重新修整土壤剖面；每个样品袋内外都要有标签，用铅笔或防水笔记录下采样地点、土壤名称、剖面编号、层次、取样深度、采样日期及采样人等。

研究养分循环的样品应采到养分渗入深度处。微量元素分析用样品应单独用小塑料袋盛装，采集时特别要小心，防止污染，包括剖面刀等铁器的污染。另外，泥炭沼泽土往往不易挖掘剖面，也可用管状土钻采样。

样品取回后要注意防止发霉。因此，要及时敞口晾干或摊开晾干。在长途运输中要注意将酸性土壤与钙质土壤等分箱包装，防止在运输过程中因布袋的颠簸混杂而相互影响。

在上述两种取样前都要重新修整土壤剖面，并在样品袋内、外做好标签记录，内容包括调查组别、剖面编码、采样层次、深度等。

3.5.1.2 农化性状分析标本

主要是为了查清调查区耕层土壤的养分状况，或绘制土壤农化图，为肥料分配、土地利用、科学施肥提供科学依据。其取样特点是：首先，它不是剖面分层取样的，一般只采取耕层和犁底层（亚耕层）土壤样品。有时为进行土壤肥力评价，往往在调查中规定统一的采样深度。例如：第二次全国土壤普查中规定，旱地 20 cm，水田 15 cm。其次，不是单点取样而是多点混合取样。具体按方格取样法或随机取样法进行，一般采样点不少于 10 点，土样一般保留 0.5 kg，土样过多时可用四分法弃取。

具体采样方法：采样前应根据土壤草图的图斑布点，以基层土壤分类单元为基础，按 1/5 万制图的要求，约 $6.67 \times 10^5 \sim 1.0 \times 10^6$ m² 左右采取一个土样。在上述范围内选取一个不超过 $6.6^7 \times 10^4$ m² 的最有代表性的地块，一般按"S"形路线取样法，多点取混合样，一般不能少于 15 个点。采样范围应标记在土壤草图上，应记上农化样品的编号，例如：阿城 – 化 – 125，是阿城区的 125 号农化样品，在图面上只注记化 – 125。

3.5.1.3 物理性状测定标本

为了研究土壤物理性状，除野外直接测定的一些项目外，有的项目需要取原状土带回室内测定，例如：土壤容重、线性系数和持水差等。为了保持土壤自然性态的结构，取样和运输中就必须用特定的工具和容器。现简介如下：

（1）环刀法测定土壤容重样品

采用环刀取土，表土一般要求重复 5 个，心、底土重复 3 个。同时，在同一层次中采取 15~20 g 土样，装入铝盒供含水量测定用，要求表土重复 3 个，心、底土重复 2 个。环刀取土后盖紧顶、底盖，装箱防震运输。底盖有孔的应在盖里衬铺塑料薄膜，以防水分蒸发和土粒失落。有孔底盖的环刀，可以在室内测定饱和含水量、毛管持水量和田间持水量等水分常数。

（2）测定线性系数、持水差的样品

采集线性系数是指自然土块湿时长度与干时长度之差，同其干时长度的比值。其推导计算以自然土块在 1/3 bar 含水量至烘干状态时的线性收缩量为根据，这一系数是鉴别变性土的一个重要诊断特性。持水差是土壤分类中用来计算土壤水分控制层段、累积持水量、有效持水量等指标的一种土壤水分特性。

线性系数和持水差的计算均需要容重测定数据。而这种容重测定的样品，宜采用莎纶树脂（聚偏氯己烯纤维或其共聚物纤维的统称）包封。其采样前，预先配置好两种浓度的莎纶树脂溶液（莎纶树脂：丙酮分别为 1：4 和 1：7。前者宜用黏粒含量 <18% 的土壤，后者适用黏粒含量 >18% 的土壤），置于加盖的容器。分层采集原状土块，若土块易碎（如砂土），可用环刀采集土芯样。每层采 3 个原状土块，其中一个备用。将原状土块削成直径为 6 cm 的卵形，用绳带缚牢。若土块易碎，可装入细网袋中。将土块悬挂，然后用盛有莎纶树脂的容器上套，使土块完全浸渍后立即移下容器。待悬挂的浸渍土块干燥后，即可装入塑料袋，并放入土块盒中，以软纸或棉花等填充防震运输。

3.5.2 比样标本的采集

比样标本，主要用于室内比土评土之用，对野外初步确定的土壤类型，以分层采集的小盒标本进行实物比较，对主要剖面和疑难剖面都要采集这类标本。这种标本，同时可作教学示范和陈列展览之用。盒子规格为长方形(20 cm × 5 cm × 2 cm)的有盖有底的硬塑料盒，盒内一般分6格。取样时要注意以下几点：

第一，自下而上分层在典型部位中切取保持自然结构的小土块，纸盒内格子可按实际剖面层数调整，然后分层装填土块。若用塑料盒子，可按剖面层次和厚度，将盒子装满，即不受盒子分隔限制，厚的土层可装2~3格，以不留空格为原则，防止土块散落。

第二，在比样标本的盒底、盒盖上都应记录剖面编号、剖面层次和深度；盒盖还要记录采样地点、土壤名称，以及采样日期、调查组号和采样人等。塑料盒子可预先粘贴白纸条，以便野外记载。

3.5.3 整段标本的采集与制作

3.5.3.1 木盒标本

在典型土壤剖面的垂直观察面上修挖出一个与整段标本盒大小相当的长方形土柱(100 cm × 20 cm × 8 cm)；将木盒的盖和底卸去，然后将只剩周边的木盒套在柱上，用刀先将土柱观察面修好，加盖；最后在剖面背面从上往下切取土柱，经过修饰，加盖即可(图3-15)，这种整段标本比较笨重(20~30 kg)，运输、贮藏带来许多不便，且干燥后会自然剥落。但制作、取材比较方便，容易推广。

图3-15 木盒整段标本取样图式

3.5.3.2 胶布薄层土壤标本

再修挖好的土柱正面喷上一种黏结力极强的胶水，粘贴一块大小与土柱相似的白布；待胶水干后，将布从剖面上扯下，布上黏着一层土壤，再喷洒上胶水加以保护。这种标本便于运输、贮藏和管理，但对粗骨性的土壤(砂土)就很难制作，国内应用较少。

3.5.3.3 板底黏结薄层土壤标本

这是华东师范大学陈家琎等人研制的，并在第二次全国土壤普查中得到了推广应用。其特点是成本低、操作简便、运输贮藏方便。不足之处是剖面分两段制作，拼接时留下人为的痕迹。具体制作方法如下：

- 准备两个采土器，由55 cm × 17 cm × 4 cm 的铝制板材制成活动折叠框架组成

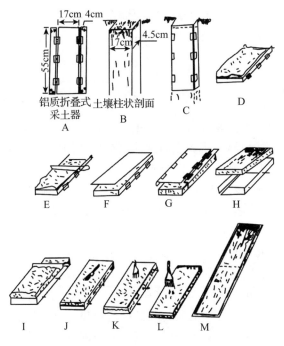

图3-16　板底黏结薄层土壤整段标本制作示意

(图3-16，A)，另备两把底纹笔和一把刮土刀、一把小手锯、一瓶乳胶(聚乙酸乙烯乳胶)等；

- 在典型剖面中修挖一个与采土器大小相对一致的长方形土柱(图3-16，B)，然后将采土器套在土柱上，顶部空出5 cm，并用螺杆固定采土器(图3-16，C)；
- 用刮土刀先沿采土器下缘(即剖面50 cm处)切一深缝，再用刀将土柱背部切离，最后把采土器连同土柱一起平托到地面(图3-16，D)；
- 用刀慢慢地将超过采土器的多余土块削去，如果遇到树根、草根等，可锯断以防土层松动(图3-16，E)；
- 将事先准备好的三合板涂上原汁乳胶，黏贴在修平的土层面上(图3-16，F)；
- 然后将采土器连同土层翻个身，将三合板紧挨着地面，衬托土柱，松开螺杆卸下采土器(图3-16，G)；
- 将采土器反折起来，插上三根螺杆，并将土柱连同三合板一起轻放在取土器的三根螺杆上，然后拧紧螺帽，将其固定(图3-16，H)；
- 用刀把高出采土器的多余土块削平，原厚约4 cm，削平后保留1 cm左右(图3-16，I)；
- 用小刀慢慢修出一个土壤自然结构面(图3-16，J)；
- 用另一底纹笔慢慢将碎土扫除，然后将土柱连同三合板从采土器取出(图3-16，K)；
- 用另一底纹笔蘸上掺水的乳胶，慢慢地依次淋滴在土层面上，让其自然下渗，待胶水干涸后即成剖面标本(图3-16，L)；使用时将上、下标本拼接起来，成为整个剖面标本(图3-16，M)。

乳胶掺水浓度视土壤质地和土柱疏松状况而定。原则上质地粗、土壤松的掺水倍数小些；反之则大些。一般浓度控制在1:（1.5~3.5）。如果土壤过湿，应待土层风干后再加掺水乳胶固化。

3.5.4 地块的调查

地块的划分原则上以现有地块为准，根据"规范"，每一地块建立一张地块登记表，并采取耕层混合土样(农化样)。现行农村地块划分中所用"地块"的概念，不是指现有的小地块，而是指土壤和耕作管理基本相同或相近，并具有一定面积的基层耕作单元。

现有地块过小，数量过多，应将土壤相同，地形部位，耕作措施，施肥水平基本相同的相邻地块另以合并。根据兰西县试点情况看，平原地区自然屯以10~15块为宜，控制面积一般地区为$40 \times 10^4 \sim 66.7 \times 10^4$ m^2，地形较复杂的山区，半山区自然屯划分地块的大小，可参照当地土壤类型(土种)的复杂程度适当增减。

地块的调查主要是通过访问的方法，通过村干部、农民了解每块地的基本情况，并找出各个地块高产或低产的原因，并填写在地块登记表上。根据高产经验或低产的原因，参照分析化验结果，提出各个地块的改良利用意见，并填写在登记表上。地块登记表可作为田间管理档案的基础，逐年登记表可作为田间管理档案的基础，逐年记载每个地块情况，不断总结经验，提高科学种田水平。

3.5.5 土壤剖面摄影

除了采集剖面标本外，目前，国内外都盛行拍摄剖面彩色照片，作为教学科研、陈列展览的影像资料并可进一步转录成光盘长期贮藏起来。剖面摄像的具体做法如下：

3.5.5.1 剖面拍摄面的选择和准备

第一，土壤剖面一般用顺光拍摄，因顺光时，剖面上光线均匀，色彩还原正确，挖土量也最少。逆光拍摄，剖面处在阴影处，照片色彩灰暗，偏蓝。侧光虽立体感强．但剖面上有浓重的阴影，为消除阴影，挖土量要增加，且植被或农作物损坏的面积也相应增大。因此，在剖面摄影时，应选择向阳面，修挖成如簸箕形土坑(图3-17)；并将拍摄面的左半部留作光面，右半部用剖面刀修

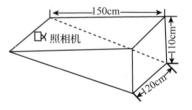

图3-17 土壤剖面拍摄方法示意

成毛面。选择拍摄面时，应考虑阳光的偏离角度，否则剖面上有浓重的阴影。确定阳光偏离角度时，可用土铲柄的投影作基准，考虑剖面挖掘处理时间提前调整确定剖面向阳角度。阳光与地面的夹角随不同地区和季节而异，应按实际情况而定。

第二，在光面中间放置标尺，以示剖面层次深度。标尺由宽4 cm，长150~200 cm的红、白相间10 cm的塑料带制作而成。

第三，为反映土壤剖面的发生层次，可在标尺右侧按土层的发生学特性，放置相应土层符合片(由4 cm×6 cm的塑料板制成，如A、AB、Bg、BC、C、D等)。

第四，土壤剖面一般在地下，光线往往上部亮，下部暗。拍摄时可在土坑底部的斜面上铺放一张锡纸或白纸反光板，以增强剖面下部的光亮度。

3.5.5.2 拍摄技术要点

（1）拍摄时间

拍摄时间和光线最佳时间为9：00~16：00。其中中午前后1 h为剖面拍摄的黄金时间，但对普通摄影来讲，这是最忌讳的时间段。相反，拍摄土壤剖面时，由于此时投影最小，选择拍摄面的机动性最大。由于光线均匀，能真实地反映土壤剖面的发育层次。

除晴天外，薄云遮日也是理想天气。此时，地表景物和剖面上有足够的光照，由于没有投影或投影模糊，给拍摄工作带来了不便。阴雨天，只要光线尚属明亮，土壤剖面颜色较浅，利用中午前后一段时间亦可拍摄。一般在日落前2 h不宜拍摄土壤剖面。

拍摄土壤剖面照片，最好用自然光，因为自然光均匀、柔和。用闪光灯拍摄，土壤胶膜等光滑物体会形成耀眼的光斑。当光线很暗(如在密林中拍摄土壤剖面)，必须用闪光灯时，应在灯前加纱布或半透明纸柔化光线，或将闪光灯打在反光板上，利用发射光来拍摄。

（2）测光方法

土壤颜色千变万化，同一剖面上层和下层的颜色也不一样。例如，黑钙土上层为黑色的腐殖质层，下层为灰白色的钙积层，测光时，无论以黑色或白色部分作为测光标准均不正确，按此拍出的照片黑色部分不黑，白色部分不白。正确的测光方法应对准手背测光，或分别对剖面中黑色和白色部分分别测光后取平均值。用相机内测光表测光时，应将镜头对准剖面并占满整个画面，切忌包括天空，否则，测定值偏高，照片曝光不足。

（3）拍摄方法

拍摄者应伏卧在地面操作，相机紧贴地表下10~20 cm，镜头对准剖面中央拍出的照片比例较为正常。切忌用蹲或站立的方式拍摄，用此法拍出的照片上下比例失调且易将两侧的土壁摄入画面，使剖面畸变为土坑或簸箕形状。为此，需要一块塑料布，以便卧摄时用。拍摄剖面宜竖幅取景，地表植被和剖面比例为3：7，尽量利用小光圈，以达到最大的清晰度和景深范围。

本章小结

土壤剖面是成土因素作用下形成的土壤内在性质和外在形态的综合表现，是成土过程的客观记录。土壤剖面的观察和研究是土壤调查必不可少的工作，是野外研究土壤的基础，是土壤调查的核心。土壤剖面按其来源可分为自然剖面和人工剖面。人工剖面按其用途和特点可细分为主要剖面，检查剖面和定界剖面3种。在土壤调查区内土壤剖面设置的数量多少，不仅决定了野外工作量，而且直接关系到土壤调查成果的质量。在实际工作中可以根据地区分级原则、精度要求原则、底图质量原则、因人制宜原则来确定土壤剖面数量。土壤剖面点的设置有常规布点法和统计抽样法两种。在剖面地点的选择中，要注意代表性和典型性的辩证关系，一般以代表性为主，不要以主观上的所谓典型性来要求，造成剖面点选择困难。

土壤剖面点的地表状况描述是土壤野外调查工作的重要组成部分，主要包括地貌和地形、母质类型、岩石露头与砾质状况、土壤侵蚀与排水状况、植被状况、土地利用现状等。

土壤剖面形态观察与描述包括土壤发生层的划分与命名、土壤发生型与土体构型、土壤形态要素及其描述、土壤自然性态的描述等。野外土壤剖面描述中，有些重要的土壤化学性状往往成为土壤发生分类和生产性评价的重要依据之一，而这些土壤化学性状可以简易测定。因此，应当结合土壤剖面观察，进行分层测定，其中包括土壤酸碱度、石灰性反应、氧化还原电位、电导率和亚铁反应等。为了系统研究土壤发生分类和土壤肥力特性，在野外土壤性态观测与土壤理化性质简易诊断的基础上，必须采集土壤标本供室内进行各项理化分析。按分析要求可分为全量分析、农化分析和物理分析3类分析标本。除了采集剖面标本外，拍摄剖面彩色照片，作为教学科研、陈列展览的影像资料并可进一步转录成光盘长期贮藏起来。但需掌握拍摄时间、测光方法、拍摄方法等技术要点。

本章重点掌握土壤剖面点的设置原则、土壤剖面形态描述；熟悉土壤理化性状的野外简易测定方法；掌握土壤样品的采集方法。

复习思考题

1. 什么是土壤剖面、单个土体、聚合土体？
2. 土壤剖面有哪几类？
3. 如何确定调查区土壤剖面数量？
4. 如何在野外选择剖面点，怎样挖掘？
5. 如何描述土壤剖面？
6. 简述我们周边地区主要土壤类型及主要发生层？
7. 简述土壤标本的类型和采样方法？

第 4 章

土壤图的绘制

土壤制图通常分成野外草图绘制、室内底图清绘、整饰几个步骤，其中野外草图绘制是最基础的工作。野外草图绘制是运用土壤地理学的理论和土壤野外调查技术，认识并区分调查地区土壤类型、组合及其分布变化规律，将其界线勾绘并标记在地形底图上或遥感影像上，从而全貌地反映出调查区土壤在地理上的分布规律和区域性特征特性。这种直接绘制的土壤图也是编制中、小比例尺土壤图的重要基础和依据。

4.1 土壤分类与土壤草图绘制

土壤分类是土壤制图的基础，土壤分类系统是制定土壤制图图例系统的基础，土壤图则是土壤分类的具体体现。作为基础性的理论和应用成果，土壤制图的重要任务之一，就是要将调查区所得的各种土壤类型，按照所应用的土壤分类系统，勾绘在图上。

4.1.1 土壤分类与制图单元

4.1.1.1 土壤分类单元与土壤实体

在任何分类等级上，一个类别就是一个分类单元，土壤分类单元是概念性的，它是根据对分类对象的了解程度，按照一定的分类目的，对分类对象的性质、关系进行抽象概括并精确定义的，指的是土壤分类系统不同级别中的土壤个体。例如，中国土壤分类系统中的水稻土、褐土、潮土是土类级别的土壤单元；潜育水稻土、潜育水稻土是亚类级别的土壤单元；黄泥土、白土则是土种级别的土壤单元。土壤实体是客观存在的事物，它不依附于任何一个土壤分类体系而独立存在。对于同一土壤，如果分类的目的不一样，可以给予它各种各样的概念上不同的分类名称，名称本身并未指出该土壤具体空间位置，而是泛指在地球表面存在这样一种土壤。所以，一旦在某地发现某土壤实体的性状符合这个分类单元所定义的性质，就可以用这个分类单元的名称命名该土壤实体。

4.1.1.2 制图单元和图斑

分类单元是概念化的、精确定义的，从而给土壤调查制图和土壤评价提供一个通用的标准。如果一个调查区的土壤性状与某分类单元的概念相吻合或被包含，就以这个分类单元的名称命名该区域的土壤并勾绘土壤。土壤分类单元用于编制土壤图则称土壤制图单元，对于同一区域的土壤，如果使用不同的土壤分类体系作为制定图例系统的基础，会得出不同的制图单元，而且不同比例尺精度的土壤图可采用不同级别的土壤分类单元或土壤分类单元组合。制图单元主要成分是单个土壤类型或组合土壤类型，其次是在实地上占有一定面积的非土壤形成物，此外，还有与土地利用和管理有关的土相，它不作为单独的制图单元，但却是制图单元的成分和区分制图单元的因素。土壤制图单元系统既反映土壤分类的理论观点，又不是土壤分类的重复。由于土壤分类单元是区分土壤类型的单元，而土壤制图单元则是表示图斑内容的单位，所以土壤制图单元虽以土壤分类系统的各级分类单元为基础，但前者并不等于后者。土壤制图单元可以根据制图体系、比例尺大小、制图目的来具体确定，如果可以用某一土壤性质的级别命名（质地或养分），不必一定用某一分类单元命名。图斑是制图单元在图上所表示的有区界的空间范围。每个图斑均有一定的几何形状和面积，相同的图斑组成制图单元。在一个地区进行土壤调查制图，相同的图斑组成制图单元，一系列的制图单元构成图例系统。但是若用某一分类体系为基础编制制图图例，去修改根据另一个分类体制而绘制的一个区域的土壤图，仅仅形式上改变图斑的名称，而不修改图斑界线是行不通的。

4.1.2 土壤草图绘制原则与依据

4.1.2.1 土壤草图绘制的原则

土壤是一个连续的、不均一的历史自然体，虽然可以根据形态特征、物质组成、土层结构等区分为土壤个体和各种类型，但在地球表面上它却是以呈连续状态的土被存在，土壤个体与个体之间的转变有时是渐变的，有时是突变的，不管哪种情况，土壤的空间分布都在一定的范围内形成个体与个体相结合的群体结构形式。同时，土壤又是人类必需的生产资料和重要的自然资源。因此，土壤野外制图须贯彻下述原则。

（1）土壤发生的主导性原则

在同一成土因素单元内，一般都是只有一种成土因素占主导地位，土壤类型也只有一种占明显的面积优势。因此，通常土壤图都是用这种优势土壤来表征这个图斑，也就是说，只用这一个土壤类型的代号来标入这个土壤图斑里。

（2）土壤发生的综合性原则

土壤类型及其属性是成土作用的结果。相同的成土条件可形成相同的土壤组合群体结构，不同的成土条件则形成不同的土壤组合群体结构。群体结构的规模可以大到与大自然单元和生物气候相联系的土壤广域分布规律，与大地貌、母质和生物气候相联系的土壤区域性特征；也可以小到与中地形、母质和水文地质条件相联系的土壤中域分布规律，与小地形和水、盐变化相联系的土壤微域分布规律。每一种土壤组合的群体结构形式包括组成分、面积对比和图形的几何形状等。由于各种土壤在自然界的空间分布均以组合形式出现，同时各种组合格局即群体结构的形成在发生上均有一定的原因，在分布上有一定的规律性。因此，土壤野外制图可遵循土壤组合发生原则，即以发生学的观点研究图斑内部（复区图斑中）和图斑之间土壤组合的发生原因、土壤组合中组成分的内在联系以及各种组合的图形特征，并以此为基础，经过科学的综合，将土壤类型、组合的空间范围及其分布规律反映在图上，而不应简单地表现土壤信息的空间分布和组合现象。这样将个体与群体、分布模式与组合成因结合起来，在掌握规律的前提下表示的图形，能达到客观而概括地反映自然界土壤空间分布的形式和面积比例关系。

图形和数量是紧密联系的，土壤野外制图不仅要表示形的特征，而且要有数的量度信息。符合客观实际的图形，应有较为准确的面积，因此，在贯彻组合发生的制图原则时还应强调分析和解剖图斑的组成分及其面积比例，注意图形的定量表示和制图单元中土壤单元的定量化。

（3）土壤制图科学性与生产性相结合的原则

土壤图既要能正确反映地球表层的土壤状况，又要能较好地适合于生产上的应用。所以，不仅要有反映自然规律的要素，也要表示出与生产密切相关的因素。利用土壤组合发生的制图原则编制的土壤图，不仅能直观地表示出土壤的图形、分布和数量，而且可以反映出土壤组合状况及其成因，有利于合理利用土壤，有利于区域的综合治理和国土整治等应用。

4.1.2.2 土壤野外制图的依据

土壤制图单元以土壤分类（如中国土壤系统分类）的相应级别的分类单元或分类单元的组合为基础。

- 图斑结构与图斑组合以土壤分布规律为依据；
- 区域性特征根据制图单元的内容、详度以及图斑之间组合形状的差异来体现；
- 图幅内容的生产性除不同土壤类型本身所能表示的以外，还根据所确定的相（phase）和与生产有关的非土壤形成物表示。

4.1.3 土壤草图内容

4.1.3.1 土壤制图单元

（1）土壤制图单元的划分

土壤制图单元的划分要考虑制图比例尺与农业生产要求，避免以土壤分类的框框来硬套制图单元。在划分土壤制图单元时应注意：

第一，土壤制图单元的划分绝不是越细越好，特别是在地形切割破碎（如黄土丘陵）或小地形十分发育的地段，则可采用组合制图的图例，或复区制图的图例。否则会造成工作的困难，使用图者也感到不方便。

第二，制图单元应尽可能达到内部一致，没有必要相同到所区分的土壤具有完全一致的性质，但是一个制图单元内的变化应保持在限定的范围内，同时具有相同名称的所有制图单元内部变化的类型应该一致。

第三，在简单制图单元和复合制图单元中应尽可能地使用前者。

第四，根据生产要求也可划分出一些非土壤发生性状，或地表特征的"相"以作为制图单位划分的依据。例如，坡度、侵蚀、砾质特征等。

第五，土壤制图单元虽不等于分类单元，但也应同时考虑两者的相关性，以保证土壤制图的质量。

（2）土壤制图单元的土壤分类级别

基本土壤制图单元中，土壤的分类级别取决于成图比例尺及所限定最小图斑面积内能包含的内容，在一定比例尺图上，所确定的土壤分类级别过高，则图斑过大，不能满足调查制图的需要；过低则图面烦琐、杂乱，难以清楚地反映土壤的类型、组合及其分布规律。因此，大体应与成图比例尺相适应，一般比例尺越大，分类级别越低；比例尺越小，分类级别越高。土壤制图单元中土壤的分类级别，除以土纲和亚纲为制图单元的比例尺相当小的图外，小比例尺土壤图主要相当于土类、亚类及其组合；中比例尺土壤图主要相当于土属、土种及其组合；大比例尺土壤图主要相当于土种、变种及其组合。

4.1.3.2 非土壤形成物

因土壤制图有明确的生产目的性和面积的概念，土壤图不仅要表示地面的各种土壤类型及其空间区域分布，也需要反映占据地面的各种非土壤形成物。在小比例尺图上，例如，冰川、雪被、盐壳、盐泥、岩石露头等；在大比例尺图上，例如：人工堆垫物、坟场、取土坑、开挖的河渠、城市、城镇、农村居民点等。非土壤形成物的种类根据不同地区和各种比例尺所能反映的实地情况确定。

4.1.3.3 图例系统

一个制图单元可能包含一个或若干个属于不同分类单元的土壤，根据组成制图单元的土壤类型的数目，以及各土壤类型的比例不同，图例系统基本上可分以下几种类型。

（1）优势单元图例

由于土壤在地球表面是一个连续分布的地理体，分类与制图都是通过若干剖面特征而加以统计划分的单位。因此，在一个制图单元内，完全一致的土壤类型是很少的。当其主要土壤的面积占该制图单元的85%~90%时，称为优势制图单元。这种情况一般在平原区的大比例尺制图中出现较多。在大比例尺制图中（甚至在详细比例尺制图的情况下），即使单一的、基层的景观单元内，优势土壤也很少占该制图单元的100%。

对于优势制图单元，其图斑内的土壤以某一土壤类型占绝对优势，制图单元的名称就以这个占优势的土壤类型名称命名。所包含的土壤大多数与主要土壤在性质上相似，以至仅以优势土壤类型的名称命名这个制图单元不致影响对这个制图单元的解释。非类似的土壤类型，如果与命名土壤性质上差异不大，最多不能超过25%，与命名土壤性质迥然不同的土壤最多不能超过10%。例如：某制图单元中 C 占90%以上，而 A、D 分别占5%和3%，就确定该制图单元为"C"。

（2）复区图例

在一个制图单元内几种土壤相互穿插分布，在1:1万~1:2.5万的大比例尺土壤制图上难以分别表示时，则用复区图例表示之。复区图例表示的方式：一种是将主要土壤类型做分子，次要者做分母，例如：潮土/盐化潮土；另一种表示方式是将主要土壤放在前面，后面加一连接号，再写次要土壤类型，例如：潮土—盐化潮土。不论哪种方式，一般都不注记组成土壤各自所占面积的百分数。造成复区的原因有 2 种：

第一，由于小地形或微地形形成土壤水分状况的局部差异，例如：土壤侵蚀复区和盐渍化复区。

第二，由于母质复杂，在不大范围内形成沉积母质的水平层次差异。这些差异都会反映到土壤性状和类别上，就构成了一个不大的范围内，有几种土壤反复出现呈插花分布。只有用复区来表示。

（3）组合图例

当一个自然地理景观单元内有两个以上的非类似的土壤类型呈现有规律的组合出现，同时由于制图比例尺的限制，不能单独表示时，为了反映图斑的组成单元及其规律性，就用组合制图单元表示，多用于中、小比例尺制图，但也有个别用于地形破碎的大比例尺制图，例如：黄土丘陵区的切割地形部位，风沙区的草丛沙丘地区等。造成土壤组合制图的原因主要是地形因素，例如：山体的阴、阳坡以及土壤链等。所谓土壤链（soil catena），一般是在母质相同的情况下，由于地形的差异，形成了土壤有规律的重复出现（图4-1）。例如：黄土高原丘陵沟壑区、东北丘陵漫岗区和南方红壤低丘区。

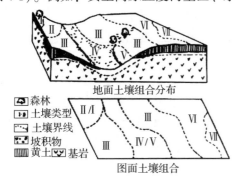

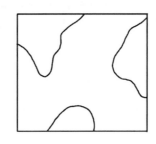

图 4-1　土壤组合分布制图示意　　　图 4-2　组合制图的剖析示意

命名组合制图单元的土壤类型所占百分数不小于75%，可以是2个或3个，一般按其所占百分数的多少依次排列，最多的放在第一位，例如："褐土—潮褐土""黑土—白浆土—草甸土"。组合制图单元中未命名的土壤的百分数，如果对于制图单元的解释影响不大，最大可达25%；如果对制图单元的解释影响重大，最多不超过15%。

土壤组合图例，一般要求表示制图单位中各成分的百分比。如图4-2中属于A土种的有3个图斑，其中一个图斑的15个观察点有14个属于A土种，一个属于B土种，B就不表示了，而写成A；另一个图斑有14个观察点，其中尽管3个属于B土种，也不表示出来，而写作A；还有一个图斑6个观察点，都属于A土种，则写成A；剩下的共128个观察点中，有10个属于A土种，118个属于B土种，就写成B土种，B土种包括了10个A。一般说，确定一个制图单元至少有3个观察点，这里有10个A为什么不表示？原因是，这些点分散在B土种中无法单独勾绘出来成为一个图斑。现在要把上面的图的比例尺变小，直到仅能勾绘出一个图斑，那么这个制图单元怎样确定？如何概括？这就要用组合制图。可以计算在这些观察点A和B各占的百分数，根据以上给的数字，B：118 + 1 + 3 = 122，A：10 + 11 + 13 + 6 = 40，B、A占的百分数分别为B：122/162 × 100% = 75%，A：40/162 × 100% = 25%。因此，在这一个制图范围内，如果用一个制图单位表示的话，则只能是一个组合制图，即B75/A25，称之为B—A组合。土壤组合图例有 2 种：

二元组合 一个制图单元中有主、次两个土壤类型。在大、中比例尺制图中，其比例可以有 5：5、6：4 和 7：3 三种，可以用分子表示优势土壤，分母表示次要土壤，并将其百分数附于各自的代号之后。如果为小比例尺或概略比例尺（如 1：500 万），则可将二元组合分别固定为优势土壤 >65%、次要土壤 <35%，分别用分子分母表示，因此，比例尺固定可不必写明其百分数。当然，根据需要而将组合单元详细划分出各自的比例也可以。

三元组合 一个制图单位中有 3 个土壤类型。一般少用，在大、中比例尺中可以考虑为 4：3：3、4：4：2 和 5：3：2。表示方式可以用分子式，其百分数分别附于代号之后。如果为小比例尺，则可以固定其比例，例如：优势土壤 >55%、次要土壤 >25%、零星土壤 <20%。由于比例固定，所以在图上不必表明其百分数。也可划分各自的比例。

上述两种固定比例的中、小比例尺的组合制图方法在国际上多为采用。

采用土壤组合制图需要说明：

第一，土壤组合制图从制图技术和图面上看来都似乎比较复杂。其实，它更符合实际，更有利于土壤资源计算。

第二，土壤组合制图中，组合的土壤应与其相应的分类级别相一致。另外，上述两种组合百分数只是一种趋向性的概略估计值，不是精确计算的结果。

第三，土壤组合单元一般不宜多于三元组合，三元组合也尽量少用，必要时进行制图综合，加以归并，以免图面负担过重。

（4）无差异图例

无差异制图单元的土壤类型可以是两个或多个，只是因为在利用和管理上相似或有着非常类似的共同利用，而把它们包括在同一制图单元内，如果两种土壤有着相同的非常陡的坡度，都只能作为林业用地，在制图上将它们分开是毫无意义的，那就以未区分的形式表示这一区域的土壤。如果在同一坡度 >35°的坡面，一个是花岗岩风化的薄层土壤；另一个是黄土性母质发育的土壤，然而同在陡坡只适宜封山育林，因此，将两者合为一个制图单元。无差异制图单元各土壤类型的大致比例（一般估计）可以用斜线断开表示，最多的放在第一位。

（5）土相图例

主要指用来表示土壤的非发生学特征和影响农业生产的地面现象或底土层的变异状况的制图图例。常用于大比例尺制图的土种（美国是土系）以下的分类级别，但也可以用于中、小比例尺制图的土属以上的制图单元。土相制图单元在国外制图中被广泛采用，主要根据侵蚀情况，地面坡度，质地变异，某些特殊土层的存在等。虽然土相制图单元不被列入土壤分类单位，但生产应用上价值比较大。

4.2 土壤草图绘制的精度和详度要求

土壤草图不但是野外工作中最基本的图件资料，也是野外土壤宏观研究成果的集中反映，由此也可看出，正确绘制土壤草图关系到未来土壤分类分区体系能否正确地划分和建立。同时，也关系到土壤利用改良规划图能否因地制宜地进行编制。因此，土壤草图是土壤调查工作中又一个极其重要的工作程序，是一项严肃的科学工作，必须恪守在野外完成的原则，在技术上一定要达到相应精度和详度的要求。

4.2.1 土壤草图的精度要求

土壤制图因调查目的、任务和服务对象不同，所用的比例尺也相应而异，一般可分为中、小比例尺制图与大比例尺制图 2 种类型。土壤边界的过渡存在着 3 种情况：一种是变化明显；另一种是比较明显；还有一种是很不明显。而边界的划分又是凭借剖面形态特征，通过人为寻找确定的，带有一定的相对性，很难完全无误，尤其在边界过渡很不明显的地段。因此，允许图上绘制的土壤边界与实地的边界有一个误差范围（表 4-1 ~表 4-3）。

表 4-1 土壤图上边界线与面积允许误差

自然区复杂程度	土壤界线允许误差（mm）	土壤图斑面积允许（cm²）	土壤过界过渡明显程度
I II	8 或 6~8	1.0~3.0	过渡不明显
III	1 或 4~6	0.5~1.0	较为明显
IV V	2 或 2~4	0.2~0.3	明显

表 4-2 自然区复杂程度划分标准

自然区	地形特点	土壤复杂情况	植物群落过渡明显情况	视野情况	自然区举例
I	平坦	简单（无沼泽及丘陵）	明显	良好	雷州半岛、准噶尔盆地中部、江苏北部、内蒙古西北
II	割裂较明显	简单（无沼泽及丘陵）	尚明显	较好	陕西黄土高啄、四川中部丘陵、南方红壤低丘、柴达木盆地、云南橄榄坝、嫩江流域
III	波状丘陵或平原(母质复杂)	比较复杂，有少数沼泽地、沙丘或盐斑	不明显	较困难	松花江流域、华北平原、柴达木南部、耆焉盆地，河套地区、成都平原、汾河流域、山东西部
IV	起伏割裂平原（母质复杂）	土壤复杂，有大面积盐、沙丘及侵蚀地	很不明显，或明显而零星	不良	松花江下游、黑龙江下游沼泽地、海南岛西部
V	山地或平原(母质复杂)	很复杂，沟蚀地很多；在平原有复杂的母质及零星盐土	很不明显或明显而零星	较困难	华南和西北山区、宁夏平原西部

根据习惯规定，制图上的误差分为2种：一是直线允许误差，即根据土壤界线明显程度而确定的允许误差范围；二是面积允许误差，它是根据土壤界线明显程度和比例尺大小，允许在一定面积范围以下，不必作为制图单位而单独绘制的面积。总之，允许误差范围的变化主要取决于土壤界线的明显程度。凡不明显者允许误差偏大，反之则偏小。例如：1:1万比例尺的图，在土壤边界明显的条件下，允许误差为2 mm，实地误差就是20 m；边界较明显者为4 mm，实地跨幅是40 m；边界很不明显者，允许误差最大可达8 mm，即实地为80 m。同样比例尺的面积允许误差，从边界明显到不明显，图上分别为0.3 cm²、1.0 cm²、3.0 cm²。

对于土壤界线过渡的明显程度，一般而言，人为土壤有明显的土壤边界；受生物气候控制的土壤类型的边界很不明显；受地方性成土因素，例如：母质影响的土壤，有较为明显的过渡界线。

表4-3 各种比例尺土壤图上适宜的最小面积

土壤制图比例尺	土壤图上图单元所规定的最小面积			
	理论上		实际上	
	在图上	在实地	在图上	在实地
1:200	所有比例尺当制图单	1 m²	1 cm²	4 m²
1:500	元轮廓为长方形时，规	5 m²	1 cm²	25 m²
1:1000	定20 mm²(4 mm × 5 mm)	20 m²	1 cm²	100 m²
1:2000	当轮廓为圆形时，	80 m²	1 cm²	400 m²
1:5000	直径为5mm	500 m²	1 cm²	2500 m²
1:10 000		2000 m²	0.5 cm²	5000 m²
1:20 000		12 500 m²	0.5 cm²	20 000 m²
1:50 000		50 000 m²	0.5 cm²	125 000 m²
1:100 000		200 000 m²	0.5 cm²	50 000 m²
1:200 000		0.8 km²	0.2 cm²	0.8 km²
1:500 000		5 km²	0.2 cm²	5 km²
1:1 000 000		20 km²	0.2 cm²	20 km²

4.2.2 土壤草图的详度要求

对土壤草图提出详度要求，目的在于土壤图专业主题突出，清晰易读，有助于分析各类土壤发生分布及其与成土环境之间的关系以及面积量算等，从而保证土壤成图质量。但土壤图详度的要求，应视比例尺的不同而有所侧重，不能强求一致。具体来说，存在以下一些要求。

4.2.2.1 地形底图的数学要素要求

（1）比例尺

供绘制土壤草图用的地形底图，其比例尺应大于或等于土壤草图的比例尺，不允许用小于土壤草图比例尺的地形图(包括它的放大图)作底图。

（2）地图投影

应采用我国测绘部门目前规定的地图投影，即：1980 年国家大地坐标系(西安坐标系)，1985 年国家高程基准，高斯—克吕格等角圆柱投影，其中 1∶2.5 万～1∶50 万图幅采用经差 6°分带，1∶5000 和 1∶1 万图幅采用经差 3°分带(分别简称高斯或投影带)。图幅按国际 1∶100 万地图统一分幅编号与命名。根据图幅 4 个图廓点的地理坐标(经、纬度)换算成平面直角坐标，可直接在《高斯投影图廓坐标表》中查取，还可查到图廓大小和图幅的实地(理论)面积，也可在地理信息系统软件中，经过地图投影或地图校正后直接在图上查取。凡调查区内所用图幅处于同一高斯投影带内，其数学基础相同者，各图幅可直接拼接，如果所用图幅之间跨越两个或多个高斯投影带，其数学基础不同，就不能直接拼接，需先进行坐标换算(可直接在高斯—克吕格坐标换算表中查取)，使各图幅之间的数学基础得到统一之后，才允许拼接使用。

（3）坐标网

通常在地图上绘有 1 种或 2 种坐标网，即经纬网和方里网。

我国测绘部门规定在 1∶5000～1∶25 万比例尺地形图上，经纬线只以内图廓线形式直接表现出来，并在图幅四个角点处注出相应的度数。为了便于在用图时加密成网，在其中≤1∶1 万的地形图内、外图廓间，以 1 为单位绘出分度带短线，供需要量图时连对应短线构成加密的经纬网。在 1∶25 万地形图上，除在内图廓线上绘有分度带外，在图内还以 10 为单位绘出加密用的十字线。1∶50 万～1∶100 万地形图，除在内图廓线上绘出加密分划短线外，还在图面上直接绘出经纬网。

我国规定在 1∶1 万～1∶25 万地形图上均标绘直角坐标网(亦称方里网)，方里网密度不同，其图上相应的公里网间距依次为 10 cm、4 cm、2 cm、2 cm 和 4 cm，分别代表实地间距 为 1 km、1 km、1 km、2 km 和 10 km。

4.2.2.2 地形底图的地理要素要求

（1）测量控制点与独立物

控制点为绘制地形和土壤图的主要依据。每幅地形底图，必须保持一定数量的测量控制点(如三角点、图根点、水准点等)。大比例尺图上还应精确标出各种独立地物，例如：石塔、寺庙、碑亭、烟囱、风车、水井及独立树等，以便判明方位、确定位置。

（2）水系

第一，海岸线应正确表示出海岸类型及其特征，并保持其主要转折点的精确位置。通常海岸线的弯曲矢长小于 0.4 mm，弦长小于 0.6 mm 者，除了具有代表性的需特殊绘制外，一般舍去。

第二，岛屿应保持其精确位置和轮廓形状，面积小于 0.5 mm² 可舍去。

第三，河系应主次分明，显示出各种水系类型特征，并保持河段总长度，凡河段宽度依相应比例尺计算后能在图上呈现 0.5 mm 以上者，应用双线表示，不足 0.5 mm 宽者，可用单线表示之。缺水区河流不论长短，均应保留绘出。南方河网区河流的选取，以河间距为准，即相邻两河图上间距不得小于 4 mm。

第四，湖泊、水库、沼泽面积大于 4 mm^2 者应绘出，小于 4 mm^2；而有重要意义者，可用非比例尺符号表示。"三北"干旱区还应保留适当的井、泉符号。

（3）居民点

在地图上主要表示居民点的位置、规模、类型、人口数量和行政等级等。位置和规模在大比例尺地图上，用水平轮廓面状图形表示；在中、小比例尺地图上，则用简化的图形表示，甚至概括地用圆形符号表示，其几何中心代表居民点的中心。居民点应按行政意义分类（首都、省、市、县、乡、村）。一般用名称注记的字体、大小区分。

（4）道路网

大比例尺图上各类道路应全部绘出，其中铁路、公路、简易公路、大车路、乡村路及道路上的附属物要按规定符号绘出。中、小比例尺，一般只保留铁路及县级公路，交通不发达的地区可增加县内重要公路，边远山区还应保留适当数量的小路。

（5）境界线

不同级别的行政区划（国界、省界、市界、县界、乡界、村界），均有专用的境界线符号，应根据最新行政区划资料精确绘出。在土壤专题图内，境界线在大比例尺图上，可保留到村界，中比例尺图可保留到乡界，小比例尺图上可保留到县界，更小或特小比例尺土壤图上，可相应保留到市界或省（自治区）界。

（6）山峰及高程注记

为降低土壤专题图上的负载量，一般只选留适当的主要山峰和高程点，图上每 100 cm^2 内，平原区平均取 6 个，丘陵、山区平均取 12 个（内中包括等高线注记 1 ~ 3 个），同时，每一幅图的最高点要用数字进行标注。

（7）等高线

总原则是以能清楚反映地貌特征和土壤分布规律为准，故应对同比例尺地形图上的等高线尽量删减，乃至只保留计曲线。有时土壤图宜采用增大的等高距，或采用增大的计曲线。

4.2.2.3　土壤要素要求

总的要求是以保持图面清晰适度和反映土壤分类系统的完整性与规律性而进行土壤制图综合。

（1）大比例尺土壤图

应以土种或变种作为主要制图单元。但在地形破碎的山丘区，果如以土种上图确有困难时，也可允许用复区的方法上图，但复区中的各土种面积，仍应分别进行统计，不能略去。

（2）中比例尺土壤图

土壤图（包括 1 : 25 万土壤图）应以土属为主要制图单元。但对面积过大，在生产和分类上有重要性的土种，也应保留；对面积过小，无法以土属上图时，可以考虑亚类或土类上图。

（3）小比例尺土壤图

应以土类、亚类作为主要上图单元。对于面积过大，在生产上与分类上有重要性的土属，也应保留；对于面积过小，无法用土类、亚类上图时，可用复域方式或特殊符号注记。

至于土壤断面图，其断面线应穿过主要地貌区与尽可能多的土壤类型，可在图区外缘做首尾线表示，一般一条，最多不超过两条。

图斑符号，应按有关业务部门的要求或颁发的规范，统一拟出代号系统。

土壤图斑的取舍：根据国内各地土壤普查制图实践的结果，最小图斑面积为 25 mm²，个别特殊图斑可保留到 10 mm²，对于面积过小，无法上图而又有特殊意义的土壤类型，可用复区、复域表示，也可用特定符号夸大表示，其余则舍去。

4.3 土壤图斑界线的勾绘

4.3.1 勾绘图斑界线的方法

在描绘各制图单元的图斑轮廓时，应考虑地形等高线所表示的地表形态及有关地物标志，除母质因素或其他人为因素以外，绝不允许有土壤界线不考虑地形因素而横穿几条等高线的情况，也不允许土壤界线有直线、直角等几何外形。

具体的制图单元与分类单元在土壤制图中的相应关系及不同制图比例尺所考虑的景观级别大小和制图方法可参考表4-4。

表4-4 不同比例尺的野外土壤制图特点

制图特征	中、小比例尺 (1:5万~1:100万)	大比例尺 (1:1万~1:2.5万)	详细比例尺 (1:200~1:5000)
制图单元的相应的主要土壤分类级别	土类、亚类、土属	土种	变种
制图单元划分的景观级别	以大区地貌和生物气候为代表的大区景观	以中、小地形为代表的地形—母质—土壤水文的地形	微地形或地表下的母质层位。一般难以靠明显的地面景观反映
制图方法	以景观类型划分为主勾绘土壤界线	以景观分异类型为参考，实地勾绘和检查制图单元界线	主要根据详查的目的和制图单元实地检查和勾绘

4.3.2 中、小比例尺土壤草图的勾绘

中、小比例尺制图是1:5万~1:100万的土壤制图，其制图单元均在土种（土系）以上，例如：土属、亚类、甚至土类等。一般1:5万~1:20万其制图单位往往为土属及其

组合单位；1:50万~1:100万其制图单位多为亚类，或土类及其组合单位。由于制图单元小(高级分类单元)，因此，它和地理景观因素之间的地面关系更为密切。野外勾绘土壤界线时，一定要充分考虑土壤形成因素对土壤类型的影响，特别是地形因素对土壤变异的影响。这一点对中、小比例尺土壤制图特别重要。

4.3.2.1 基本工作方法

由于中、小比例尺土壤调查与制图具有综合性强、面积大和时间短等特点。因此，要有好的调查方法，才能获得质量较高的土壤草图。

(1)掌握调查地区土壤类型的分布规律

第一，从地形图分析调查区所处的地理位置、经纬度、海拔、大中小地貌乃至微地貌特点、区域水文特征，再结合一定的气象、植被和农业利用现状，找出调查区所处的生物气候带和垂直生物气候带，进而分析、推断调查区内可能出现的显域性土壤类型。

第二，从地质图、地层断面图、地质构造图等图件，分析内营力如何影响调查地区的地形地貌和岩性、岩层产状与组合方式，进而决定母质的类型和分布。以这些规律，确定调查区内可能出现的非生物气候带的土壤，即隐域性土及其分布。我国是一个既多山丘又兼有一系列大平原及低地的国家，因此，需要运用地质力学原理，从地质构造角度来认识各地褶皱隆起带和沉积带土壤分布的规律性，这样可以更好地指导土壤制图。

此外，自然植被类型图、森林分布图、农作物布局图等图件，也有助于分析、推断调查区内土壤类型及其分布的规律性。

(2)路线调查

路线调查是完成中、小比例尺野外制图的基本方法之一。

路线调查的特点 中、小比例尺土壤界线，并不是每一条都是由实地绘制出来的，而是通过路线网的调查，了解和掌握了调查区土壤分布的基本规律之后，由推理勾绘出来的。

其中、小比例尺土壤图之间又有区别。中比例尺土壤界线一般在野外运用罗盘仪等实地定向、定点勾绘，并以能见度为准。而小比例尺土壤界线是根据路线调查取得的路线土壤图，并参照其他资料用推理方法编制而成，一般不必用土钻再去详细寻找不同类型土壤之间的具体边界。因此，这种土壤图常常称为土壤概图。但路线调查通过的地方，土壤界线必须在实地勾绘。这些路线土壤图就成为完成小比例尺土壤图的骨架。因此，中、小比例尺土壤图的质量，在很大程度上取决于路线调查间距的大小(表4-5)。

表4-5 不同比例尺土壤草图的路线间距和平均每日完成工作量

比例尺	路线网间可允许的距离限度(km)	正常情况下平均每日能完成的面积(km²)
1:25 000	2	10~15
1:50 000	4	20~30
1:100 000	7	40~50
1:250 000	10	60~80
1:500 000	15	100~150
1:1 000 000	30	200~300

　　路线调查方法　　野外勾绘中比例尺土壤图通常有 2 种方法：一种是路线制图法，即分组定线、控制调查区、齐头并进、选点、挖坑、观察剖面和定界等工作程序同时完成；另一种是定位移点放射线调查法，即划片进行制图工作，完成一片再转移到另一片，片与片之间的距离根据制图比例大小和交通工具而定。

　　（3）典型区调查

　　由于中、小比例尺土壤调查的范围很大，要想对全区都做深入细致地调查是不可能的，而只能采用重点调查和推理相结合的办法。典型区调查，就是在广阔的调查区内，选出几个具有代表性的土壤分布小区，对土壤典型及其与农、林、牧业生产的关系进行重点调查和研究。

　　典型区的设置原则　　凡是土壤类型（主要是指地带性土壤或大面积的隐域性土壤）和土壤利用改良方式有明显差别的地区，均需设置典型区。所以，在进行土壤调查前，就要在充分研究全区土壤、地貌、气象和农、林、牧业生产资料的基础上，做典型区的统一安排。典型区的位置要根据地貌、母质和土地利用情况加以选定。如某个生物气候土壤区，在地貌方面有高山、丘陵和河成阶地；在母质方面有火成岩、水成岩、黄土性物质和河流冲积物；在土地利用方面主要有次生林、大田作物和养殖业等。那么，在其中选择的小区，既要可观察到高山、丘陵和阶地上的土壤，也可观察到各种岩石、黄土性物质和河流冲积物上的土壤；既能调查到农、林、牧业生产与土壤之间的关系，又有研究土壤合理利用改良和科学管理的机会。

　　典型区的调查内容　　因调查目的不同而异，例如：为农业区划进行的中、小比例尺土壤调查，要对各种土壤确定最佳的农业利用类型（农用地、林用地、牧用地等）。每一利用类型的各种土壤，对它们的肥力水平、土壤农化技术措施、土壤障碍因素、农田基本建设要求和土壤改良要点，都要做调查研究。又如，以垦荒为目的的土壤调查，要按荒地类型的界线勾绘在土壤图上，并指明每种土壤开垦的可能性。对可以开垦的土壤，要确定垦荒后利用管理上的特点；对暂时不宜垦荒的土壤，要提出最适宜的利用方式（如宜林、放牧、割草地等）。总之，不管进行中、小比例尺土壤调查的目的是什么，通过典型区的作业以后，都必须完成：

　　第一，典型区域土壤分布图，并赋有土壤、地貌、母质、植被或农作物等要素的综合断面图，找出土壤类型及其界线的分布规律。

　　第二，拟订出调查地区土壤工作分类，该分类应以典型区调查过程中遇到的土壤为主，但也可列入估计会发现的土壤类型。

　　第三，典型区的调查方法因比例尺大小不同而异。在典型区调查的比例尺，通常要比原调查任务所定的比例尺稍大。

4.3.2.2　勾绘土壤草图的技术

　　勾绘中、小比例尺土壤草图，就是野外在地形图上填图。在进行填图以前，要对土壤边界线加以研究，然后应用勾绘技术把土壤界线搬到地形图上去。

　　（1）土壤边界

　　土壤边界分布规律性的实地分析科学地确定调查地区不同土壤类型之间的边界线，

是保证土壤图符合一定质量和精度要求的关键。寻找土壤边界的过程，就是一个研究变化着的环境因素如何综合影响土壤形成的过程。而这一变化的标志，就是多种多样的剖面形态特征。由于土壤是一种具有分布上连续特性的自然体，划分土壤界线常常是以剖面性态作为根据的。因此，在野外确定土壤边界时应注意联系环境因素加以判断。

地形与土壤边界 在任何地区，地形始终主宰着地表光和热条件的再分配，并综合影响着土壤形成过程。因此，土壤的分布往往和地形规律相一致。这样，不同土壤类型之间的界线，常常直接随地形的变化而变化。一般来说，地形底图的等高线就成为土壤分异的自然界线。所以，一幅较好的土壤图应该清楚地反映地形规律。但也不能把等高线作为唯一的依据，更不能以某一等高线作为划分两种土壤类型边界的标志。因等高线只表示地面相同高度的闭合曲线，并不指示土壤类型分布的边界(图4-3)。

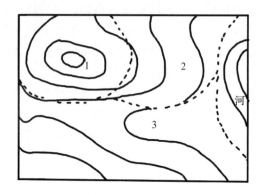

━━ 地形等高线 ╍╍╍ 上壤界线 1、2、3、4土壤类型

图4-3 不同地形部位土壤界线的画法

母质与土壤边界 由于地质构造的影响，使得岩层发生了褶皱或断裂。侵蚀后，不同岩石处于同一等高线(图4-4)，或者同一岩层处于不同的等高线(图4-5)。这时，如果确定土壤边界，就不能只考虑与地形等高线相一致，而应根据母质的分布规律来划分。

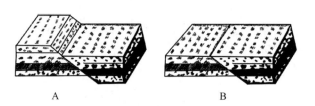

图4-4 不同岩层处于同一等高线

A. 侵蚀前 B. 侵蚀后

图4-5 同一岩层处于不同等高线

植被与土壤边界在自然植被保存较好的地方，植被类型结合一定环境条件，也可判断土壤的边界。特别是一些指示性植物，例如：指示酸性的马尾松、映山红、茶树等；指示盐碱土的盐蓬、碱蓬、枸杞等，它们对寻找土壤边界，都具有一定的指示意义。

农业利用与土壤边界 在古老农区的耕作土壤，无论是水田或旱地，经过长期的平整土地、条田化、水利化和耕作施肥等措施，形成了较为整齐的渠系、道路网和田埂。这些人为的活动，逐步改善了土壤边界受自然成土因素支配的规律，基本上与河道、渠系、道路、田块相一致，因此在土壤图上的边界，可以呈现一定的几何形状。但是，并非所有耕作土壤均是如此，特别是远离居民点而分布于山丘坡地上的新垦旱作土壤，在确定边界时，其主要依据仍是地形等高线。

此外，在平原地区、地形、母质、耕种熟化活动等都比较一致，土壤类型之间，也处于逐渐过渡的状态，以至土壤边界非常不明显。如果出现这种土壤边界不明显的特殊情况，则只有用检查剖面和定界剖面进行内插，使它逐步接近所要求的误差范围，从而来确定边界。其方法是：先在地形、母质或植被、农业利用均有明显差异的两个土壤类型上，确定两个主要剖面，在两个主要剖面中间，挖一个检查剖面(距离短则为定界剖面)，再看这个检查剖面的形态特征，相似于两个主要剖面中的哪个剖面，那么，边界必然存在于检查剖面与另一个不相似的主要剖面之间，依次内插下去，逐步接近，就能找出定界剖面点。再连续找几个定界剖面点，连接起来而成土壤的边界(图4-6)。

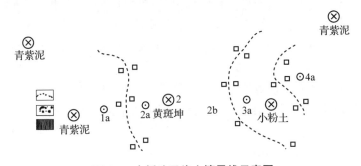

图4-6　内插法寻找土壤界线示意图
⊗主要剖面　⊙次要剖面　□定界剖面

(2)勾绘土壤界线的技术

地形图定向　在勾绘土壤界线之前，首先要将工作底图(即：地形图)本身进行定向。目的是使图上的明显地物标志(如居民点、道路交叉点、渠系桥涵、小庙、纪念碑、山顶或特殊建筑物等)与实地相应的标志方向相一致。定向一般采用罗盘仪，即将罗盘仪的斜边紧贴在地形图的东或西侧图廓线上，然后转动图纸，直到磁针端点与罗盘仪零直径端点相重合，即表示地形图的南北与实地的南北完全一致。但要注意地形图上所指的北方，是真子午线还是地磁北线，如系后者，就应按地形图下方表明的磁偏角数值，转动图纸，使磁针北端的读数与已知磁偏角数值和符号相一致。这样定向才算准确。

地形图上定点　将实地所观测的剖面点(主要剖面或检查剖面)和土壤界线点标绘到工作底图上去。常用方法有如下几种：

前交会法　即通过地面上一个固有的地物点与地形图上相应的地物点，来确定实地剖面点在地形图上的位置。具体做法如图4-7，1所示，即先将罗盘仪置于地面点 A，瞄准地面点 C(剖面点位置)，读取 AC 的方位角；将罗盘仪移至 B 点，仍瞄准地面 C，读取 BC 的方位角。而后，用量角器根据 AC 和 BC 的方位角，在图上分别绘出其直线，两

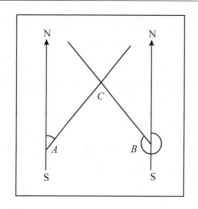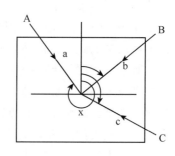

图 4-7 交会法示意图

1. 前交会法 2. 后交会法

直线之交会点 C，即为所求剖面点位置。

后交会法：将罗盘置于剖面点处，通过图上 2~3 个明显地物标志，再分别瞄准地面上相应的地物标志；分别读取它们的方位角，并做成 2~3 条直线，它们的交点，即为所求剖面点位置。具体做法如图 4-7，2 所示，按上述定向方法，使图上明显地物标志 a、b、c 与实地相应标志 A、B、C 的方位一致，再从剖面点分别瞄准 A、B、C 三点，并依次读取三点的方位角。而后在地形图上用量角器定出 A、B、C 三点的方位角，并作直线 Aa、Bb、Cc，延长此三线至交会于一点，此点即为所求剖面点位置。

这里需要指出运用上述两种交会法在图上确定剖面点位置的精度，主要取决于方向线交角的大小，一般以 30°~150° 为宜。

放射法：将罗盘仪置于实地明显的地物上（道路交叉口、小桥、小碑等），依次瞄准各待测点的剖面点，读取它们的方位角和距离（距离可用罗盘仪视距或目估）。然后用量角器或比例尺，按方位角和距离数值，缩绘于地图上即得。

GPS 定位法：在各待测点的剖面点位置，利用 GPS 接收机直接读取经纬度坐标和高程数据，在地形图直接描点。

土壤界线轮廓的勾绘 对于中、小比例尺野外制图，通常根据图面上已有的地物标志，用罗盘仪或 GPS 测定其方位，并用交会法或放射法测绘定点，再将界线点连绘于图上。如果对土壤分布规律掌握得清楚，地形图精度又合乎要求，而且地表形态清晰，用罗盘仪测绘的土壤图一般是能够达到精度要求。

4.3.3 大比例尺土壤草图的绘制

大比例尺的土壤调查制图已成为土壤学的一个独立分支。大比例尺调查范围是县一级以下的基层生产单位，面积较小；调查和制图的比例尺大于 1:5 万，通常为 1:5000~1:25 000；工作对象一般为土壤基层分类单元相对应的小面积的土壤自然体；通常要求在实地进行全面而详细的调查和填图，土壤界线一定要求在野外确定。大比例尺土壤制图的特点是：

第一，工作底图精度高，图面上信息量多，通常运用目视估测法就能把实地的土壤界线转绘到工作底图上去。

第二，大比例尺的土壤制图单位是土种或变种，在实地往往不容易分辨，难以用目视推理找到土种或变种的界线。

第三，要求制图的精度高，在土壤图上能量算各种土壤的面积。因此，它的制图技术，与中、小比例尺土壤制图相比，有很大的差异。

4.3.3.1 野外土壤制图的工作程序

进行大比例尺土壤调查，其野外工作阶段都有概查与详查两个互相衔接的工序。概查又称为路线调查，一般在野外土壤制图的前期进行，重点掌握调查区的土壤类型及其分布规律，并在此基础上拟定一个工作制图图例系统，作为进一步详查的基础。大比例尺土壤调查中的路线调查一般不进行土壤制图。概查以后，进行详查。其工作程序如下：

第一，根据地形和土壤的复杂程度和制图比例尺要求，计算每个主剖面所控制的面积，按土壤分布规律确定剖面样点数和布置剖面点。

第二，逐个挖掘剖面，观察记载剖面并取样，对土壤剖面分类命名。

第三，当两个相邻剖面不同时，应划分不同的制图单元。并用检查剖面和定界剖面确定其分布范围和查找界线，并依据图面允许误差的要求，勾绘在底图上。在调查区范围内，均一布置若干条路线，以便控制整个调查地区，调查路线多呈"S"形前进，再通过挖掘对照剖面和定界剖面，找出不同土壤的若干分界点，而后结合地形等自然因素和渠道、田埂等地物，将若干分界点相连接，形成了土壤边界线，便构成了土壤草图。

第四，按地面景观的明显程度确定制图单元的界线及最小制图单元。地面界线明显者，图面允许误差为2~4 mm；地面界线较明显，图面允许误差为4~6 mm；地面界线极不明显者，图面允许误差为6~8 mm。在详查过程中，可能出现踏查时未见到的土壤类型，这时，应在图例系统中补上，并对其进行制图。

4.3.3.2 工作底图的准备

工作底图的精度明显地影响到大比例尺土壤制图的质量。因此，要十分重视工作底图的准备。

(1)详细比例尺土壤调查的工作底图—地形田(地)块图

所谓地形田(地)块图，就是具有等高线、高程点和田块边界的图件。它既是工作底图，又是统计各种土地面积和规划农田基本建设的技术资料。地形田(地)块图一般应由测绘部门提供，如果没有适用的图件，则应以航片为基础，经过纠正、转绘、放大和补正等程序，绘出达到要求的图件。如果没有适用的航片，则要组织绘制人员或调查队自己绘制地形田(地)块图，以保证土壤详测制图工作的顺利进行。

(2)大比例尺土壤调查的工作底图—地形田(地)片图

所谓地形田(地)片图，就是具有等高线和较大田(地)块区界的图件；它既是土壤调查的工作底图，又是农田基本建设规划的底图。因此，它是保证土壤制图质量和落实土壤调查成果的关键性图件之一。

4.4　土壤图的编制

4.4.1　土壤草图的审查与修正

土壤草图的审查与修正是在野外资料和野外工作分类系统修正之后进行的。其内容包括土壤界线、草图内容的审查与修正和拼图。

4.4.1.1　土壤界线的审查与修正

土壤图是根据野外土壤工作分类系统和相应的制图单元调绘的，经过室内资料审核，比土评土和分析数据的整理，对原拟定的土壤工作分类系统作出补充、归并和调整，土壤界线也会随之改变。

土壤界线审查主要是检查图斑及其代号有无差错和遗漏，图斑的几何形状是否合理，土壤分布图所反映的地理规律是否符合客观实际，土壤分布的界线与标志地物的关系是否相符，土壤分布规律与母质、水文、植被和耕作情况的分布状况是否相符等内容。在地形与母质关系比较协调的情况下，土壤地形分布与地形变化是一致的，如果土壤界线与地貌单元不相符时，就要找出原因，看其是否地质、植被因素造成的，还是局部人为耕作熟化的影响。自然土壤的分布，一般在最高和最低地形部位的土壤，由于地形单元的边界呈圆滑状态，而相应的土壤边界也应该呈圆滑形状。中间地段的土壤，可以呈锐角楔入高地或低地的土壤制图单元之中，同时还要看土壤界线与自己的调查资料、以往的研究成果是否吻合，审查土壤界线与这些成土因素间有无矛盾，规律性如何。

在修正时应以修正后的正式土壤分类系统为基础，确定制图单元。土壤类型和界线修改时，应参考土壤形成的自然条件与分布规律，要使土壤界线与环境条件变化的规律相一致，土壤界线与地形、母质、自然植被和利用方式是吻合的或相关的。

其次，仔细检查图上所表示的土壤分布规律是否与调查资料及以往的调查成果相吻合，如果有矛盾，要通过分析，找出原因。土壤界线的边角形状要符合土壤分布的实际情况。修改草图边界时，要用不同于原界线颜色的彩色笔把修改的边界画出来，并保留原来的界线。修改后的土壤界线，经技术负责人认可，即作为最后的土壤界线，不得任意改动。

最后，检验土壤界线的闭合情况，土壤的界线一般是封闭的、圆滑的、每幅土壤草图内的图斑界线部应闭合，反映了自然土壤的特性，但人为土壤界线有其特殊性。农业土壤人为长期耕作熟化后，逐渐改变了自然土壤的分布规律，土壤分布界线常常与渠道、道路、田块等地物相吻合呈现出规则的几何图形；如果与邻幅土壤图界线不能闭合的，则留待拼图时解决。

4.4.1.2 草图内容的审查

主要是审查土壤草图上，除土壤界线以外的其他内容(土壤剖面位置、注记、土壤类型的代号及居民点、边路、坑塘、水库等地物)是否符合技术规程的要求和有无错漏。骨干剖面必须上图，并统一编号；对照剖面也应上图，并编号；各图斑都应有土类代号。这也是反映一幅土壤图精度高低的指标，如果有错误或遗漏应及时补充或修正。

4.4.1.3 土壤边界的审查

在各小组审查野外草图的基础上，相邻调查小组要进行拼图，相互核对土壤界线或土壤类型。当相邻边界或土壤类型在拼接中出现矛盾时，就要认真核对比样标本和土壤剖面记录，并通过对比土评土找出误差原因，修正，使之吻合。当土壤界线错位误差(接边误差)符合精度要求，而土壤类型又吻合时，两组界线各调整一半；如果土壤界线超过允许误差，土壤类型划分不能一致，室内难以确定，有关人员必须到实地查对、校正。

为了便于彼此双方间的接图，在野外制图阶段，应尽可能地注意与相邻图幅接边的情况，甚至可以做少量的重复工作以达到相邻小组的工作地区，或者相邻调查小组共同在接边地区进行调查，就地解决接边问题，以免在拼图时由于边界问题重返野外验证。

4.4.2 土壤图的编制

土壤图的编制是属于专题地图编制的范畴。外业勾绘的土壤草图，经过最后修改、审定、整饰后，只相当于作者原图，只完成了大比例尺或同级土壤制图的任务，还必须经过编制才能变成系列土壤成果图。

土壤图的编制是利用已有的、规格不统一的土壤调查制图成果，按照目前的分类原则、分类系统和成图要求，统一编制国家、省、市(区)、县、乡(镇)各级行政土壤图，按行政级别拟定编图比例尺，例如：国家级土壤图比例尺为 <1: 100 万、省级的土壤图为 1: 20 万~50 万、地区土壤图为 1: 10 万~30 万、县级土壤图一般为 1: 10 万或 1: 5 万、乡级土壤图一般为 1: 2.5 万。制图比例尺不同，空内编制土壤图的工作内容和方法略有差异。

除部分中比例尺图有缩编工作外，一般大、中比例尺土壤实测制图的室内成图主要是审查和修改土壤草图。首先，审核土壤界线，看其图斑的几何形状是否合理，土壤分布与地形图所反映的地貌形态、地物标志的关系以及母质、水文、植被是否合理、协调。对不协调的土壤界线应根据地形图或航片、卫片所反映的信息加以修正。其次，根据统一的正式图例系统和制图代号修改土壤草图的图斑代号，不应出现错漏，同时还要做好图幅接边工作。最后，按成图比例尺的要求转绘到相同比例尺地形图上或缩绘到小于草图比例尺的地形图，从而完成土壤图编稿原图。

小比例尺土壤制图室内成图主要是审查和缩编土壤图。将野外校核过的、调查补充的制图资料，结合卫片室内目视判读，同时要制订新编图的制图单元系统，根据制图单元系统对土壤图斑进行制图综合，协调土壤界线与地理要素的关系，最后进行审校、修改、接边，即可获得土壤图编稿原图。

4.4.2.1 展绘数学基础

土壤图的数学基础是控制其质量和精度的关键之一，目前主要是通过高斯投影坐标点的展绘，以纠正地形底图的误差和同一地区相邻图幅的衔接，以及图幅缩小后的精度控制问题。通过计算或查取高斯投影坐标值、建立千米坐标网、展绘地理坐标标点（控制点和加密点），建立展绘好的数学基础控制图，作为土壤图和地理素图的控制基础。

4.4.2.2 地理要素的选取

地理要素表示的程度取决于土壤图比例尺、土壤专题内容详细程度和制图区域特点等因素。一般来说，大比例尺土壤图反映的地理要素详细些。反之，小比例尺土壤图则要概略得多；土壤专题内容详度大的则地物要素要相对减少，减轻土壤图的负载量。

（1）水系

在 1∶20 万和 1∶30 万中比例尺土壤图上，河流要表示到二、三级支流，对再次一级支流进行取舍，根据河网密度的差异确定取舍程度，要表示主要灌溉渠并注意反映其结构特点。湖泊、水库、运河要尽可能表示。在 1∶100 万、1∶400 万、1∶1 000 万小比例尺土壤图上，基本上保留同比例尺普通地图上的全部水系，在土壤专题内容复杂、水系过密时适当舍去。表示河流着重反映其形状、大小、河网结构特点及地区间密度差异和湖泊的分布特点。要特别注意选取作为国界和省界河流，连接湖泊或水库的河流，直接入海的以及能显示河系结构特征的河流。描绘时要保持河流的中心线一致；主、支流的关系要清楚。

（2）居民地

以基层生产单位和农场规划为目的的大比例尺土壤图，通常全部用平面图表示所有居民地。在 1∶20 万、1∶30 万中比例尺土壤图上，居民地一般要表示乡、镇级，对乡（镇）级以下，根据居民地密度的差异以及重要性进行取舍。在 1∶100 万及更小比例尺土壤图上，一般情况保留到县级，对县级以下居民地按其对土壤的定位指示作用及重要性作不同取舍。多数居民点改用圈形符号表示。同一比例尺不同区域，选取指标略有浮动。人烟稀少地区降低选取指标，表示居民地的要求是正确反映居民地的位置、形状、轮廓、行政级别和名称，地区间居民地的密度差异、分布特点以及其他要素间的关系。

（3）地形

地形对于土壤的发生、发育和分布起着重要的作用，地貌类型与土壤的分布有密切的关系。地形部位和坡向的差别由于引起水热状况的变化，造成土壤发育程度的差异，甚至形成不同土壤类型。在大比例尺土壤图上，用等高线详细反映制图区域的地形特点，主要是抽去一些等高线，其等高距由地貌类和等高线的疏密程度来定。一般平原 20~50 m，丘陵 50~100 m，山区 100~200 m。在中、小比例尺土壤图上，由于土壤类型多，图斑密度大，为了减少土壤图负载量，使图清晰易读，我国习惯上不用等高线表示地形，而用山线区分出山地土壤。在山脉表面注记山峰符号、山头名称及高度，反映山体走向、山头的名称和高度。

（4）交通线

在大比例尺土壤图上，要表示全部道路，以便精确计算耕地面积。在中、小比例尺土壤图上，公路、铁路是地图定向要素，一般表示全部铁路和主要公路。

（5）境界线

境界线常与居民地的表示结合在一起，正确表示县界、市界、省（自治区）界、和国界不仅反映土壤的行政归属，还便于统计各行政区单位土壤资源数量，为指导农业生产和宏观决策服务。值得注意的是，因为涉及国家的领土完整，描绘国界要慎之又慎，要清楚表示敏感地区和沿海岛屿的归属。

4.4.2.3　土壤制图综合

不管何种比例尺的土壤图都不可能将地球表面分布复杂、种类繁多的土壤全部表示出来，都必须进行取舍和概括，即土壤制图综合。土壤制图综合在不同比例尺土壤图上其综合程度是不一样的，比例尺缩小越多，其综合程度越大。因为比例尺的缩小，意味着地理空间的缩小，在图斑变小的同时，相邻的土壤图斑变得越来越靠拢，甚至拥挤，复杂的轮廓显得混乱，增加了读图的难度。为了改变这种状况，必须对图斑内容进行选取和概括，这种由比例尺缩小而引起的制图综合，称为比例制图综合。另外，用土壤制图资料编图时，由于所编图件服务于某种目的，例如：低产土壤分布图，这时制图综合，不是依据图斑大小，而是根据编图目的，对低产土壤突出表示，而对其他土壤类型则舍去，这种制图综合，称为目的制图综合。制图综合在小、中比例尺土壤制图中有着极其重要的地位。

（1）土壤制图综合原则

为使土壤制图综合增强客观性，减少或避免主观性，在实施制图综合措施之前，编图者要通过野外调查和室内分析认真地研究土壤类型及其形态特征，研究各种土壤形成与地貌、地质、植被和农业生产利用的关系，了解制图区域土壤空间分布特点。同时，还要确定选取指标或选取程度。在实施制图综合过程中，要掌握以下原则：

第一，各图斑中制图单元（单个和组合土壤单元）要正确反映实地的土壤类型和组合土壤类型。

第二，图斑结构、形状和组合要正确反映土壤分布规律和区域分布特点。

第三，保持各类土壤面积的对比关系和图形特征。

第四，注意表示在土壤分类和生产利用上有特殊意义的土壤类型，当其图斑面积小于选取指标时要夸大表示或转用符号、复区表示。

（2）土壤制图综合方法

土壤制图综合一般从内容综合、面积综合和图形细部综合3种途径进行。具体方法归纳为内容综合、图斑取舍、图斑合并、成分组合、轮廓简化和界线移位。

内容综合　即以最小图斑面积和基本制图单元的土壤分类级别为基础，高一级土壤分类单元归并低一级的分类单元，这是土壤制图综合第一个阶段即制图单元内容或图例概括。例如：大比例尺制图时，图上单位面积所代表的实地面积小，土壤类型变化的级别低，上图单元的土壤分类级别亦低，例如：土种、变种。反之，随着比例尺的缩小，上图单元面积代表的实地面积增大，土壤分类级别可能变高，上图单元的土壤分类级别就高至土属、亚类、土类或仅表示较大面积的低级别土壤类型(表4-6)。

图斑取舍 凡小于 25 mm² 及 10 mm² 的图斑均应舍去。对于面积小又分散的土壤类型可以采取以下 3 种处理办法：一是留大弃小；二是复区上图；三是采用颜色围点或图形等符号表示。对山区分布于狭窄谷地中的土壤类型，当宽度小于 1 mm，长度近于 0.5 mm 的可加宽到 1 mm，长度照原长表示；对于宽度小于 1 mm 的图斑，一般要舍去。

表4-6 两种不同比例尺土壤图部分图例比较

1：400 万中国土壤图	1：1000 万中国土壤图
赤红壤	赤红壤
赤红壤	砖红壤
铁质赤红壤	砖红壤
砖红壤	黄色砖红壤
砖红壤	
铁质砖红壤	
黄色砖红壤	

图斑合并

第一，对成片零散分布，而间隔较小(一般小于 3 mm)的同类土壤图斑，应根据环境条件，按其分布规律进行合并(图4-8)。

第二，对于在高级分类中的同一制图单元，而孤立相邻存在的较小图斑，可以并到较大的图斑(图4-9)。

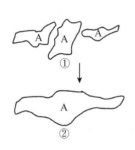

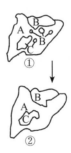

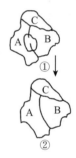

图4-8 图斑合并(a)　　图4-9 图斑合并(b)　　图4-10 图斑合并(c)

第三，对于孤立存在而与邻近图斑在高级分类中(一般控制在亚类级)不同单元的过小图斑，一般可舍去。舍去后参照当地土壤分布规律，合并于邻近相关土壤中去，若不便处理，则可并在不同土壤图斑之中(图4-10)。

第四，对零星分布，间隔大于 3 mm 的同类土壤图斑，一般只能取合，不宜合并(图4-11)。如果不适当地将其合并，则会违反地貌侵蚀状况及土壤分布的特点。

第五，经过归并取舍的图斑，其轮廓、形式、走向等都需要进行概况，应与自然景观及地形单元相吻合。例如：平原地区的土壤形状多呈不规则的块状；丘陵岗地的水田与水系骨架一致，呈树枝或羽状；围湖垦殖区水田呈以湖泊为中心的圈状(图4-12)。

轮廓简化 就是对图斑的轮廓形状进行平滑处理，与地形图相应，把小的弯去掉，保留大的特征性弯曲，使图斑轮廓形状清晰，图画负载量减小。

在具体简化时，首先要研究制图区域中各种土壤的图斑形状和分布特征，再根据弯曲的大小、弯曲在图形中的位置，确定哪些弯曲是次要的，哪些弯曲是反映图形特征的，然后决定弯曲的去留。这样，图形概括的结果更能揭示自然图形的本质。因为各种

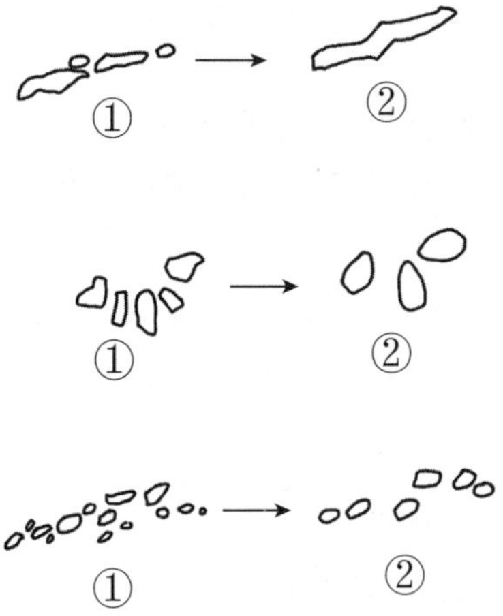

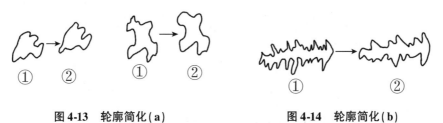

图 4-11   土壤轮廓合并    图 4-12   各类型轮廓合并

土壤类型的分布是彼此相邻的，当我们对某一土壤类型的轮廓进行简化时，也意味着对相邻土壤类型进行概括。去掉一个次要的弯曲，意味着对某类土壤面积的缩小，同时也意味着对毗邻土壤面积的夸大。为了保持综合前后各类土壤的面积不变，简化图形轮廓时必须掌握缩小和夸大的面积大致相等原则。

第一，概括图斑轮廓界线的细小碎部，使图斑界线平滑自然，增强图面内容的整体感，舍去弯曲的长度为 0.6~0.8 mm，舍去弯曲后应保持原来图形的基本形状一致（图 4-13）。

图 4-13   轮廓简化（a）   图 4-14   轮廓简化（b）

第二，对于某些延伸性的复杂图斑（如丘陵岗地的水田），应保持图形基本形状的前提下，舍去短而密的分支，适当夸大一些长而有特征的交叉，并使图斑界线圆滑自然（图 4-14）。

成分组合   是将发生上有一定联系并且毗连分布的土壤类型组合在一起，以组合制图单元表示，在图斑中用代号注明其相应的土壤类型。在土壤制图中，因比例尺缩小导致图斑面积相应变小，很多已小于最小图斑面积的，不能再用单区图斑表示。为客观反映土壤分布情况，以及表示某些在分类或生产上有意义的土壤类型，可采用复区图斑表示并根据它们在图斑中所占面积的百分数，分为主要成分和次要成分，图斑中组合制图单元用土壤代号表示。主要成分在前，次要成分在后，用加号连接，或次要成分用符号不定位表示，放在主要成分土壤代号之后。

界线移位   在小比例尺土壤制图中，对于呈长条形和沿河分布的土壤类型，例如：

潮土和冲积土，往往因比例尺缩小而无法表示，此时只有采用夸大的方式，将图形的轮廓界线向外适当移位。

上述制图综合方法实施过程中，往往是综合使用、交错进行的。如最小图斑面积选取之后，就着手图形轮廓简化，同时对零星分布的土壤图斑进行合并或组合(图4-15)。

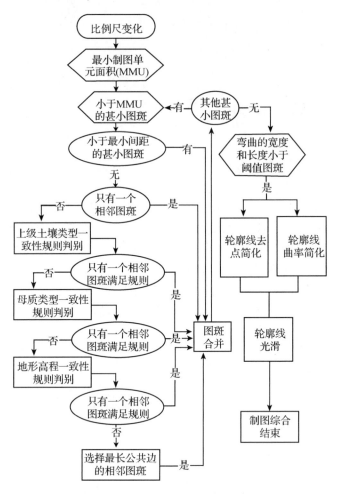

图4-15 土壤制图综合流程

4.4.2.4 土壤图的色彩设计

色彩是地图语言之一，土壤图的色彩设计是土壤制图的重要组成部分，土壤图的易读性、美感取决于色彩设计成功与否。

(1)土壤图的色彩功能

土壤图的色彩是图形要素之一，显示了图例的分类分级系统，丰富了图形内涵。土壤图的色彩不是任意设计的，它是以客观存在的土壤颜色或其他重要属性为依据的，例如：红色代表红壤，棕色代表棕壤等。由于人们对色彩的差异比图形形状的色彩的差异在某方面更敏感，所以在土壤图上很容易通过不同的色彩把土壤类型区别开来。因此，色彩具有反映分类的功能。在土壤图上还利用色彩饱和度的变化表示不同层次的类别，例如：利用不同饱和度的红色表示红壤中的亚类，因而色彩又具有反应分级的功能。

（2）土壤图的色影变化和配合

我国疆域辽阔，地形复杂，土壤类型繁多，因而表示其类型的色彩变化也复杂多样。例如：1:400万《中华人民共和国土壤图》（1978），其基本制图单元一般到亚类，以土类设计颜色，有54个色相；新编1:400万《中国土壤图》（1997）达77个色相。土壤图的色相区别不同的土壤类型，例如：黄壤设计为黄色，水稻土则为蓝色等；以明度和饱和度的变化区分亚类或者土属；以饱和度的变化反映土壤含量的高低。

色彩的配合可分同种色的配合、类似色的配合、原色的配合、补色的配合、对比色的配合及综合色的配合。在土壤图色彩设计中我们强调"对比中求协调"配合原则，达到明显区分土壤类型又协调美观的目的。一般来说：原色、补色对比色的配合对比强烈，但不易协调，此时调配的颜色不宜太深，否则刺眼。同种色、类似色的配合因为它们含有共同的色素，容易协调，对比性弱，这时调配颜色宜深一些，以达到协调中求对比的目的。一幅色彩设计成功的土壤图往往是综合运用色彩的变化和配合的结果。

（3）土壤图色彩设计的原则

突出主题内容　制图区域宜用明色相，邻区易用浅灰色相，以邻区底色为背景衬托制图区域。

模仿自然色　土壤名称很多是以其自身的颜色命名的，例如：红壤、黄壤等，这是对此类土壤设色的依据，便于读者联想，增强自明性。

尽量使用习惯色　有些土壤已固定用色，例如：盐碱土用紫色、潮土用绿色、水稻土用浅蓝色、潜育土用深蓝色、漠境土壤用黄色等，色彩设计中不要轻易改变。

高寒地区土壤　以地势与气温设计颜色，一般用冷色。

上述原则只是给出各种土壤类型的基本色相，在具体制作总色样时，根据色彩的变化规律，反复试验、调整，直到图面色彩对比鲜明，和谐美观。

4.4.2.5　图例的制定

土壤图的内容是通过一定的符号、几何图形或颜色等图例表示的，不同比例尺的土壤图，图例的内容不同。大比例尺的土壤图，图例设计比较详细，除以代号、颜色和几何图形表示制图单元以外，同时还包括地形、植被、地下水位、土壤主要特征、农业利用状况、肥力等级、面积等内容。这种图例不仅反映土壤的类型、主要特征及分布规律，而且标明了与土壤形成、分布有关的自然成土因素和农业利用状况。因此，通过图例说明，就能够了解到土壤图的基本内容，这样对农业生产很有价值。中、小比例的土壤图，图例设计比较简单，只标出制图单位的符号或颜色、土壤名称等主要项目。例如：我国1:1000万土壤图图例用颜色与数字表明主要的土壤类型，在土类数字前以"S"字母表示山地土壤，以符号表示戈壁、盐壳、冰川雪被以及小面积的零星土类。

土壤图图例的编排秩序，要按照土壤分类系统，把主要的土壤类型用颜色或图形突出出来。土壤图符号最常用的表示方法，是以罗马数字或阿拉伯数字等符号表示。例如：由中国科学院南京土壤研究所编制的1:1000万中国土壤图，以"9"表示水稻土类，

91、92、93 等符号表示水稻土类低一级分类的黄泥田、紫泥田、泥肉田等。又如，以"3"代表黑垆土，31 表示正常黑土、32 表示黏化黑垆土、33 表示黑焦土、34 表示黑麻土等。这种表示方法简单易读，但未纳入国际统一划分标准。联合国粮农组织汇编的世界土壤图，图例符号所表示的信息包括主要的土壤单元，土壤组合成分的数字，质地级别的数字(1. 粗、2. 中、3. 细)土壤组合的坡度(a. 缓坡、b. 丘陵、c. 山地)等。例如：图例 Ag1-3a，说明主要制图单元为潜育强淋溶土(Ag)，主要组合土壤为网纹强淋溶土(1)质地细(3)所处坡度为 a 级，即水平到缓坡。土壤图例表示到哪级制图单位，主要取决于土壤图比例尺的大小。

土壤复区图例一般采用分数式表示，分子表示复区中占优势的土壤种类，分母代表次要的土壤种类。例如：河漫滩由浅色草甸土、盐土和沼泽化的土壤组成复区中，浅色草甸土(Ⅰ)占 65%，盐土(Ⅲ)占 25%，沼泽土(Ⅴ)占 10%，用分数式表示为 Ⅰ65/Ⅲ25 + Ⅴ10。

用颜色表示的图例，颜色设计尽量要符合土体的本色，色调(hue)区别高级分类单元，纯度或彩度(chroma)表示低一级的单元。

4.4.2.6 图画配置

一幅优秀的地图作品(包括单幅图、拼幅图、地图集)除了要有丰富的科学内容和富于表现力的图形设计外，还应有合理的幅面设计和图画配置，使制图区域、图幅的各辅助元素在图面上正确合理、各得其位。

(1)良好的图面配置总体效果

符号或图形的清晰与易读，要求线划清晰一致，色彩、尺寸易于辨别、区分，符号的形状不易混淆；整体图面视觉对比度适中，对比度过小和过强，均影响其视觉感受效果；图形与背景，突出表示专题内容的图形，处理好二者的关系；图形的视觉平衡效果，地图以整体形式出现，要求符号红壤图面配置相互协调；图面设计的层次结构合理，各种层次的组合可传达不同的信息。

(2)图面配置

图面配置包括主图内容、图名、图例、比例尺、编图单位与时间的配置、专题内容与地理底图的关系、图廊的设计等。

主图 是专题地图的主体，应占有突出位置和较大的图面空间，还应注意：增强主图区域的视觉对比度；主图的方向一般为上北下南，有经纬网标识的可不表示，没有经纬网，左右图轮廓为其南北方向，可标注指北针，若不能适当配置在图面内，可偏离正常南北方向，但必须指明。

图名 其主要功能是为读图者提供地图的区域和主题信息，一般多位于图幅上方中央，以横排为主，不得已时竖排于图幅左上方。

图例 集中放在一起，一般为一整体、图例中的符号、线划应绘画清楚，且与图内符号的大小、性状、颜色一致，图例压盖主图的部分应镂空。图例系统的排列以正确表示土壤分布规律和图幅内容清晰为前提，先排土壤单元及组合土壤单元，相同类别的放在一起，后排非土壤形成物，最后是土相。

插图、附表 应尽可能在图面四周布置，插图和附表不宜过多，以免充塞图面而冲淡主题，且要配置得当。

编绘时间、编绘单位等文字说明 一般在图幅的右下方或在外图廓的右下方。

比例尺 一般在图名或图例的下方，形式可选直线、数字等，小比例尺的土壤图，甚至可以省略。

图廓 多以直线表示内外图廓，一般内细外粗，也可加上花边图案，以示美观，常有经纬度或直角坐标注记。

此外，图面配置还应考虑地图的使用条件、经济效益等。

4.4.3 其他土壤专题图的编制

按全国第二次土壤普查技术规程的要求是"五图一书"及资料汇编。要完成的"五图"是土壤类型图、土壤养分图、土壤资源评级图、土地利用现状图、土壤改良利用分区图。这些图件都是在土壤图及有关资料的基础上编绘而成的。一般可以通过对区域资源与环境特征以及发展需求与资源利用要求的调查分析，选择有代表性的评价因子，根据评价标准，确定评价目标的适宜性和限制性，应用一定的数学模型进行分析评价，划分等级，从而获得专题内容的空间分布，目前多在 GIS 中实现。

4.4.3.1 土壤资源评级图的编绘

土壤资源评级图是根据土壤肥力状况及其所处的环境条件(如地形、气候等)，对土壤资源的生产力进行综合评价，使各种土壤资源的生产水平、生产潜力、障碍因素得到反映，为当地农业区划、土壤资源的开发和土壤改良提供依据。

土壤资源评级图的编制程序大体分 4 个步骤：

第一，确定评价单元，根据土壤评价单元所提出的评价项目和指标，在 GIS 中以土壤图为基础，勾绘界线，形成评价图斑。

第二，以评价图斑为单位，分别评等、定级。

第三，以最小行政统计单位为单元，将评级表所列等级(Ⅰ 、Ⅱ 、Ⅲ 、…)按编号逐个标记于评价图斑上，并将彼此相邻、等级相同的评价单元图斑归纳合并，勾绘等级界线，形成草图。

第四，经野外校核后，进行室内修改和清绘。图上用符号标出类、等、级(型)，一般用英文大写字母表示类，罗马数字表示等，英文小写字母表示级(型)标在等的右上角。土壤评级图图例见表4-7。

表4-7 土壤评级图图例

土壤等级	颜 色	面积(hm²)	所占比例(%)	备注

4.4.3.2 土壤养分图的编制

土壤养分图是在土壤图的基础上，采集耕层混合土样，分析养分含量，根据各种养分含量的级别，编制而成的专题图件。

（1）编制程序

标图　以野外填写的取样点位图为底图，分别标记各项养分的原始数据，具体反映各点养分实际状况和点面关系，并参照土壤图、土地利用现状图进行综合分析。

设计养分分级方案　根据养分分级原则，结合调查区域的实际情况，制定土壤养分分级标准。应多设计几种分级方案或草图，进行比较，最后选用最能反映区域性规律的方案，作为成图分级标准。

勾绘图斑　按制图要求，样点土壤类型和土壤肥力等级是勾绘图斑的主要依据。参照土壤界线，将相邻的、相同等级的样点连片，并成图斑，标上等级，制成草图。对在采样中忽略的局部地段，可根据土壤、母质和景观的显著差异现象，根据其他地段的统计资料，进行推断制图。这是编制中、小比例尺图幅的重要手段。

修正草图　将养分草图与地貌图、土壤图、土地利用现状图、土壤肥力等级图、施肥水平图、产量水平图等互相印证，比较分析，检查是否互相协调，是否符合区域性规律，然后进行必要的修改与调整，编制成图。

编制图例　图例是图幅内容的简介。一般土壤养分图图例包括制图单元代号、级别、划分标准、面积、所占比例、必要的说明等内容（表4-8）。

土壤养分等级图制成后，可以参照各地肥料试验结果，划分养分丰缺标准，不同的养分等级可以用颜色或晕线加以区别。并按行政区，统计各种养分等级所占的面积。这对制定肥料区划和调配化肥计划十分有用。

整饰图件　包括着色，边框整饰，书写图标、图签等内容。着色需经设色比较，要求色泽清晰、协调，能反映要素的量级差异。通常在单色图中，有机质图用棕色、全氮图用粉红色、速效磷图用蓝色、有效钾图用黄色，然后根据饱和度的不同，区分等级。组合图斑按其主要成分着色。土壤养分图清绘整饰技术与土壤图相同。

表4-8　土壤养分图图例

养分等级	图 例	土壤中养分含量	土壤养分丰缺	施肥必要性	全区所占面积

（2）.点位标记养分图

成图方法是将土壤养分含量等级，甚至养分含量的实测值直接标记在采样点位上。这种方法多在林区、牧区应用，一般一个样点可代表 700～1300 hm²，甚至 2700～3300 hm² 土地面积，是编绘县以上行政区中、小比例尺养分图常用的方法。点位法多半用土种剖面耕层土样测定值编图。其优点是养分的分布有准确定位、定量的特点，对长期定位观察土壤养分变化有价值，而且土样少、工作量小，制图简单；缺点是图的内容比较粗略，没有面的概念，不能反映养分含量变化的规律性。点位法一般在采样点少的情况下使用。制图的步骤和方法如下：

第一，以同比例尺的土壤图作底图，准确注记各采样点的位置和编号。

第二，整理各点位的土壤养分含量测定值，确定养分含量等级和代号。

第三，不同大小或不同颜色的圆点（或其他形状的图形）代表单项养分的不同含量等级，准确画在各自采土点位上，有时也可将该点位养分实测值注记在点位上。

第四，点位的密度及其控制范围应符合要求，农区密度应大些，非农区可小些，注意点位分布的均匀性及其与土壤类型、肥力水平的吻合性。

（3）单项养分图斑图

这种养分图是以图斑形式反映单项养分的含量等级和分布状况。每一图斑内代表着同一等级的养分含量，要求有多点的养分测定值，才能准确地划出图斑界线。养分图的精度主要取决于样点密度及其分布的均匀度，样点越多，精度越高，但工作量也越大。以土壤图为基础进行采样，可以明显减少工作量。因此，在勾绘图斑界线时，土壤图、地貌图、土地利用现状图、地力等级图、生产水平图等都是重要的参考图件。单项养分图斑图是养分调查中最为常见的一类图件（图 4-16）。

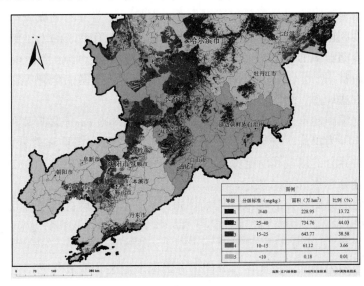

图 4-16 土壤速效磷含量分布图

（4）综合养分图

前面所述的单项养分图具有直观性强、简单易读的特点，但是看不出土壤养分全貌和养分之间的关系，难以对土壤养分进行综合评价。综合养分图则是多元素综合编制在一起的养分图，可以全面综合反映多元素养分现状与比例关系，揭示缺素特点与养分失调问题。综合养分图选用的要素一般不超过 3 项，一般在北方地区不缺钾，则侧重于氮、磷，也可以以有机质和速效磷作为综合制图要素；南方地区则氮、磷、钾并重。地块养分调查后，往往以综合养分图予以反映。绘制步骤如下：

第一，以地块为单元，逐块进行编号，并整理登记各地块养分含量测定值，养分等级代号。

第二，确定综合养分等级，根据当地实际，综合各养分要素的比例关系。例如：黑土地区，将氮、磷比值(N/P_2O_5)以 <5、5~10、>15 三个比例范围分别代表相对缺氮、氮磷相当和相对缺磷三种级别，并分别以 1、2、3 表示。山西省根据小麦研究所做的试验，划分 3 个级别：N/P_2O_5 为 2~3 表示磷相对丰富，施磷无效，施氮效果显著，可增产 30%~50%；N/P_2O_5；为 4~8，氮、磷肥配合可大幅度增产；N/P_2O_5 >10，表示氮丰富，单施氮效果不显著，施磷效果显著。也可以结合当地情况，以氮钾(N/K)比作为分级要素。

第三，以地块为底图，将综合评价等级用代号代入图中。

第四，将养分综合评级代号相同的地块，用相同的颜色或线划图式上图连片，编绘成综合养分图斑草图，然后按常规方法进行清绘、整饰。图例除注明各地块的养分含量、等级外，还应指出各等级土壤面积、比例、供肥特点和丰产施肥应该注意事项等问题。

(5)养分储量图

上述养分图均是以耕层的养分资料为依据制图的，它只反映土壤耕层的养分状况。但是，由于作物根系吸收养分不只限于耕作层，而且土壤养分的剖面分布又与土体构型关系密切，因而利用土壤剖面化验资料编绘养分储量图，有助于深入了解调查区的土壤养分状况。养分储量调查工作量大，只有与土壤调查配合，结合剖面观测才有可能完成。养分储量图常用于全量养分，例如：有机质、全氮、全磷、全钾等制图，并多以单项养分图编图方法成图。编制步骤如下：

第一，确定编图的土体厚度，一般多编绘 50 cm 或 100 cm 土体厚度的储量图。

第二，以土种为单位，统计各发生层次的厚度、容重、比重和养分含量的平均值，并分层统计每种养分的储量和所定深度内的养分总储量，一般以每 0.067 hm^2 一定土层厚度内的某种养分总重量(kg)表示。

第三，制定养分储量分级标准，例如：50 cm 土体内土壤有机质储量按大于 150 t/hm^2、112.5~150 t/hm^2、75~112.5 t/hm^2、37.5~75 t/hm^2、小于 37.5 t/hm^2 标准划分 5 级。

第四，以土种为单位，按上述养分储量分级标准制表，编成代号，然后以土壤图为底图，依土种代号填写养分分级代号，勾绘图斑。

4.4.3.3 土壤改良利用分区图的编制

土壤改良利用分区图是反映土壤改良利用方向的专业性图件，它是制定农田基本建设规划、农业区划、土地开发规划及合理改良利用土壤资源规划的重要科学依据和基础图件。

土壤改良利用分区图是在土壤图的基础上编绘的，首先应根据调查访问的资料和分析结果，对调查地区的各类土壤进行深入研究和评比，确定其肥力状况、生产性能和存在问题，明确利用方向，提出改良措施；其次，按照地貌类型、土壤类型组合，以及土壤利用改良方向、改良措施的异同，提出多种土壤改良分区方案；最后，通过比较、讨论征求意见，选定最佳方案，进行划区和编绘制图。

土壤改良利用分区图的名称，一般应反映地理位置、地貌单元、主要土壤类型、改良利用方向及改良措施。图上不同改良利用区，用不同颜色或图案加以区别，亚区或小区可用不同符号表示。土壤改良利用分区图的图幅内容和图例设计，应包括专业要素、地理要素及整饰要素三方面内容。专业要素包括分区界线、代号、图例、土壤组合、改良利用方向及措施、面积等。地理要素与分区图的整饰技术同土壤图。土壤改良利用分区图图例见表4-9。

表4-9 土壤改良利用分区图图例

颜色(代号)	区名及亚区	土壤类型组合	主要生产问题、改良利用方向措施	面积(hm^2)	占总面积(%)

4.4.3.4 土地利用现状图的绘制

土地利用现状图主要是反映调查区域各类土地资源的利用现状、特点及其分布规律，为农业生产规划、合理利用土地提供资料和依据。土地利用现状图的编制程序如下：

(1)搜集资料

土地利用现状图是利用地形图及有关资料和实地调查相结合的方法编制的。因此，要搜集最新测绘的地形图，了解各地的土地利用现状，如果能搜集到最新拍摄的航片资料，则所反映的土地利用现状就更加真实。同时，要收集有关的调查材料、统计数字及文字说明。根据这些资料，就可进一步划分土地利用类型，最好是收集由最近航片转绘成的底图，作为编绘土地利用现状图的底图或者用高分辨率的卫星遥感影像作为底图。

(2)土地利用类型的划分

划分土地利用类型是绘制土地利用图的基础，分类详尽的程度取决于地图比例尺的大小。土地利用类型划分标准依据《土地利用现状分类》(GB/T 21010—2007)，采用一级、二级两个层次的分类体系，共分12个一级类、57个二级分类。各地根据当地的具体情况，可在全国统一的一、二级分类基础上，根据从属关系续分三级分类，并进行编码排列，但不能打乱全国统一的编码排序及其所代表的地类及含义。

（3）编图方法

根据分类系统，设计好图例。由于土地利用分类系统是多级的，图例要按分类系统中最低一级设计，但可以根据制图比例尺的不同，上图的单元允许用分类系统中的不同等级。土地利用图的编制，多采用把不同的土地利用类型用轮廓线勾绘出来，然后用颜色或晕线，符号或数字加以区别。在编绘草图时，$0.4\ cm^2$ 的图斑都要绘出，不足 $0.4\ cm^2$ 的利用类型。可以用符号注明。草图编好后，要量算各类用地面积及其所占百分比，统计数字放在图例中。土地利用图的清绘与整饰技术同土壤图。一般土地利用现状图有统一的图式规定，其表示方法要按土地利用类型图式的规定进行作业。

在图面配置和整饰设计时，要合理配置图名、图廓线、各类土地面积表、图例、比例尺、编图单位和时间等，使图面美观。一般在土地利用图形轮廓线外侧要注记相邻的县或乡（镇）的名称，图名一般配置在图幅的上方中央，也可以在左上方或右上方，但不宜配置在中间或下方，字的大小一般为图幅长的 $1/15 \sim 1/20$。图签（编图单位和时间）要配置在右下方，图例配置在右下方或左下方，视图形而定。要求使图面整体匀称、清晰、美观。

本章小结

土壤制图通常分成野外草图绘制、室内底图清绘、整饰等步骤，其中野外草图绘制是最基础的工作。野外草图绘制是运用土壤地理学的理论和土壤野外调查技术，认识并区分调查地区土壤类型、组合及其分布变化规律，将其界线勾绘并标记在地形底图上或遥感影像上，从而全貌地反映出调查区土壤在地理上的分布规律和区域性特征特性。这种直接绘制的土壤图也是编制中、小比例尺土壤图的重要基础和依据。

土壤分类是土壤制图的基础，土壤分类系统是制定土壤制图图例系统的基础，土壤图则是土壤分类的具体体现。土壤分类单元是概念性的，它是进行抽象概括并精确定义的，指的是土壤分类系统不同级别中的土壤个体。由于土壤分类单元是区分土壤类型的单元，而土壤制图单元则是表示图斑内容的单位，所以土壤制图单元虽以土壤分类系统的各级分类单元为基础，但前者并不等于后者。土壤制图单元以土壤分类的相应级别的分类单元或分类单元的组合为基础。

土壤草图内容主要包括土壤制图单元、非土壤形成物、图例系统等。土壤草图是土壤调查工作中又一个极其重要的工作程序，是一项严肃的科学工作，必须恪守在野外完成的原则，在技术上一定要达到相应精度和详度的要求。

勾绘中、小比例尺土壤草图，就是野外在地形图上填图。在进行填图以前，要对土壤边界线加以研究，然后应用勾绘技术把土壤界线搬到地形图上去。勾绘土壤界线的技术主要体现在地形图定向、地形图上定点和土壤界线轮廓的勾绘。大比例尺的土壤调查制图通常要求在实地进行全面而详细的调查和填图，土壤界线一定要求在野外确定。大比例尺土壤制图具有工作底图精度高、要求制图的精度高等特点。土壤草图的审查与修正是在野外资料和野外工作分类系统修正之后进行的。其内容包括土壤界线、草图内容的审查与修正和拼图。外业勾绘的土壤草图，经过最后修改、审定、整饰后，还必须经过编制才能变成系列土壤成果图。

本章重点掌握土壤概查路线的选择和原则；熟悉土壤分类系统；重点掌握野外土壤草图测制。

复习思考题

1. 我国现行土壤分类制的依据是什么?
2. 分类单元、制图单元、图斑、图例的概念。
3. 土壤图例系统类型有哪些?
4. 各种比例尺的制图单元分别是什么?
5. 简述大比例尺土壤调查的技术要点和作业程序。
6. 简述中小比例尺调查与大比例尺调查的异同点。

第 5 章

土壤调查成果的整理与总结

　　土壤调查的野外工作结束后随即转入室内资料整理与总结阶段。这阶段的主要任务是检查、审核和整理野外调查访问的资料，野外草图的拼接，选择分析样品，确定分析项目，编制各种图件和编写调查报告等。室内资料整理与总结阶段是土壤调查中的重要环节，其目的是将准备阶段和野外及室内工作阶段所获得的信息，进一步吸收、消化、提炼与深升，最终获得成果。因此，它既是土壤调查从感性到理性的深化阶段，又是获得成果的阶段。

5.1　原始资料的审核

5.1.1　土壤标本和野外记录的审核

　　野外调查时采集的土壤比样标本、分析标本、整段标本以及不同目的的所需测试的水样标本等，在处理前首先要检查标本的标签是否遗失或发生差错，标本是否完整，若存在问题，应及时修正或采取补救办法，而后将土样立即风干，以防污染、霉烂。采集的水样，如果不能及时分析，应密封保存或采取防止变质的处理。

　　结合比样标本的整理，审查野外剖面记载表，检查野外记载是否符合调查规范的要求，并在同样光线条件下，细心地观察标本的颜色和形态特征，修正和补充土壤剖面记录，使记录结果准确无误。审查后的记载表要依次编号、分类装订成册。

　　此外，对野外调查访问所获得的各种资料，如调查地区历年的农业发展情况、施肥量、各种肥料比例、土地利用现状统计、改土培肥措施以及群众识土、评土经验等都要加以归纳和整理，并将各种资料转变成规范化的语言，以便输入计算机存储。

5.1.2　土壤草图的审核

　　土壤草图的审核是在野外资料和野外工作分类系统修正之后进行的，其内容包括土壤界线、草图内容的审查与修正和拼图。

　　土壤草图审核的具体内容，详见第 4 章 4.4 土壤图的编制。

5.1.3　比土评土和制定土壤分类系统

　　土壤调查开始时采用的土壤分类系统，主要是在研究过去的调查资料和进行路线概查的基础上制订的，因此是不够完备的暂拟的"土壤工作分类系统"。野外调查工作结束后，经过外业考察，并对大量野外调查资料的审查、整理和土样分析化验，必然会取得许多新的认识，发现许多新的问题。于是就可能有必要对原来的土壤分类系统加以补充修正，增减、修正某些土壤类型，修正某些诊断指标及诊断层，修订土壤分类系统等。

修正土壤分类系统一般是从低级分类单元开始的，其方法是通过比土、评土。具体做法是把调查采集的比样标本按照暂拟的分类系统全部摆开，对照剖面记载表及分析化验结果，并参照野外调查、获得的群众访问资料，对每一土壤类型的形成条件、成土过程、土体构型、理化特性、诊断特征、生产情况、肥力水平、存在的生产问题及改良利用途径，进行认真的讨论与评比。根据土壤剖面和各诊断指标及特征来确定各种土壤的归属及在分类系统中的位置，消除同土异名和同名异土，确定制图单位系统和土壤分类系统。同时通过评土、比土，能够使野外资料和分析结果同群众生产经验结合起来，充实调查内容，加深对土壤类型分布、特性和生产问题的认识，为编写调查报告及成果应用奠定基础。

5.2 组织土样化验

野外调查阶段新拟定的土壤分类系统和制图单元，必须由室内分析提供准确的数据加以确定。同时，室内分析还要测定土壤养分，确定土壤障碍因子，为土壤肥力综合评价、土壤改良利用规划和科学种田提供必要的基础资料，是土壤调查与制图中必不可少的基础工作。因此，必须组织好土样的化验工作。

5.2.1 分析土样的选择

选择分析样本是一项十分重要的工作。样本挑选恰当与否，不仅涉及化验结果的实用价值，而且直接关系到调查地区土壤分类和肥力状况鉴定的准确性，也会影响到能否正确地制定土壤改良措施。因此，选送土壤分析样本必须慎重，既要充分考虑分析的必要性与可能性，又要注意样品的代表性与典型性。为此分析样本的选择应掌握以下原则：

5.2.1.1 主剖面作诊断分析

鉴定土壤发生学特性的样品，应根据土壤图的剖面分布位置和野外剖面性状记载，选择代表性的样品，同时又要选择发育环境稳定、剖面层次发育完整的典型剖面作分析样品。

5.2.1.2 土壤分布规律

按断面线选择若干系列样品，进行分析，以便掌握土壤的发育规律，这在地形起伏变化较大的地区尤为重要。

5. 2. 1. 3　参照以往的调查资料

对于以往研究较多，并有详细分析资料的样本，或对于需研究问题已经比较明确的土类，可适当减少剖面样本的数量。若以往研究很少，或野外调查发现有特殊意义的，可适当增加分析样品数。

5. 2. 1. 4　适当考虑土壤的分布面积和复杂程度

在选择剖面样本时，应保证每一种土壤都有可分析的典型剖面。如果土类分布面积很大，多次重复出现的土壤类型，应在几个典型地区选择同一土壤类型数个剖面进行分析，使每个剖面样本能控制一定的面积，还要考虑到样点分布的均匀性。对面积很小，分布零散且问题比较复杂的土类，也应酌情增加剖面样本的数量。

5. 2. 1. 5　根据研究目的，确定分析样品的数量和层次

如果鉴定发生学特征，应分析全剖面的各个发生层次；如果诊断肥力状况，一般只需分析耕作层和犁底层即可。对于测定土壤肥力状况的农化样本，采集数量要多。野外调查所采集的农化样本，除个别有问题或代表性较差，应予以剔除外，全部送化验室分析。

5. 2. 2　分析项目的确定

土壤理化性质分析是土壤调查制图工作的重要组成部分，是确定土壤类型、评价土壤肥力和制定土壤改良利用规划的依据。分析项目的确定主要考虑分析目的、地域特点、研究的深度和广度以及对比性等 4 个因素。

5. 2. 2. 1　分析目的

土壤样品的分析目的一般分为 2 类：一类是为确定土壤类型而进行的分析；另一类是为确定土壤肥力状况而进行的分析。当然两者之间并没有截然分开的界线，有些项目，常常是兼而有之。总之，分析项目不能千篇一律，要有针对性。

5. 2. 2. 2　地域特点

我国土壤分布范围广，变异性大，地区之间有其特殊性，在分析项目上也会有所反映。例如：对石灰性土壤就不必测定交换性阳离子、交换性和水解性酸；对酸性土壤需测得交换性酸，而不必测碳酸钙含量；水稻土需测得氧化还原电位等。

5. 2. 2. 3　研究的深度和广度

由于承担的任务不同，对问题需要了解的深度和广度不同，分析项目也有所区别。例如：研究土壤发育，可能需要详细研究活性氧化铁、游离氧化铁和络合态铁的含量。

5.2.2.4 对比性

我们需要进行相同土类或相同亚类、土属间的对比，应选择相同的分析项目。根据不同的分析目的，土壤分析常有的项目如下：

（1）土壤肥力鉴定

土壤肥力鉴定是为确定土壤肥力状况和编制土壤养分图而进行的分析，一般包括土壤养分的含量、土壤的物理性及保肥指标。具体项目如下：

- 测定土壤有机质、全氮、碱解氮、全钾、全磷、速效磷、速效钾；
- 测定土壤水分、结构、机械组成、容重及沉降容重、胀缩性和可塑性；
- 测定土壤的阳离子交换量、盐基交换量、pH 值。

（2）土壤发生分类的鉴定

这类分析是为确定土壤分类系统和制图单元提供充分依据，使土壤分类向数量化和定量化方向发展。一般包括：

- 进行土壤矿物全量分析，测定土壤胶体的硅、铁、铝的含量；
- 鉴定土壤黏土矿物的类型及组成；
- 土壤腐殖质类型；
- 主要诊断层和诊断特性的定量指标项目的测定；
- 土壤微形态观测。

（3）土壤特殊问题的鉴定

这类分析是针对特殊的土壤分类和制图单元而进行的。这些土壤类型除了上面的5.2.2 中所列项目外，还应根据不同的土壤类型选取不同的分析项目。主要是盐碱土、酸性土、沼泽土和水稻土，另外，还有为研究土壤微量元素和土壤环境质量而进行的污染元素含量状况的分析。主要包括以下项目：

- 盐土测定氯化物含量、氯离子、硫酸根、碳酸根、重碳酸根及钙、镁、钾、钠的含量；
- 碱化土壤要测定交换性钠和盐基交换量；
- 酸性土壤要测定活性酸、水解酸、交换酸和活性铝；
- 沼泽化土壤要测定还原性铁、锰、硫化氢等；
- 水稻土主要测定土壤中氧化铁的游离度、晶化度、活化度；
- 测定土壤中的微量营养元素及某些重金属元素，作为土壤背景值及施肥的参考。

分析样本和分析项目确定之后，主要按照我国《土壤基层分类理化分析项目和方法》一书，并参考国际有关标准，选择分析方法，编制出理化分析结果代号检索；然后填写详细的分析计划表，内容包括土样编号、土壤名称、采样层次、分析项目、分析方法，最后将分析表与分析样品一并送分析室化验。

5.2.3 分析资料的审查和登记

5.2.3.1 分析数据的审查

由于样品的预处理、分析方法的不完善，操作错误及污染的干扰，常常会使分析结果产生一定的误差。因此，分析数据在整理、应用之前，首先要进行认真审查。

（1）检查比较分析数据与调查结果

检查内容包括机械分析结果与野外手测质地是否相符，代换量与土壤的组成成分是否一致，pH 值与野外测定是否吻合等。如果出现矛盾，应认真研究，找出原因。若是野外调查的错误，应修正调查记载；若属分析误差，应另选样本作补充分析，予以校正。

（2）有关分析数据的相关性检查

利用同一个土样的不同分析项目的相关规律性进行检查。例如：$CO_3{}^{2-}$ 与 pH 值的关系，腐殖质与含氮的关系，全盐量与各类含盐量的关系等。如果发现有 $CO_3{}^{2-}$ 含量高的土壤而 pH 值较低，或者腐殖质含量低而含氮量却高，或者各类全盐量超过含盐量等分析化验的误差，必须找出原因予以排除，或重新分析加以改正。

5.2.3.2 分析数据的归类登记

分析数据审查后，按其内容分别填入"土壤农化样化验结果统计表""土壤剖面样化验结果统计表""主要剖面含量分析结果记载表"及相关表格，以便进行整理与统计。

5.3 调查与分析资料的整理

5.3.1 资料整理的数理统计技术

5.3.1.1 若干特征值的计算

常用的特征值有平均数、中位数、众数、几何平均数、极差、方差与标准差、变异系数等。在土壤调查数据整理与分析方面，可以考虑采用下列方法：层次分析法（AHP法）、回归分析法、聚类分析法、多元分析法、模糊数学方法等。

（1）平均数

$$\bar{X} = \frac{1}{n} \sum_{i=1}^{n} X_i \tag{5-1}$$

样本平均数是最常用的表明数据集中位置的数值，反映数据的平均水平。

（2）中位数

将样本数值由小到大排列后，居中间位置的数据值就是中位数

当样本数为奇数，$Me = 第 \frac{n+1}{2} 数据值；$

当样本数为偶数, $Me = \dfrac{1}{2}\left[\text{第}\dfrac{n}{2}\text{个数据值} + \text{第}(\dfrac{n}{2}+1)\text{个数据值}\right]$个数据值。

(3)众数

数据中出现频数最多的那个值,以 M 表示。

(4)几何平均数

$$G = \sqrt[n]{X_1 \cdot X_2 \cdots X_n} \tag{5-2}$$

实际运算时,则用 $\lg G = \dfrac{1}{n}\sum\limits_{i=1}^{n} \lg X_i$ 。查 $\lg G$ 的反对数,即为各样本数据的几何均数。

(5)极差

样本数据中的最大值与最小值之差。

$$R = X_{\max} - X_{\min} \tag{5-3}$$

(6)方差与标准差

方差: $$S^2 = \dfrac{1}{n-1}\sum\limits_{i=1}^{n}(X_i - \bar{X})^2 \tag{5-4}$$

在实际计算中,则用 $S^2 = \left[\sum X_1^2 - \dfrac{(\sum X_i)^2}{n}\right]/(n-1)$ 。

方差的平方根称为样本标准差,即

$$S = \sqrt{\left[\sum X_1^2 - \dfrac{(\sum X_i)^2}{n}\right]/(n-1)} \tag{5-5}$$

有时要计算样本的几何标准差,则将数据取对数后计算标准差的反对数

$$S_g \text{anti lg} = \sqrt{\left[\sum(\lg X_i)^2 - \dfrac{(\sum \lg X_i)^2}{n}\right]/(n-1)} \tag{5-6}$$

(7)变异系数

$$CV = \dfrac{S}{X} \times 100\% \tag{5-7}$$

样本变异系数表明数据分布的相对离散程度。

5.3.1.2 聚类分析法

(1)方法原理

聚类分析法是数理统计多元统计中研究"物以类聚"的一种方法。它根据变量(诊断指标)的属性和特征的相似性或亲疏程度,用数学方法把它们逐步地分型划类,最后得到一个能反映构成对象各因素之间、因素与评价结果之间亲疏的客观的分类系统。

(2)应用技术

相似系数 描述构成对象物法指标之间相似程度的一种指标。

夹角余弦$(\cos\theta)$:

$$\cos \theta = \frac{\sum\limits_{k=1}^{m} X_{ik} \cdot X_{jk}}{\sum\limits_{k=1}^{m} X_{ik}^2 \cdot \sum\limits_{k=1}^{m} X_{ik}^2} \tag{5-8}$$

式中　i, j——两个地点(或两个样本);

　　　　k——第 k 个特征值或指标。

$\cos \theta$——相似系数,如把两地点之间相似系数都求出来,便可排成一个相似系数矩阵。

$$\theta = \begin{Bmatrix} \cos \theta_{11} & \cos \theta_{12} & \cdots & \cos \theta_{1n} \\ \cos \theta_{21} & \cos \theta_{22} & \cdots & \cos \theta_{2n} \\ \cdots & \cdots & \cdots & \cdots \\ \cos \theta_{n1} & \cos \theta_{n2} & \cdots & \cos \theta_{nn} \end{Bmatrix} \tag{5-9}$$

其中,这个矩阵是实对称性阵。因此,只需计算出其上三角阵或下三角阵即可。在此基础上可按相似系数的大小分类,其余可归属于另外一些类别。

相关系数(r)　为了衡量要素(变量)或指标之间的亲疏关系,常用相关系数(r_{ij})作为分类统计量,计算公式为

$$r_{ij} = \frac{\sum\limits_{k=1}^{n} (X_{ik} = \bar{X})(X_{ik} = \bar{X}_j)}{\sqrt{\sum\limits_{k=1}^{n} (X_{ik} - \bar{X})^2 \cdot \sum\limits_{k=1}^{n} (X_{ik} - \bar{X})^2}} \tag{5-10}$$

在数据标准化情况下的相关系数与夹角余弦 $\cos \theta$ 等价。用相关系数公式计算出来的任意两两变量的相关系数,可构成 $m \times m$ 阶的相关阵 R。

$$R = \begin{Bmatrix} r_{11} & r_{12} & \cdots & r_{1m} \\ r_{21} & r_{22} & \cdots & r_{2m} \\ \cdots & \cdots & \cdots & \cdots \\ r_{m1} & r_{m2} & \cdots & r_{mm} \end{Bmatrix} \tag{5-11}$$

相关阵也是一个实对称阵。主对角线上的元素均为 1,因此也只需计算出其上三角阵或下三角阵即可。相关系数的取值范围在 $-1 \leqslant r_{ij} \leqslant +1$ 之间,故相关系数越接近 l,则说明变量 i 与 j 之间的相似性越大,也就是相关程度越密切。

距离系数　常用的一种就是欧氏距离(d)。

$$d_{ij} = \sqrt{\sum\limits_{k=1}^{m} (X_{ik} - \bar{X}_{jk})^2} \tag{5-12}$$

式中　X_{ik}——i 个点第 k 个指标的值;

　　　　X_{jk}——j 个点第 k 个指标的值;

　　　　i, j—— 两个样本在 m 维空间中的任意两个点;

　　　　$k = 1, 2, 3, \cdots, m$—— 指标个数。

由此式计算出来的 d_{ij} 值越小,两个点之间的相似程度就越大;反之,则相似程度就越小。有时为消除 m 对 d_{ij} 的影响,将上式除以 m 则公式改为:

$$d_{ij} = \sqrt{\frac{1}{m} \sum_{k=1}^{m} (X_{ik} - \bar{X}_{jk})^2} \tag{5-13}$$

5.3.1.3 多元分析法

（1）方法原理

将聚类分析和判别分析结合进行。

（2）应用技术

统计聚类 与欧氏距相同。

判别分析

推求判别函数

- 计算平均数之差；
- 计算各类（组）离均差平方和、离均差和及两类之和。

层次分析法（AHP 法）、回归分析法、模糊数学方法等参见土壤资源评价。

土壤的调查资料和分析数据经过整理统计之后，便可获得各分类级别土壤特性的量化指标，借以对土壤分类系统作进一步的补充、修正，使分类系统更加准确和完善。土壤分类系统确定之后，即可编制分类检索表。土壤分类检索主要是根据土壤发生、发育过程中所产生的土壤剖面、诊断层或诊断特性的数量指标来编制，这样便可把各种土壤类型区分开来。

5.3.2 土壤剖面形态统计

土壤剖面形态统计，主要是对不同土壤类型反映在剖面上的发生特性、肥力特征的统计。即从土壤发生角度出发，针对土壤发生特性、肥力特征及其在分类上有诊断意义的土层特征进行统计。具体方法是，根据已确定的分类系统，结合土壤的分布位置、成土母质等因素，对剖面加以分组排列。以"组"为单位，综述土壤形态特征，统计土壤与地形、成土母质、水文和水文地质条件的关系，找出土壤发生、演变特性及分布等的规律性，弄清分类特征的非稳定性及变异性，找出土壤分类上的数量标准，实现土壤分类指标的标准化和数量化。同时，从分析资料中统计各土层的养分含量及变化规律，弄清土壤质地层次的排列状况，确定土壤的肥力特征，为合理开发、利用和保护土壤资源提供科学依据。土壤剖面形态统计的项目，因地区、土壤类型和不同的分类级别，可有差别，但对于每一类土壤最重要的特征和存在问题，应是统计表上的主要内容。

5.3.3 土壤中地球化学物质数据的整理

根据全量分析结果，计算土壤中不同层次的硅铝率、硅铝铁率；根据机械组成分析结果计算 A 层、B 层与 C 层的黏粒比率；根据盐分分析数据，计算各类盐分离子的比率；根据无定形氧化铁（Fex）、游离氧化铁（Fed）、络合态氧化铁（Fep）及土壤全铁量（Fet），计算土壤中氧化铁的游离度（Fed/Fet）、晶化度［（Fed − Feox）/Fed］、活化度（Feox/Fed）及络合度（Fep/Fed）等。这些数据，表明了土壤中不同层次硅、铁、铝的含量及黏粒部分的硅铝率的大小，可确定土壤灰化及富铝化的强度；按发生层黏粒含量及比率，可确定土壤黏化作用的强弱；按土壤总盐量及各类盐分离子的比率，可确定盐渍土的种类；根据土壤中不同层次铁的活化度、晶化度，鉴别水成土和半水成土的发育。这些数据均可为土壤分类提供量化指标，提高土壤分类的科学水平。

5.3.4 土壤养分的统计

根据农化样的化验结果，以土种为单位，统计土壤有机质、氮、钾养分含量的平均值、标准差(S)和变异系数(CV)，以反映不同土种间养分的丰缺。也可按行政区域统计各类养分含量，以说明地区之间土壤养分的差异。此外，还要统计各类养分之间、养分和产量之间的相关性，求出相关系数 r 值，并做显著性检验，以判别影响产量和土壤肥力的主要因子。通过养分状况统计，可以掌握土壤中各种营养元素的丰缺指标，得出各类土壤养分的供给能力，进而对土壤肥力状况及生产潜力做出综合评价，为土壤合理施肥和管理提供依据。

5.4 土壤图的整理

土壤图以图形的方式反映自然界土壤空间分布的形式和面积比例关系，因而制图中应遵循以下 3 个原则：

第一，运用发生学观点，将土壤分布规律，特别是受地貌条件影响形成的中域分布规律，反映在图斑结构及图斑组合中。

第二，注重成图质量，特别是精度要求，以利于评价和统计土壤资源。

第三，为便于生产应用，制图单元不仅有各级分类单元，还可以包含一些非土壤形成物和需要表示的相。

5.4.1 土壤图集的统一设计

由于农业生产是综合性的问题，以及生产对土壤的要求是多方面的，因此在土壤调查以后，往往就要求在土壤图的基础上，结合一些特殊的生产要求，绘制一些"衍生"图幅，例如：土壤改良图、土壤资源评级图、土壤各种性质图等，因而形成了一个土壤图集。在绘制以土壤图为基础的土壤图集中一般应注意以下几点：

第一，应根据成图比例尺的要求，设计一个统一的成图底图。在此统一底图的基础上添加各专业图的内容。在这个底图上要求以浅的颜色表示一些稀疏的计曲等高线和一些重要的地物，一方面不影响各专业图突出各自的专业内容，另一方面又有一定的地物和地形作为参考，以便于图的使用与检查。

第二，各专业图之间要有明确的分工和统筹的安排，使这个图集能形成反映土壤肥力和生态特征的各个方面的一个总体图集。在这方面一定要避免图幅过多的现象。有些图幅内容可以在结合而又不致形成图面负担过重的情况下，应当尽量有机地结合表示。有些次要图幅可以取消，或以小比例尺做附图表示于主图图框外。如果专业图幅过多，不但在成图上造成浪费，在使用上也造成困难。

有关土壤图的绘制及土壤图的编制具体见第4章土壤图的绘制。

5.4.2　土壤图面积的量测

土壤图面积的量测是在经过转绘后的土壤底图（作者原图）上，采用方格法、仪器法或电子扫描等方法，量算求得各级行政区内的各类土壤分布面积。

面积量算最基本的原理是运用几何学原理或微积分原理计算面积。根据运用的工具及基础数据资料，存在着多种量算方法。这些方法的适用条件、操作过程以及成果精度也就存在着一定的差别。从土壤调查的要求看，常用的方法主要有解析法、图解法、方格法、网点板法、求积仪法、光电测积仪法和计算机量算面积法等。上述量算方法的选用往往不是单一的，为了确保量算精度，常需同时选取若干种方法结合使用。这里重点介绍方格法、网点板法、求积仪法和计算机量算面积法。

5.4.2.1　土壤图面积的量测方法

（1）网板法

网板法　利用简单的格网、点网或线网式工具在图上进行面积量算的方法。

方格法　是利用绘有边长为1 mm或2 mm正方形网格的透明片或者透明纸，蒙盖于被量测的土壤底图之上，数出图形范围内的整方格及破格数（各破格可凑成若干整格数）。由于纸（片）上所有方格边长相等，面积一样，因而只要将被量测图形线内含有的小方格数乘以每个小方格代表的实地面积，便可测算出图斑的面积。

网点板法　以等距分布（1 mm或2 mm）有小点的透明膜片为工具，运用与方格法相同的方法量算面积，所不同的是方格法通过查格数的办法来计算，而网点板法主要通过查点数的办法来实现。

网点板量算面积主要依据的是格点多边形面积公式，由于网点板有落点概率的影响，因而实际图形并不是严格的格点多边形。网点板法计算对于大多数图形仍属近似计算，在精度上低于方格法。

（2）求积仪法

求积仪是一种专供图上手工操作量测面积的仪器。应用求积仪进行量测，具有快速、简便、精度较高的优点，且仪器体积小便于携带，能适应土地利用现状调查及其他面积量测工作的需要。

由于求积仪可以用来量测界线不规则的图形，因而其适应性广，是目前世界各国普遍采用的面积量测仪器。求积仪有若干种，主要有机械求积仪（图5-1）和数字求积仪2类。

图 5-1　机械求积仪结构示意

1. 测轮　2. 计数圆盘　3. 极臂圆球头支杆

4. 极臂　5. 重锤　6. 描迹臂

7. 描迹针　8. 手柄

使用求积仪量测图斑面积时，首先注意调整好描迹臂长，使求积仪单位分划值（常数）为整亩数，这样可省去换算时间和便于算草。同时注意极臂与描迹臂所构成的角都不出现极大的钝角和极小的锐角。每一块图斑要求量测两次，两次读数差，不超过 2 个分划值数。取其中数进行计算。同时要列好表格，记录每一图斑量测数据，以备检查应用。量测完后要检查有无漏测或测重现象，并以改正。

(3) 称重法

依据的原理是面积与重量成正比(或者重量与面积成正比)。首先在地图纸上裁一个规则图形，测得面积为 S，重量为 M。然后裁下你所需要的地区的图形，称重为 N，则该地区地图上的面积为 S 乘以 N 再除以 M，最后由地图的比例尺换算实际土地面积。

(4) 计算机量算面积法

计算机量算面积是通过数字化办法将地物形状转换成计算机能够识别的数据信息，然后经过对信息的计算、平差等得到所需的面积。在矢量格式下，面状地物以其轮廓边界弧段构成的多边形表示。对于没有空洞的简单多边形，假设有 n 个顶点，其面积计算公式一般使用辛普森公式：

$$A = \frac{1}{2} \left| \sum_{i=1}^{n} x_i (y_{i+1} - y_{i-1}) \right|_{y_{n+1}=y_1}^{y_0=y_n} \tag{5-14}$$

式中　A——图斑面积；

$(x_i, y_i)(i = 1, 2, \cdots, n)$ ——图斑在 X–Y 坐标系中边界顺次相邻接的坐标点。

所采用的是几何交叉处理方法，即沿多边形的每个顶点作垂直于 X 轴的垂线，然后计算每条边与它的两条垂线及这两条垂线所截的 X 轴部分所包围的梯形面积，所求出的面积的代数和，即为多边形面积。对于有孔或内岛的多边形，可分别计算外多边形与内岛面积，其差值为原多边形面积。

在实际工作中，使用辛普森公式量测图斑面积有 2 种情况：一种是用手扶数字化仪从图件上直接采点逐个量算图件各图斑面积；另一种是根据空间数据库中坐标链文件坐标数据以及拓扑数据，量测指定图斑编号的图斑面积。

矢量格式下图斑面积量测的误差来源：辛普森公式本身对图斑面积量测不带来任何误差，而误差来源于数据源与采点操作以及采点仪器。

对于栅格结构，多边形面积计算就是统计具有相同属性值的格网数目。由于每个网格实际覆盖的地面面积是固定的，因而将网格覆盖地面面积值乘以统计出来的该指定地块的网格数就是该地块的实际面积。从原理上讲，这种方法与测量学中的膜片法没有本质的不同。但对计算破碎多边形的面积有些特殊，可能需要计算某一个特定多边形的面积，必须进行再分类，将每个多边形进行分割赋予单独的属性值，之后再进行统计。

目前应用的相关软件为各种 GIS 软件，一般使用手扶跟踪数字化和扫描矢量化 2 种方法将图形信息输入计算机，GIS 软件自动显示各图斑标识号、面积、周长等信息。

5.4.2.2　平差

求积仪或方格法量测出各图斑面积后，把各图斑的面积累加起来，即得整个图幅的总面积 S 值，由于量测的误差，以及图纸伸缩等影响，使得出的 S 值与图幅的理论面积值 S_0 值不等，就需要平差改正。平差是以每一图幅为单位，计算面积与理论面积误差在 1/100 以内时，可以进行平差改正，如果超过了允许误差要求，要进行检查或重新量算。

平差方法：先求出量测误差 $\Delta S(\Delta S = \Sigma S - S_0)$，然后求出改正系数 $K = \pm \Delta S/S_0$，再以 K 乘上各图斑量测面积 S_n，得该图斑面积的改正数 $\pm \Delta S_n$，然后将各图斑改正数配赋予该图斑面积内部即得精确图斑面积。

5.4.2.3　面积量算的原则

土地面积量算的基本原则是以"高斯投影图廓坐标表"中查取的图幅理论面积为基本控制，分幅进行量算；选用适当方法，重复进行测算，严格限制误差，按面积的比例平差；最后按行政单位级别自下而上逐级汇总土壤类型面积。面积量算无论采用什么方法，都必须重复 2 次，其误差在允许范围时，取 2 次量算的平均值。

5.4.2.4　土壤面积量算的基本程序

土地面积量算总的程序是分幅由总体到局部进行控制量算、平差，然后按行政单位自下而上逐级统计汇总。具体量算可区分为控制面积量算、碎部(图斑、线状地物等)面积量算及汇总统计 3 个部分，依次进行。

5.5　土壤调查报告的编写

土壤调查报告是在深入研究、综合分析各种调查成果的基础上编写的，是为生产和科学探索研究服务的文字说明。调查的目的不同，报告的内容应有所侧重，既要充分反映土壤调查的成果，又要突出重点，特别要把揭示生产上的矛盾，解决矛盾的途径，作为报告的主要内容。写法上要求简明扼要，分析透彻，意见中肯，措施切实可行。特殊任务土壤调查报告内容，可根据调查本身的特点，参照提纲拟定。一般土壤调查报告内容概述如下：

一、总论

说明土壤调查任务的由来、目的与要求，调查地区的地理位置、行政区域、调查面积、调查方法、主要成果，调查的人员构成，以往的调查研究资料及其评价、工作的经验及问题。

二、调查地区的自然和农业概况

调查地区各种自然成土因素的特点，阐述内容包括气候、地形、地质与成土母质、地表水与地下水、植被、农业生产、土壤改良的关系、农业生产活动情况对土壤形成的作用。

三、土壤性态综述

1. 土壤的形成

调查地区土壤形成过程，主要土壤类型，土壤分布规律(附土壤与地形、母质、地下水、植被或农业利用方式的断面图)。

2. 土壤分类原则与系统(附土壤分类表)

3. 各种土壤的特性(一般要求写到土种)

● 土壤分布与生态环境；

- 土壤的形态特征；
- 土壤理化性状（附分析资料）；
- 土壤的生产性能及存在问题。

四、土壤与土地资源评价

- 土地利用现状；
- 土壤资源评价。

五、土壤改良利用分区

- 分区的目的；
- 分区的原则；
- 分区各论。

分区说明各改良利用区或亚区的范围、自然条件、面积、主要土壤类型及性状、农业利用情况、存在问题、改良利用措施等。

六、其他

包括土壤改良、土壤培肥的经验、问题及对策建议，特殊土宜调查，专题调查研究等。

本章小结

本章主要介绍野外调查访问的资料检查、审核和整理，野外草图的拼接，选择分析样品，确定分析项目，编制各种图件和编写调查报告等。室内资料整理与总结阶段是土壤调查中的重要环节，其目的是将准备阶段和野外及室内工作阶段所获得的信息，进一步吸收、消化、提炼与深化，最终获得成果。它既是土壤调查从感性到理性的深化阶段，又是获得成果的阶段。

原始资料的审核主要包括土壤标本和野外记录的审核、土壤草图的审核、比土评土和制定土壤分类系统。室内分析还要测定土壤养分，确定土壤障碍因子，为土壤肥力综合评价、土壤改良利用规划和科学种田提供必要的基础资料，是土壤调查与制图中必不可少的基础工作。选送土壤分析样本必须慎重，既要充分考虑分析的必要性与可能性，又要注意样品的代表性与典型性。分析项目的确定主要考虑分析目的、地域特点、研究的深度和广度以及对比性等4个因素。分析数据在整理、应用之前，首先要进行认真审查。按其内容分别填入相应表格，以便进行整理与统计。土壤图的整理主要包括土壤图集的统一设计和土壤图面积的量测。土壤调查报告是在深入研究、综合分析各种调查成果的基础上编写的，是为生产和科学探索研究服务的文字说明。特殊任务土壤调查报告内容，可根据调查本身的特点，参照提纲拟定。

本章掌握资料整理；熟悉室内分析和数理统计方法；重点掌握土壤图的清绘过程与方法。

复习思考题

1. 面积测算方法有哪些？
2. 简述平方原理和方法？

第6章

遥感土壤调查

应用遥感技术进行土壤调查和制图，包括航测土壤遥感制图、卫星遥感图像制图及无人机遥感制图。航测土壤遥感制图是应用航测相片进行的土壤调查制图。美国20世纪初就已采用，中国于20世纪60年代初开始土壤航测制图，20世纪70年代逐步开展了红外航片土壤调查和制图，大大提高土壤图的质量和精度。航空遥感土壤调查制图主要用于大、中比例尺土壤图的编制。卫星遥感图像制图是应用卫星遥感图像进行的土壤遥感制图。20世纪70年代开始发展，由于卫星遥感图像具有覆盖面积大（如MSS为185 km × 185 km）、宏观性强、多时相、多波段特性，可采用不同波段假彩色合成影像及其他图像处理技术，提供的遥感信息量为航片所不及。适于中、小比例尺土壤图的直接编制，提高了制图的精度和速度。随着遥感技术发展，卫片的分辨率越来越高；例如：IKONOS卫星，在全波段影像中，星下点的分辨率已经达到了1 m，而QuickBird卫星的分辨率已达到0.61 m，因此，也可以像航片一样能够满足大比例尺土壤调查制图的要求。

在遥感影像基础上进行土壤类型、组合的确定界线、勾绘图斑，是定性、定位和半定量的。主要程序为：景观与成土因素解译，野外概查与建标，遥感影像土壤解译，预行编制土壤草图，地面实况调查，验证判读结果。

6.1 遥感概述

6.1.1 遥感概念

遥感（remote sensing，RS），就字面含义可以解释为遥远的感知。它是一种远离目标，在不与目标对象直接接触的情况下，通过某种平台上装载的传感器获取其特征信息，然后对所获取的信息进行提取、判定、加工处理及应用分析的综合性技术。物体的对电磁波固有的波长特性称为光谱特性（spectral characteristics）。

一切物体，由于其种类及环境条件不同，因而具有反射或辐射不同波长的电磁波的特性。遥感就是根据这个原理来探测目标对象反射和发射的电磁波，获取目标信息，完成远距离识别物体的技术。遥感技术系统是一个从地面到空中，乃至空间，从信息收集、存储、处理到判读分析和应用的完整技术体系。它能够实现对全球范围的多层次、多视角、多领域的立体探测，是获取地球资源的重要的现代高科技手段。

6.1.2 遥感系统

遥感过程是指遥感信息的获取、传输、处理及其判读分析和应用的全过程。

接收从目标中反射或辐射来的电磁波的装置称作传感器(remote sensor),例如:照相机、扫描仪等。针对不同的应用波段范围,人们已经研究出很多种传感器,用以接收和探测物体在可见光、红外线和微波范围内的电磁辐射。根据传感器的基本结构原理划分,目前遥感中使用的传感器大体分为摄影、扫描成像、雷达成像和非图像4种类型。

搭载这些传感器的载体称为遥感平台(remote platform),例如,地面三脚架、遥感车、气球、无人机、航空飞机、航天飞机、人造地球卫星等。遥感平台按其飞行高度的不同可分为近地平台,航空平台和航天平台,这3种平台各有不同的特点和用途,根据需要可单独使用,也可配合使用,组成多层次立体观测系统。传感器和遥感平台是确保获取遥感信息的基础保证,它们具有各自的适用范围,在实际应用中往往根据解决问题的性质和要求来进行选择。

6.1.3 遥感探测的特点

(1)宏观观测,大范围获取数据资料

采用航空或航天遥感平台获取的航片或卫片比在地面上获取的观测视域范围大得多。

(2)动态监测,快速更新监控范围数据

对地观测卫星可以快速且周期性地实现对同一地点的连续观测,即通过不同时相对同一地区的遥感数据进行变化信息的提取,从而达到动态监测的目的。

(3)技术手段多样,可获取海量信息

遥感技术可提供丰富的光谱信息,根据应用目的不同而选用不同功能和性能指标的传感器及工作波。

(4)应用领域广泛,经济效益高

与传统方法相比,遥感技术的开发和利用大大节省了人力、物力和财力。同时,还在很大程度上缩短了时间的耗费。

6.1.4 遥感的分类

(1)依据工作平台不同分类

可分为:地面遥感、航空遥感和航天遥感。

(2)依据电磁波的工作波段不同分类

紫外遥感,探测波段在 $0.05 \sim 0.38~\mu m$;可见光遥感,$0.38 \sim 0.76~\mu m$;红外遥感,$0.76 \sim 1000~\mu m$,微波遥感,$1~mm \sim 10~m$。

(3)依据传感器工作原理分类

可分为:主动式遥感和被动式遥感。主动式遥感(active remote sensing)的传感器从遥感平台主动发射出能源,然后接收目标物反射或辐射回来的电磁波,如微波遥感中的侧视雷达；被动式遥感(passive remote sensing)的传感器不向目标发射电磁波，仅接收目标地物反射及辐射外部能源的电磁波，如对太阳辐射的反射和地球热辐射。

(4)依据遥感资料的获取方式分类

可分为：成像遥感和非成像遥感。成像遥感将探测到的目标电磁辐射转换成可以显示为图像的遥感资料，例如：航片、卫片等；非成像遥感将所接收的目标电磁辐射数据输出或记录在磁带上而不产生图像。

(5)依据波段宽度及波谱的连续性分类

可分为：高光谱遥感和常规遥感。高光谱遥感(hyperspectral reinote sensing)是利用很多狭窄的电磁波波段(波段宽度通常小于10nm)产生光谱连续的图像数据；常规遥感又称宽波段遥感，波段宽续。例如：一个TM波段内只记录一个数据点，而用航空可见光/红外光成像光谱仪(AVIRIS)记录这一波段范围的光谱信息需用10个以上数据点

(6)依据应用领域分类

可分为：环境遥感、城市遥感、农业遥感、林业遥感、海洋遥感、地质遥感、气象遥感、军事遥感等。

6.1.5 遥感卫星地面站

遥感卫星地面站是一个复杂的高技术系统，它的任务是接收、处理、存档和分发各类遥感卫星数据，并进行卫星接收方式、数据处理方法及相关技术的研究，其生产运行系统主要包括接收站、数据处理中心和光学处理中心。

6.1.5.1 数据的传送和接收

接收站主要负责完成捕获跟踪卫星、传送接收卫星数据的任务。从遥感卫星上向地面传输的数据中，除了图像数据外还传送遥感平台上搭载仪器的温度、电压、电流等遥测数据。这些数据通常用数字信号传送，具有抗噪声性强、功率低等优点。在地面站接收观测数据时，对于卫星经过接收站时能覆盖到的区域，通常采用在卫星观测的同时直接接收实时传送数据；对于覆盖不到的区域采用数据记录器 MDR(mission data recorder)和跟踪数据中继卫星 TDRS(tracking and data relay satellite)2 种方式。

6.1.5.2 数据加工

通常在理想情况下，遥感数据的质量只依赖于进入传感器的辐射强度，而实际上，由于大气层的存在以及传感器内部检测器性能的差异，使得反映在图上的信息量发生变化，引起图像失真、对比度下降等。此外，由于卫星飞行姿态、地球形状及地表形态等因素影响，图像中地物目标的几何位置也可能发生畸变。因此，原始遥感数据被地面站接收后，要经过数据处理中心做一系列复杂的辐射校正及几何校正处理，消除畸变，恢复图像，提供给用户使用。

6.1.6 遥感的发展与农业应用

遥感技术是在现代物理学、空间科学、电子计算机技术、数学方法和地球科学理论

的基础上发展起来的一门新兴的、综合性的交叉学科，是一门先进的、实用的探测技术。遥感技术从20世纪初的航空摄影技术为主到20世纪60年代进入到卫星遥感时代，已发展了多种不同平台不同方式的传感器，遥感探测地物的能力(包括地物的性质和大小)和应用范围得到了极大的拓展。

农业是遥感最先投入应用和收益显著的领域。据美国数据统计，农业遥感的收益占卫星遥感应用总收益的70%。目前，遥感技术在农业资源调查、生物产量估计、农业灾害预测和评估等方面得到了广泛的应用。特别是近年来，各国先后发射了各类民用卫星平台和传感器，从光学资源卫星为主向高光谱、高空间、高时间分辨率的方向发展。高光谱成像仪技术相继取得了很大的研究进展，例如，美国NASA和日本METI联合研制的ASTER，美国NASA研制的Hyperion等。2008年，我国也发射了环境一号卫星，该卫星上搭载了一个有115个波段的高光谱成像仪HSI，其数据可应用于农业灾害和资源调查。同时，诸如QuickBird、GeoEye-1、WorldView-2、Pléiades-1等商用化亚米级光学卫星，可与航片媲美，且成本低，精度高，更新周期短，对精确农业的发展是一个极大的机遇。另外，美国地球观测系统的中分辨率成像光谱仪(MODIS)，从可见光、近红外到热红外设置有36个通道，覆盖周期为1~2天，并业务化提供标准的植被指数、地表温度、生物量等数据产品，为全球各地进行大面积农作物的周期性监测提供了重要的数据支撑。目前，不断有各类新型的遥感数据或遥感平台的出现，例如：米级分辨率的雷达卫星数据，每3天覆盖全球一次的微波遥感数据，各种灵活多样的无人机平台等，都为现代农业遥感技术的发展提供了新的机遇。

6.2 土壤遥感解译的理论基础

6.2.1 遥感的主要物理基础

6.2.1.1 电磁波的特性

(1)电磁波谱

各种辐射，例如：太阳辐射、电磁辐射、热辐射等都是产生电磁波的波源。存在于宇宙间的各种电磁波的波长变化范围很大，有长达数千米的工业用电，有短到小于10^{-6} μm的宇宙射线。实验证明，无线电波、红外线、紫外线、γ射线等都是电磁波，只是波源不同，因而频率或波长不同。人们把这种电磁波按波长(或频率)的大小，依次排列，画成图表，称为电磁波谱。

在遥感技术的应用中，主要使用的是电磁波谱中的紫外线、可见光、红外线和微波等波段。

(2)大气对电磁波的干扰和大气窗口

电磁波必须穿过大气层才能到达传感器。进入大气的电磁波，必然一部分被吸收，一部分被散射和一部分被透射。大气的这种对通过的电磁波产生吸收、散射和透射的特性，称为大气传输特性。

大气对太阳辐射的影响 太阳辐射通过大气层时，有30%的太阳辐射被云层和其他大气成分反射回宇宙空间，17%被大气吸收，22%被大气散射。因此，仅有31%的太阳辐射能到达地面。

大气窗口 就遥感而言，不是所有的地物反射和发射的电磁波都能被高空遥感仪器所接收，因为这些电磁波在通过大气层时，会受到大气的干扰。大气中的水汽、氧气、臭氧、二氧化碳、氮气等物质对不同波段的电磁波产生不同程度的吸收和散射作用，结果使电磁波减弱，甚至完全消失，所以不能完全被高空的传感器所接受。

有些波区"衰减"严重，就形成了"大气屏障"；有些波区"衰减"很小，就形成"大气窗口"。所谓"大气窗口"是指可以透过大气层的电磁波段，即这些波段的透射率较大，使之能到达传感器而宛如窗口。正是有了这些窗口，才有可能通过传感器接收透过的电磁波，以获得影像。但目前这些波段主要还限制在可见光和近红外波段范围。

目前，遥感技术选用的大气窗口多为 $0.3 \sim 1.3\ \mu m$、$1.3 \sim 2.5\ \mu m$、$8 \sim 14\ \mu m$ 和 $0.8 \sim 25\ \mu m$ 光谱段，是因为在这几个光谱段内各种地物的反射光谱或发射光谱可以很明显地区别开来。

6.2.1.2 地物电磁波反射特性

任何物体都有电磁波辐射的特征，即任何物体都有反射、吸收和透射太阳辐射电磁波的能力。反射率高的地物，其吸收率就低；吸收率高的地物，其反射率就低。

陆地卫片是对地表及地表以下一定深度土壤体电磁波谱特征的记录，而它们的差异在影像上就构成各种影像信息，这些影像信息是不同性质的电磁波以不同的色调特征信息和形态特征信息在影像上的反映。因此，我们可以根据影像上的"色""形"差异来识别土壤体的属性。例如：水体影像，在 MSS6、MSS7 波段片上色调特别深沉，呈现出几乎黑色；而在 MSS4、MSS5 波段片上较明亮。反之，植被影像，在 MSS4、MSS5 波段上特别灰暗；而在 MSS6、MSS7 波段片上则较明亮。若在假彩色合成片上植被又呈现红色，而水体呈现蓝色，这是为什么？因为各种不同的地物，无论固、液、气，只要它们自身的温度大于绝对零度 0 K（-273.15 ℃），就表示它们有能量，便具有不断地反射、吸收和透射电磁波的特性，而且不同的地物，如上所述的水体和植被，由于其物质组成的结构（分子和原子排列）不同，在旋转和振动过程中，所产生的能级跃进性能不相同。因此，所反射、吸收或透射的电磁波频率也不相同。例如，水体对4、5波段反射强，故在4、5波段片上较明亮，而对6、7波段吸收强，在6、7波段片上特别灰暗；反之，植被对4、5波段吸收强，故在4、5波段片上特别灰暗，而对6、7波段反射强，在6、7波段片上则较明亮。不同地物或同一地物对不同波段的反射随波段改变而变化的特性，称为地物的反射光谱特性。这些特性差异，都可以利用各种传感器将它们接收并记录下来，人们便可以用卫片上所记录的电磁波信息，通过各种解译技术，将它们区别开来。

地物的反射率不同的地物对入射电磁波的反射能力是不一样的，通常采用反射率或反射系数或亮度系数来表示。它是地物对某一波段电磁波的反射能量与入射的总能量之比，其数值用百分率表示，即

$$反射率(P) = \frac{反射电磁波能量}{入射电磁波能量} \times 100\% \tag{6-1}$$

地物的反射率随入射波长而变化。地物反射率的大小，与入射电磁波的波长、入射角的大小以及地物表面颜色和粗糙度等有关。一般地说，当入射电磁波波长一定时，反射率强的地物，反射率大，在黑白遥感影像上呈现的色调就浅；反之，反射入射光能力弱的地物，反射率小，在黑白遥感影像上呈现的色调就深。在遥感影像上色调的差异是判读遥感影像的重要标志。

地物的反射光谱地物反射电磁波能力可用反射率或亮度系数来表示。而反射率和亮度系数又与入射电磁波的波长有关，在不同波长处的反射率称光谱反射率，即地物的光谱反射率或光谱亮度系数是入射电磁波波长的函数，这个函数关系称为地物的反射光谱特征。

地物的反射光谱特征，通常都是横坐标代表波长，以纵坐标代表光谱反射率或光谱亮度系数所作的相关曲线来表示。曲线既表示出了各种波长处的光谱反射率或光谱亮度系数的大小，又直观地反映出光谱反射率或光谱亮度系数随波长的改变而发生变化的特点和规律，因而充分反映了地物电磁波的特征。几种地物反射光谱特征曲线如图6-1所示：

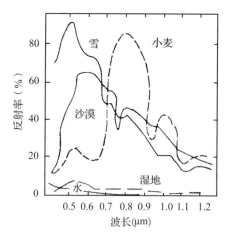

图6-1 不同地表的反射光谱曲线

（1）雪

雪的反射光谱和太阳光谱很相似，在 $0.4 \sim 0.6$ μm 波段有一个很强的反射峰，反射率几乎接近100%，因而看上去是白色，随着波长的增加，反射率逐渐降低，进入近红外波段吸收逐渐增强，因而变成了吸收体。雪的这种反射特性在这些地物中是独一无二的。

（2）沙漠

在橙光波段 0.6 μm 附近有一个强反射峰，因而呈现出橙黄色，在波长达到 0.8 μm 以上的波长范围，色调呈褐色。

（3）湿地

潮湿地在整个波长范围内的反射率均较低，当含水量增加时，其反射率就会下降，尤其在水的各个吸收带处，反射率下降更为明显。因而，在黑白影像上，其色调常呈深暗色调。

（4）小麦

其反射光谱曲线主要反映了小麦叶子的反射率，在蓝光波段（中心波长为 0.45 μm）和红光波段（中心波长为 0.65 μm）上有两个吸收带，其反射率较低，在两个吸收带之间，即在 0.55 μm 附近有一个反射峰，这个反射峰的位置正好处于可见光的绿光波段，故而叶子的天然色调呈现绿色。大约在 0.7 μm 附近，由于绿色叶子很少吸收该波段的辐射能，其反射率骤升，至 1.1 μm 近红外波段范围内反射率达到高峰。小麦反射率的这一特性主要受到叶子内部构造的控制。这种反射光谱曲线是含有叶绿素植物的共同特点(即叶绿素陡坡反射特征)。

根据上述可知,不同地物在不同波段反射率存在着差异。如图 6-1 所示,反映出雪、沙漠、小麦和湿地在不同波段的反射率。因此,在不同波段的遥感影像上即呈现出不同的色调。这就是判读识别各种地物的基础和依据。

另外,影响物体反射波谱特征的环境因素主要有温度、湿度、被测物体的紧密度和背景,它们是波谱研究中的干扰因素。但在一定条件下又可以利用这些干扰因素所产生的地物波谱的变化规律为土壤解译服务。例如,平坦地区低太阳角的大阴影影像有利于对新构造活动进行分析和研究。又如:可以利用不同物体波谱特征随季节变化所产生的变异,在遥感影像上将它们区别开来。

6.2.2 成土因素学说(地理景观学说)的理论基础

在遥感影像上,土壤的剖面构型、土层厚度以及各土层的理化性质,都不能被反映出来,即使是土壤的表面,也有可能被掩盖。这都影响了我们对土壤的判读。俄国土壤地理学家道库恰耶夫曾经指出,土壤是在母质、生物、气候、地形与时间五个因素综合作用下形成的一个独立的历史自然地理体,这被认为是土壤地理发生分类学的理论基础。成土因素的发展和变化决定了土壤的形成与演化,土壤是随着成土因素的变化而变化的。土壤的属性、类型、分布等是由地形、母质、植被和利用方式等因素综合作用的结果。而这些环境因素又能直接反映在遥感影像上。因此,根据土壤发生学和地理景观学的理论,便有可能推断出土壤类型、分布、成因及某些属性,再结合实地调查、剖面观察分析,就能完成土壤调查与制图,这是土壤遥感调查的理论基础。

6.2.3 土壤的光谱特性

遥感影像记录的信息实际上就是地物的综合光谱特征,不同的地物具有不同的光谱曲线,反映在影像上即为不同的灰阶或色调,这是之所以能够分辨地物类型的物理基础。土壤的光谱特性是在遥感影像尤其是多光谱影像上判别土壤类型的依据。影响土壤光谱特性的因素主要有土壤表层的状况和土壤的本身特性。

6.2.3.1 土壤表层的光谱反射率

首先,它是绿色植物覆盖的光谱反映,在假彩色影像上呈现不同亮度和饱和度的红色。其次它是地面作物残茬和植物残落物的反映。E. R. Stoner 等的研究,在淋溶土和软土上留有的玉米残茬,其田间光谱曲线还是反映原来的土壤特征。H. W. Gausman 等的研究,在地面有麦秸的土壤,$0.75 \sim 1.3~\mu m$ 范围的近红外区,比可见光较容易与裸土区别。地面粗糙度与结壳情况有关,具有结壳的土壤,在 $0.43 \sim 0.73~\mu m$ 的波段具有较高的反射率,在影像上可形成白色色调;但当结壳破坏,或是耕作以后,其反射率则明显下降。当然,粗糙地面的反射与太阳高度角有较大的关系。细结构的耕层土壤要比无结构的反射率降低 $15\% \sim 20\%$。

6.2.3.2 土壤本身特性对土壤反射率的影响

(1)土壤湿度

一般情况下，土壤水分含量与其反射率呈正比，甚至可以认为土壤水分含量与反射率之间，在一定范围内呈现一种线性关系。当然，它对有机质含量少的土壤比对有机质含量多的土壤的影响要大，在土壤水分曲线中 1.45 μm 和 1.95 μm 2 个波段处有两个强吸收谷，并在 0.97 μm、1.2 μm 与 1.77 μm 处有 3 个弱吸收谷。当含水量大时，吸收带特征非常突出；当含水量小时，光谱曲线趋向光滑而反射率增高。

(2)土壤有机质含量和腐殖质类型

一般在 0.4~2.5 μm 波长范围内，土壤有机质含量与其反射率成反比，当土壤有机质含量超过 2% 就有明显的影响，但是当有机质超过 90% 以后，其影响作用就不明显了。当然，这也与土壤腐殖质的类型有关，一般来说，胡敏酸的影响大于富里酸。在大多数温带土壤中有机质含量的范围在 0.5%~5%，有机质含量在 5% 以上的土壤通常呈现深褐色或黑色，有机质含量低的土壤通常呈现浅褐色或灰色。

(3)氧化铁含量

由于土壤风化，土壤中的部分含铁矿物风化为铁的氧化物，例如：针铁矿、赤铁矿、褐铁矿等，它们均以胶体状态覆于土壤颗粒表面。因此，它们含量虽少，但对土壤颜色影响较大。三氧化二铁呈红色，在红光区反射明显增强；四氧化三铁具有略带绿色色调的黑色，会使土壤的色调变暗。

(4)土壤质地

理论上，干燥的土壤粒级越细、表面越平、反射越强，影像应为浅色调。而在自然界中，土壤粒级越细，则毛细管作用吸水强、粒子外层吸水也强、水分含量大，同时有机质的含量也比较大，因而光谱吸收率强、反射率低，成为暗色调。所以，在判读影像时，土壤颗粒细的为深色调，颗粒粗的为浅色调。

(5)土壤盐分

干旱区的土壤盐分含量较高时，色调变浅，干旱季节易溶性盐分较多上升到表面，土壤表面形成盐结皮，在影像上表现为不规则的白斑，而在雨季则随着雨水的淋溶而溶解。

(6)矿物成分

在土壤中各种矿物组成对光谱反射率有一定影响。石英反射最强，可达 93%；黑云母则只有 7%；白云母中等，约为 60%，它们在可见光波段反射均匀。斜长石、石榴子石、绿帘石，则由蓝光到红光反射率逐渐增强。

(7)土壤结构

一般来说，土壤在自然界不是以单个颗粒的形式存在，而是以颗粒黏结成一定的结构，例如，田间所普遍存在的团聚体形式。在某些情况下，土壤结构体比土壤质地的单个颗粒形态对光谱影响还大。一般在实验室将土壤结构压碎而呈单粒进行光谱测试，其单个颗粒粒级的质地愈细，颗粒间空隙可能均为细粒所充填，因而反射表面加大。但在田间自然状态下，土壤颗粒往往以特定的结构存在，仅仅是沙粒反射率高。因此，遥感影像上所见到的干细沙粒也呈淡白色。黏粒土壤在遥感影像上表现颜色深者，除本身的光谱特性和水分影响以外，就是因为与土壤结构有关。

6.2.3.3 土壤的反射光谱类型

影响土壤光谱特性的几种因素并不是孤立的。实际上，土壤光谱特征是它们共同作用的结果。遥感影像记录的就是它们共同起作用的综合信息。根据我国主要土壤的反射光谱曲线的形态特征和斜率变化情况，可以把它们归结为平直形、缓斜形、陡坎形和波浪形 4 类（图6-2）

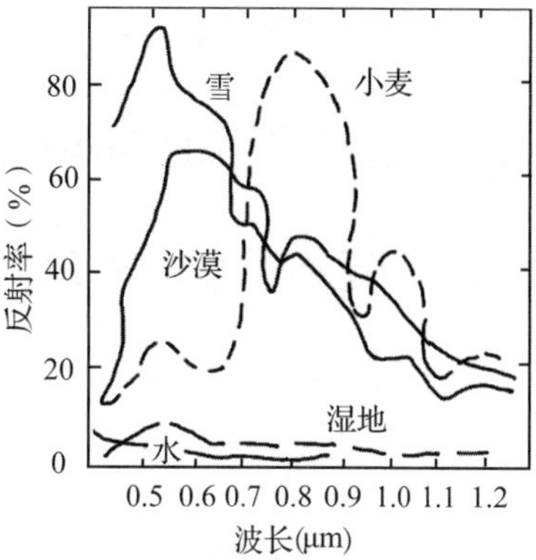

图6-2 几种主要土壤波谱反射类型
1. 平直形：土壤泥炭土 2. 缓斜形：土壤水稻土 3. 陡坎形：土壤红壤 4. 波浪形：土壤棕漠土

（1）平直形

凡有机质含量高，颜色暗的土壤多形成平直形曲线，尤其在可见光波段，斜率小而稳定，基本上成一条与 x 轴有一个锐角的直线；进入红外波段后，曲线稍有抬升，但变幅不大。泥炭土是这种反射光谱类型的典型例子。此外，火山灰土也具有这种反射曲线。

（2）缓斜形

水耕熟化后的水稻土在我国分布范围很广，是一种具有独特发生属性与形态结构的耕作土壤，它的波谱曲线属于缓斜形。它的主要特征是自光谱的紫光端向红光端缓缓抬升，形成一条斜线。在 0.45 μm 和 0.62 μm 附近可能出现程度不等的小波折，这段的斜率一般在 0.10 左右，明显地高出上述平直曲线。在 0.62 μm 以后的斜率稍有降低。

（3）陡坎形

南方湿热条件下发育的红壤形成陡坎形曲线。它的主要特征是在可见光段曲线陡峻，斜率剧增。但是斜率增高程度不等，形成几个波折，这是因为土壤中含有相当数量的赤铁矿、褐铁矿等高价铁的氧化物所致，红外波段的几个吸收带则与铁的氧化物及高岭土矿物中所含 OH^- 有关。

（4）波浪形

干旱荒漠地区土壤（如棕漠土、龟裂性土、风沙土、盐土、绿洲耕作土等）反射光谱曲线为波浪形。一般约在 0.6 μm 之前曲线较陡峻，斜率为 0.10 左右。以后斜率就急剧下降，形成一条与 x 轴接近平行的似波浪起伏的曲线。其波谷一般较宽，且较浅平，2.3 μm 之后反射率不仅不下降，反而略有增高，呈翘尾巴态，使此曲线的特征更为鲜明。

6.2.3.4 土壤的发射光谱特性

土壤的发射光谱特征是由土壤温度状况决定的，而影响土壤热特性的最重要因素是土壤水分、土壤孔隙度和空气温度等。热红外影像反映的主要是土壤表层的温度，例如，在 TM2—TM5—TM7 或 NOAA 卫星的 $CHI—CH_2—CH_4$ 的假彩色（分别用蓝、绿、红滤光镜合成)热像图上,裸露的干旱土壤因水分少,土壤增温快而呈红色,低处的湿地(如沼泽土、潜育性水稻土等)则呈暗蓝色。因此,可以根据其色调的变化来判读土壤水分和农田旱涝状况。

6.3　遥感影像的解译标志和土壤解译方法

6.3.1　遥感影像的解译标志

遥感影像的解译标志是指那些能帮助辨认某一研究对象的影像特征,是地物本身属性在影像上的表现,它反映了地物所固有的一些特征。据此辨别土壤或自然界现象的影像特征,在应用中不断检验和补充这些标志,是解译成功的关键。遥感影像解译标志分为直接解译标志和间接解译标志 2 类。在遥感影像上地物本身的特性所反映的、能够直接看到的、可供解译的影像特征称为直接解译标志,例如:影像的形状、大小、色调及阴影等。根据直接解译标志可以直接解译目标物。例如:利用影像对河流、湖泊等水系及城市等的解译,就是利用直接解译标志进行解译的例子。如果由甲目标的直接解译标志可以用于推断出乙目标来,那么甲的直接解译标志就叫做乙目标的间接解译标志。也可以说,间接解译标志是指与之有联系的其他地物的、能够间接推断某一研究对象存在的那些影像特征。利用影像对农作物或森林进行解译来推断土壤类型,就是利用间接解译标志来进行解译的例子。

6.3.1.1　直接解译标志

它是地物本身属性在影像上的反映,即凭借影像特征能直接确定地物的属性。地物的直接解译标志可以分为以下几个方面:

(1)形状

影像的形状是指物体的一般形状或轮廓在影像上的反映。各种物体都具有一定的形状和特有的辐射特征。一般来说,同种物体在影像上有相同的灰度特征,同灰度的像元在影像上的分布就构成与物体相似(或近似)的形状。地物在遥感影像上的形状,并不是与实际形状严格相似的。当像面和地面或物体表面都水平时,其影像上的相应构象与实际相似,如水田、水库等。当像面水平、物面倾斜时,其像面上的相应构象按中心投影规律变形,即坡面坡向向像主点的坡长相对延长,逆像主点的坡长相对缩短。随影像比例尺的变化,"形状"的含义也不同。一般情况下,大比例尺影像上所代表的是物体本身的几何形状,而小比例尺影像上则表示同类物体的分布形状。例如,一个居民地,在大比例尺影像上可看出每栋房屋的平面几何形状,而小比例地图上则只能看出整个居民地房屋集中分布的外围轮廓。

土壤不同于其他一般地物,除个别土壤类型外,一般无固定的几何图形,并且常被植被和作物所覆盖,在影像上得不到直接地反映。因此,往往要通过其他的因子来做间接的推测,确定土壤类型。

(2)大小

遥感影像上地物的构象大小是地物的尺寸、面积、体积在影像上按比例缩小后的反映，它与地物本身的大小和比例尺有关。"大小"的含义随影像比例尺的变化而不同。在大比例尺影像上，量测的是单个物体的大小；而在小比例尺影像上，则只能量测同类物体分布范围的大小。对解译人员来说，如果不考虑物体大小，就可能把小比例尺影像上的大型物体，判断为大比例尺影像上影像特征相似的小型物体。例如，把大桥判断为架空管道，把山地与小丘、水库和坑石等地物混淆。

（3）色调

色调是地物反射或发射电磁波的强弱程度在影像上的记录，是地表物体电磁波谱特征在影像上的反映。由于地物对电磁波的反映不同，在遥感影像上就会产生色调的差异，这种色调的差异在黑白影像上就会表现为由白到黑的不同深浅的色调，即灰色的变化程度，也称灰度色调，在彩色片上表现为色彩。

灰度　是地面物体的亮度和颜色在黑白影像上的表现，也称灰阶或灰标。灰度是人眼对影像亮度大小的生理感受。人眼不能确切地分辨出灰度值，只能感受其大小的变化，灰度大者色调深，灰度小者色调浅。在自然条件相同的情况下，物体的辐射特性（反射率或发射率）不同，遥感器接收的能量也不同。反射率高的物体，接收的能量大，影像的色调就浅，反之则深。于是同一环境条件下，影像灰度色调的差异即是不同物体在影像上的反映。

色彩　一般对彩色影像而言，用色彩类别、亮度和饱和度这3个要素来表示色彩的种类。色彩能够进一步反映地物间的细小差别，能够为判读人员提供更多的信息。特别是多波段彩色合成影像的解译，解译人员往往依据色彩的差别来确定地物与地物间或地物与背景间的边缘线，从而区分各类物体。

彩色片能够充分显示地物的影像特征，提高影像的光谱分辨率。通常人眼能辨别的灰度色调只能到10级（表6-1），而彩色则可以区分出100多种，加上亮度和饱和度组合，分辨色彩的种类就会更多。土壤本身的表层和地面覆盖特征在黑白影像和彩色合成影像上的表现不同，标准假彩色合成影响能大大增加土壤的解释信息量，提高与土壤有关影响的景观分辨能力（表6-2）。

表 6-1　人眼能辨别的 10 级灰阶表

灰阶	1	2	3	4	5	6	7	8	9	10
吸收率（%）	0~10	10~20	20~30	30~40	40~50	50~60	60~70	70~80	80~90	90~100
色调	白	灰白	淡灰	浅灰	灰	暗灰	深灰	淡黑	浅黑	黑

（4）阴影

受太阳高度角以及地物高差的影响，在遥感影像上就产生了阴影。地物阴影分本身阴影（本影）和投射阴影（落影）两种。本影是地物本身背光面在遥感影像上形成的影像，落影是地物投射到地面上的阴影在遥感影像上形成的影像。阴影取决于地物本身大小和高矮以及太阳高度角等因素。它会对目视解译产生不利的影响。一方面，人们可以利用本影判别地物形状和获得立体感，利用落影获得地物高度的信息；另一方面，阴影覆盖区中的物体会被遮蔽，给解译带来困难，甚至根本无法解译。

表 6-2　集中主要土壤及其特性在遥感影像上的色调

土壤	黑白影像	标准假彩色合成影响	备注
干旱壤质土壤	白发浅灰	黄白	
湿润草甸性土壤	暗灰	浅蓝	
潮湿的沼泽性土壤	深灰暗	深灰暗	水分系列影响
灰蓝色浅育性土壤	灰	蓝灰	
浅色土壤	白发灰	白黄	
黄色土壤	灰白	浅黄、浅蓝绿	有机质系列影像
有机质稍多的土壤	灰	暗灰	
黑土	黑	黑	
潮湿盐土	黑	蓝灰	盐分系列影像
硫酸盐盐土	白	白	
石质土	浅灰	浅蓝、蓝、蓝绿	
砾质土	浅	浅蓝	
白色粗砂	白	白	质地系列影像
黄色砂土	浅灰	白、浅黄	
黄色粉砂土	浅灰	白	
红色黏土	暗灰	蓝绿、绿	

(5)位置和相关体

位置是地物存在的地点。位置对人为物体和自然体的判译十分重要。例如：土壤的垂直带谱除了鉴别影像特征外，位置是决定性因素。地带性土壤和土属的判译，常需借助于所处位置和地形部位。

自然界的物体之间往往存在一定的联系，有时甚至是相互依存的。往往由一种地物的存在，去指示或证实另一种地物的存在和属性，这些存在的地物被称为相关体。相关体实际上也是目标地物所处的环境。利用相关体的影像特征可以推断或确定其他相关地物。例如：以植被和土地利用方式确定土壤类型，由采石场和石灰窑推知石灰岩山地等。因此，物体所处的位置和所处的环境也是帮助解译人员确定物体属性的重要标志之一。

(6)图形和组合

图形是解译对象的空间分布格局。它是许多细小地物重复出现的组合图案，包括不同地物在形状、大小、色调、阴影等方面的综合表现。水系格局、土地利用方式、土壤等均可形成特有的图形。例如，平原区的稻田呈格网状图形，丘陵区沟谷的稻田呈蚯蚓状或剥壳笋节状图形，丘陵坡地稻田则成孤行的阶梯状图形；菜园地呈明暗相间的栅栏状图形(菜畦和菜沟相间的反映)；果园成行列整齐的棋盘状图形；茶桑园多呈平行线状、带状和波状图形；林地一般构成特殊的粒点状图形(树冠的反映)等。由此可见图形是反映景观地貌的一种稳定标志。由于图形多种多样，不可能完全归纳，一般用点状、条状、扇状、斑状、块状、格状等来描述。

组合是以一定排列和组合方式出现的同类地物。成群排列和组合的地物往往目标更明显，遥感影像上尤为突出，便于判译。

（7）纹理

影像上细部结构以一定频率重复出现，是单一特征的集合。例如，树叶丛和树叶的阴影，单个地看是各叶子的形状、大小、阴影、色调、图形，当它们聚集在一起时就形成纹理特征。影像上的纹理包括光滑的、波纹的、斑纹的、线形及不规则的纹理特征。我们可以利用纹理的形状和粗细来判别地物。例如：花岗岩丘陵，一般纹理较粗；而黄土丘陵则纹理较细；砂土纹理粗，黏土纹理则较细。

表 6-3　主要土壤和地物的卫片解译标志（假彩色）

土壤或地物	影像颜色	影像的图形、纹理
砂性土壤	白色 黄白色（有一定植被）	沙丘：具有沙丘纹理 河床形成的砂性土：线状缺口扇形地形成的砂性土，扇形
黏性土壤	暗灰色（有机质水分影响） 暗棕色 浅棕色（水分干润）	海岸砂堤形成的砂性土：与海岸平行 扇形洼地：半月形 地上河外侧洼地：线状与河流平行
草甸性土壤	浅蓝（裸土） 红（生长作物）	湖相洼地：片状
盐渍土	浅蓝（轻盐渍化裸土） 灰蓝（重盐化裸土、盐土） 蓝灰（滨海盐土） 白色（硫酸盐土）	絮块状（内陆盐土） 大片状（滨海盐土及荒漠盐土） 湖洼沼泽性土：片状，蓝（水体）红（植被）
沼泽性土	暗灰（裸土） 红（长有植物水稻）	交错镶嵌 洼地水稻土：格状河网水系
水稻土	暗灰（裸土） 红（长有水稻） 蓝灰（水位高）	 林带：红格网状
农田	红（长有茂盛作物） 黄（作物幼苗期或近成熟）	田间道路：白格网状 水网：蓝格网状
针叶林	暗红	
阔叶林	红（生长旺期） 暗灰（落叶期）	
水体	深蓝（深而清的水体） 浅蓝（浅而浑的水体）	湖泊：自然片状 水库：有坝址整齐的几何图形 河流：线状 阴阳坡沟谷水系及阴影效果的立体感

在红外彩色的卫片上，各类土壤、地貌、植被、潜水（通过土壤水反映）和水体等均有其特有的影像标志。但是在不同的地区，特别是不同的时象，其影像标志则有变异，

甚至变异较大，具体可参考表6-3。

6.3.1.2 间接解译标志

根据地学、气象、水文、农学等专业知识，应用直接解译标志，推断出影像上确实存在的地物，称为间接解译，这些直接解译标志相对于目标地物来说，也就是间接解译标志。在影像判读的时候，判读人员可以采用逻辑推理和类比的方法引用间接解译标志，从而正确地判读地物。例如，通过影像上地貌的特征推断岩性；通过地貌与植被特征推断气候；通过水系与冲积扇的排列推断地下水的分布等。所有这些都是通过地学知识，由地学相关分析推断的。间接解译标志的应用，在地理信息系统的支持下，引入人工智能，建立专家系统才能取得更好的解译效果。

地物原型客观地存在着下述4种不同类型的现象：

第一，有规律性现象，例如：土壤分布的地带性规律。

第二，随机现象，例如：天气变化、洪水出现、泥沙运动等。

第三，不确定性现象，例如：一条河流上修建水库，改变了局部侵蚀的基准面。

第四，模糊性现象，例如：风沙侵蚀与流水侵蚀的交界地带，有一系列过渡区，凡是渐变的地带，都存在着模糊性现象。

由于解译过程中存在"同物异像""同像异物"等现象，同时地物原型均是三维信息，而影像记录往往是二维影像(除全信息成像外)，这些都给目视解译带来一定难度，这就更加需要运用间接解译标志。

最后，需要强调的是，直接与间接标志是一个相对概念，常常是同一个解译标志对甲物体是直接解译标志，对乙物体可能是间接解译标志。因此，必须综合分析，首先是解译人员发现和识别物体，其次是对物体进行量测，之后再根据解译人员掌握的专门知识和取得的信息对物体进行研究。解译人员必须具备把自己对物体的理解和物体的含义联系起来的能力，也就是说具备相应专业的实践经验。

遥感影像记录的是地物的光谱特征，尤其是反射光谱。因此，土壤及其覆盖物的光谱信息是土壤遥感的物理基础。根据遥感影像上各种地物的光谱信息、影像特征和分布规律，作出对该地物的性质和数量的辨认，综合分析成土因素、土壤景观要素、成土过程，从而对土壤类型、分布规律和土壤界限做出判断的过程，称为土壤遥感目视解译。遥感影像的土壤目视解译一方面是综合分析由于土壤本身的理化性状及其覆盖物的光谱特性的差异而在遥感影像上形成的各种影像特征，这些影像特征实际上是各种地物本身的形状、大小、颜色、阴影及相关位置等解译标志，在遥感影像上反映出来的影像特征，例如：色调、阴影、形状、纹理等；另一方面根据土壤发生学原理分析成土因素和景观结构，以推断出在不同景观下所发育形成的主要土壤类型或土壤组合。因此，遥感影像的土壤目视解译是一种综合分析、逻辑推理与验证的过程。

6.3.2 遥感影像的目视解译方法

目前应用于土壤目视解译的主要方法有直接判定法、对比分析法和逻辑推理法3种。

6.3.2.1 直接判定法

直接判定法是通过遥感影像的解译标志直接确定地物类型和属性的直观判译法。在卫片上，除了较大地物的个体，如大的水体、岩体、海岸线等能反映出其形状以外，大多数影像表现的是群体中以占优势地物光谱为主的综合特征。例如：我国南方石灰岩广泛分布的地区(广西、贵州)，岩溶地貌十分发育，峰丛、溶丘、干谷、洼地正负岩溶地貌纵横交错，在卫片上构成深灰色麻点状或菱形网络状(如同花生外壳)的图案，判译时可根据影像的这一特征，判译岩溶地貌分布范围，而在该范围内的孤峰、溶丘、干谷等细部，则很难分辨出来。又如，在我国黄土地区，水土流失严重，沟谷纵横，地形切割十分破碎，在卫片上则表现为大面积浅砂色调树枝状的图案，据此可直接判译黄土地貌的分布。而黄土地貌中较小的沟、谷等则融合于综合图案中而显示不出来。卫片特征直接反映土壤类型的情况甚少。但是，根据综合判译方法，砂质土、草甸土、沼泽土、砂姜黑土、盐碱土和部分水稻土等，可以被解译出来。

直接从遥感影像上识别地物和现象，也不能简单地由一、两个影像特征进行分析和判定，而应该根据区域的地理特征，对遥感影像反映出的色调、形状、阴影、纹理结构等各种标志进行综合分析，从中归纳出"模式影像"，便成为目视解译时的重要依据。

在进行各种标志的综合分析时，色调对直接识别地物和现象是很重要的。但是对色调的分析必须结合具体的图形特征，也就是说"色"要附于一定的"形"，只有这样，色调才具有意义，才能达到识别地物的目的。另外，也应该看到色调是一种很不稳定的因素，影响色调变化的因素十分复杂。因此，在判译时还必须根据具体的时间、地点以及地理环境条件，结合影像的各种标志和结构，对照地物光谱曲线的特征进行分析。

6.3.2.2 对比分析法

对比分析法是指把航片和不同波段、不同时相的卫片与已知的地面资料结合起来，采用对比的方法来判译地物的类型和属性的方法。采用对比方法的目的在于相互补充、相互验证，使得判译的结果更加准确可靠。

(1) 多级多种遥感影像对比

多级是指不同比例尺的遥感影像。多种是指不同组合方案以及航片和卫片两种遥感影像。多种多级遥感影像对比是指采用航片、卫片相结合，不同比例尺的遥感影像相结合，组成不同的组合方案，发挥不同遥感影像、不同比例尺影像的优点，对地物进行正确的解译。例如，小比例尺的遥感影像有利于宏观整体解译，而大比例尺遥感影像则有利于局部解译。

(2) 多波段影像对比

现在使用的卫片一般为多波段影像，由于不同地物在不同波段有不同的特征，因此可以利用不同波段的遥感影像进行对比分析，这样就有可能把不同的地物区别出来。在进行多波段对比分析时，如果能够借助彩色合成和密度分割等光学增强处理技术，判译的效果将会得到大大地增强。

(3) 多时相卫片对比

利用卫片进行判译时，还可考虑用不同时相的影像进行对比分析，从中提取有用的信息，有助于判译和动态研究。例如，大豆和玉米这两种作物，很难从影像上区分开来，但可利用不同时相的影像对比，则有可能将两者区分。

（4）多信息综合对比分析

通过影像对比，可增强土壤解译效果，但更重要的是要应用综合辨认法采取"多信息综合"解译，充分利用地质图、地形图、森林分布图等多种辅助信息资料。地质图有利于区分"同像异土"现象。例如，各种母质发育形成的土壤，由于植被覆盖度较好，均呈红色色调，参照地质图可将它们区分开；地形图上的沼泽地、沙地、草地、森林、果树等注记有助于地类的定性；森林分布图或植被图对确定石灰岩、紫红色砂岩发育的土壤性质有一定指示作用。例如，柏木林地多为石灰（岩）土，马尾松林地多为酸性土。

6.3.2.3　逻辑推理法

逻辑推理法是指借助各种地物和自然现象之间的内在联系，用逻辑推理的方法，揭示出更多有用的信息，从而间接判断出某一地物或自然现象的存在和属性。例如：从水系分布的格局，可推断出有关岩性及地貌类型等方面的信息；从植被类型的分布，可推断出土壤类型。

显然，上面的几种土壤目视解译方法的划分是带有主观性的，各自都具有一定的局限性。因此，在实际应用中，应该用多种方法相互补充和验证。

6.3.3　遥感影像解译标志和步骤

6.3.3.1　景观与成土因素解译

（1）了解影像的辅助信息

利用遥感技术进行土壤调查制图，调查人员首先必须明确调查与制图的目的、具体任务和要求，熟悉获取影像的平台、遥感器、成像方式、成像日期与季节、成像范围、影像比例尺、空间分辨率和彩色合成方案等。例如：调查与制图的目的不同，从而形成的比例尺也各异，因而对遥感影像的分辨率要求也不同。一般来讲，航片的比例尺应比成图的比例尺要大些，以便在较大的比例尺航片上解出较小的土壤图斑、土壤类型，借以提高土壤图的精度；同样，如果采用卫片作为基础进行制图的话，卫片的分辨率与土壤图的成图比例尺相比，也不宜太高，否则将会影响成图的效果。

（2）景观与成土因素解译

对于裸露土壤而言，遥感影像只能提供表土层水分、有机质、盐分含量、质地等信息；对于有植被覆盖的土壤而言，遥感影像只能提供造成土壤空间分异的因素，如植被、地形、岩石、水文、土地利用等综合景观方面的信息。由此可见，土壤类型及其形状与遥感影像之间的关系是间接的。而土壤发生学理论认为土壤是气候、生物、母质、地形、时间等成土因素综合作用的产物，成土因素的时空变化制约土壤的空间分布模式和时间演化过程。因此，在参阅研究区域文献资料（如气候）的基础上，利用多时相、多光谱遥感影像提取综合景观与成土因素信息，依据土壤发生学理论，可推断土壤界线。

首先根据影像特征即：形状、大小、阴影、色调、颜色、纹理、图案、位置和布局，判断研究区域的景观类型，划分出山地、丘陵、盆地、森林等，勾绘界线；然后主要根据色调的差异判别植被的分布范围及类型，一般来说，各类型植被影像色调由深到浅的变化顺序为针叶林—灌丛—草地—阔叶林；按照"局部图形因素"划分更小的地形单元，例如：山坡、谷地、分水岭等，推断和勾绘不同地形和母质的分布范围；主要根据图形和色调特征划分土地利用类型和水系。

将解译的每一成土因素都做一张图，把这地图与收集到的其他资料，例如：气候类型图进行叠加，形成原始的影像解译图，在图上表现为大量边界，但并不是所有的界线都是土壤界线，需要到野外进行校正。一般情况下，一个土壤界线往往，是由几个因素的界线决定的，特别是界线越集中的地方，越可能是土壤边界所在之处。另外，要注意对土壤性状起决定作用的因素(主导因素)，其界线往往也是土壤类型变化的界线。

6.3.3.2　野外概查与建标

(1)确定概查路线

在野外概查之前，首先在室内根据遥感图像、地形图、地质图等仔细研究调查地区的地貌类型，然后根据不同的地貌类型、不同地貌单元、不同土地类型及不同生产情况和当地干部等共同研究拟订出几条概查所经的路线。这些路线应经过各种不同的地貌类型、地形部位和不同的农业区，同时还要通过最高的山峰，以便远眺调查地区的大概情况，只有这样才能更全面了解调查地区内的土壤及成土因素的概况。然后选择其中一条，进行野外概查。应用卫星遥感相片进行路线调查时，还必须随时将透明地形图与卫片上明显地物点为基准进行局部套合定位，以免产生定位误差。概查路线的选择，必须是路线最短的，观察的土壤类型最多，经概查后掌握的情况是最全面的。

(2)野外概查与建标

概查是在编制土壤图为目的进行详细的野外土壤调查以前，对调查区土壤所做的概况调查。主要的目的是对调查区的地形地貌、植被、母质、水文等成土因素和农业布局，以及土坡类型、特性、分布规律等的概况调查，与此同时也建立遥感影像解译标志，以便了解不同地貌类型、不同地貌单元的组合、土壤特征及其遥感图像特征，并且确定土壤的地理分布、地形特征、地质构造和其他土壤的形成关系。应尽量找出其主导因素、农业生产中存在的主要问题。

野外概查具体工作主要有：

成土因素的调查研究　主要是研究调查区母质、地形、植被、水文等对土壤形成的影响及其遥感图像特征。

成土过程的调查研究　主要分析研究在调查区起主导作用的成土过程和主要成土特征，调查主要土壤类型。

土壤剖面性态的研究　通过挖掘土壤剖面，对土壤理化性质进行观察和分析。

土壤类型及分布规律的研究　主要通过土壤类型和分布与成土因素的关系，研究土壤分布规律。

土壤生产性能的研究　主要包括土壤宜耕性、宜肥性、宜水性、宜种性、生产能力等特征的研究。

土壤与遥感图像的相关性研究 主要是研究成土因素、成土过程、土壤类型、景观特征与遥感影像特征之间对应关系。在概查中对照影像，随时定位，仔细观察，对调查区的地貌单元、植被类型、农业利用方式、土壤类型、地质(母质)、水文等与遥感影像之间的相互关系，进行比较分析，素描记载，并实地照相，建立典型"样块"图像特征，分析填写"景观—土壤—影像特征"三者相关性表(表6-4)，为拟订解译(判读)标志和室内预判提供依据。

为了达到上述目的，进行概查时，最好能和地质工作者、植物工作者、农业技术人员以及熟悉当地情况的干部或者农民一起进行，以便了解当地的自然因素、行政区界、人口劳力、经营管理水平、农业机械化、水利化以及产量、产值、收益分配等情况。

表6-4 景观—土壤—影像特征相关性一览表

土壤类型	符号	地质	母质	地形	位置	植被	水文	土地利用	色调	图形	纹理	结构	阴影	典型遥感影像

土壤遥感解译标志是在土壤遥感概查的基础上，以土壤发生学理论为基础，以地物的影像特征为依据，建立起来的成土因素、土壤类型等影像综合特性，包括地形、植被、成土母岩(母质)、水系、农耕地、裸地等的解译标志，即地形、母岩、植被和农业土地利用方式的判读是基础；生物气候带是地带性的显域土重要的判读特征，例如：寒带的冰沼土、温带的灰化土、棕色森林土、北亚热带的褐土、中亚热带的红壤、南亚热带的赤红壤、热带的砖红壤等；地形、母岩、植被和土地利用等影像特征是非地带性的隐域图的综合判读特征，例如：四川的紫色土，系侏罗系紫色砂泥岩形成的幼年土壤(岩性土)，主要分布在四川盆地的丘陵区，丘体多为旱地，冲沟一般为水稻土。

将遥感影像同比例尺大小相近或相等的地形图进行分析对比，不同的土壤类型建立相应的判读(解译)标志。在建立判读标志的过程中，如果发现相同土壤类型有不同影像特征时，则要进一步对水分条件、有机质含量的多寡、机械组成的差异等进行对比分析，看是否受其中某一因素的干扰。例如：粉砂质耕型红壤，在航片呈灰白色色调，但在较湿润的条件下，则呈浅灰色色调，与中壤质耕型红壤色阶(灰度)相近，但是粉砂质耕型红壤，呈云彩斑块状浅灰色，而中壤质耕型红壤呈均匀浅灰色，在野外认真比较这两种土壤的色调差异，可以把两者区别开来。如果不同的土壤有相似的色调和形态特征等直接判读标志时，则同样应用其他要素的差别建立间接的判读标志。

建立土壤遥感解译标志，是遥感土壤调查制图的室内判读基础，判读标志丰度与可靠性直接影响解译的效果，从而影响到成图的质量和效果，因此，要建立更多的可靠的判读标志。有经验的土壤工作者，在熟悉的地区工作能在室内建立判读标志，则尽量多地建立判读标志；经验较少或者在人地生疏的地区工作，室内预判和野外校核与调绘阶段不要严格分开，可以交错进行，有利于样块的建立，促进室内预判的开展。

6.3.4 遥感影像土壤解译

土壤解译(土壤判读)是依据遥感图像(土壤及其成土环境条件光谱特性的综合反映),对土壤类型、组合的识别与区分过程。其方法是依据土壤发生学原理、植被形成和分异规律,对遥感图像特征(包括色调、纹理和图形结构)解译标志以及地面实况调查资料,进行地学相关分析,直接或间接确定土壤单元或组合界线。一般遵循遥感影像,图斑界限和实际三者相互一致的原则。

6.3.4.1 拟订工作分类系统和确定制图单元

根据土壤概查的结果,拟订调查地区的土壤工作分类系统表,以供全面详细开展遥感土壤调查制图时作为参考。由于概查工作时间短,工作不够深入等原因,对调查土壤情况掌握不够,特别是较小比例尺遥感土壤调查制图。如拟订土壤工作分类有困难,则可根据前人所做的土壤调查成果,将分散、零星、不统一的土壤分类体系及性状阐述材料,按照现行应用的土壤分类系统加以解译,并按目前制图精度的要求,确定相应的制图单元,拟订出此次土壤遥感调查制图统一的土壤工作分类系统。必须强调,概查后拟订出调查地区土壤工作分类系统,确定制图单元是一项重要的工作。

6.3.4.2 遥感影像土壤解译

(1)从已知到未知

在所有方法的判读工作中,从已知到未知是一个不可缺少的重要环节,是使判读者取得判读标志,识别不同土壤类型及其成土因素特点在遥感影像上显示的图形和色调的重要步骤。目视判读中所指的"已知"主要是判读者自己最熟悉的生活、工作中的实际环境,或者是别人最熟悉的生活和工作的实际环境,例如:土壤分布图、地形图等。所指"未知"就是遥感影像显示。这就是由"已知"到"未知"的第一含义,将已知的生活和工作环境实际或土壤分布图、地形图等与相应地区的遥感影像对比,使不同土壤类型和成土因素与遥感影像切实联系起来,这些经过对比证实在图像上反映特定土壤、地形部位以及地物等的影像、色调和图形显示,就是判读这类土壤或地物的标志。有了这些判读标志,我们就可以在相邻地区或其他地区的遥感影像上举一反三,根据它又可以在相应地面上找到新的实际特征。这就是从"已知"推断"未知",也就是从"已知"到"未知"的另一个含义。

(2)先易后难

在判读过程中,先从容易判读的开始,后判读比较难的。先易后难的过程是一个不断实践,逐渐取得判读经验、积累判读标志和克服各种判读困难的过程。具体要求是:

先清楚后模糊 一般来说,凡是影像特别明显的,都是易判读的;还要某些土壤与成土因素之间、一种土壤类型与另一种土壤类型之间,反射光谱有差异的,都是清楚易判读的;反之,反射光谱一致的,都是模糊不清难以判读的。

先山区后丘陵和平原、先陆地后海边 山区切割厉害,岩石裸露,地形起伏大,影像清晰;丘陵岗地,山间谷地,影像明显;而平原地区地势平坦,影像不清。所以山区、丘陵易于判读，平原地区则判读较难。在这种情况下，经验较少的工作者应先从山区、丘陵区取得经验，再判读平原地区则难度较小。何况山区、丘陵与平原在地质构造上总有一定的关系，因而一方面在判读上可以借鉴，另一方面又可以用"延续性分析"不断扩展。陆地和海边的判读，其道理也是如此。

（3）先整体后局部

根据大的景象类型及其界线，深入到一种景观类型，推断出母质种类，勾绘出同一景观类型中以母质为主要依据的不同土属。例如：南方丘陵地区的红黄壤亚类中，可以根据第四纪红色黏土母质及花岗岩风化母质等不同影像特征，区分出红黄土、砂黄土等不同土属；再深入到微地形、微阴影的观察，参照土壤组合的规律，应用逻辑推理，推测土属以下不同土种的轮廓界线。例如：第四纪红色黏土母质形成的红黄土地区，从丘陵顶部至山脚分布着死黄土—二黄土—面黄土的土壤组合。

（4）边判读边勾绘

进行影像判读时，可以边判读边勾绘，最好是全部判读一遍，然后按照上述步骤，边判读边勾绘，或者大部分判读结束再勾绘。总之，不要先忙于勾绘，把主要精力先放在判读上，但也不能判读后，长期间不勾绘，这样会遗忘判读结果，达不到遥感图像判读的目的。勾绘时应把不同土壤类型界限画在透明纸上或聚酯薄膜上，在土壤图斑内注明该土壤类型的代号（按照土壤工作分类系统表），以免混乱。因此，可以运用相关分析方法，根据成土因素解译结果和概查资料对土壤进行解译，勾绘类型界线，标注地物类别，形成土壤预解译影像图 6-3 和图 6-4。

图 6-3 卫星遥感影像

图 6-4 土壤类型及其界限解译图

1. 森林灌丛淋溶褐土 2. 灌丛旱地粗骨褐土 3. 园地旱地褐土 4. 水浇地草甸褐土
5. 旱季集水草甸土 6. 集水沼泽土

6.4 土壤遥感调查的测图与编图

6.4.1 准备工作

土壤遥感调查的准备工作，与常规土壤调查一样，是一项基础性工作。主要包括组织准备、制订工作计划、资料准备、物质准备和技术准备等工作，准备工作的好坏直接影响到遥感调查的质量和进度，因此必须做好一切准备工作。在土壤调查的 5 个准备工作中，前面的 4 个已经提到过，这里主要谈一下技术准备。

6.4.1.1 编写各工作阶段的技术指导书(土壤遥感调查实施细则)

各阶段的技术指导书是各工作阶段的技术指南,关系到整个调查质量和工作进度。技术指导书的编写,必须参照有关规程、文件和资料进行,同时也要参照别人成功的经验。各工作阶段的技术指导书包括土壤遥感草图的调绘、内业转绘技术和面积量算技术指导书。

(1)土壤遥感草图的调绘指导书编写

内容包括调查区的基本情况;调绘的专业内容;各单项专业内容的解译标志;室内预判方法;外业调绘方法、内容及部署;使用资料和要求等。

(2)内业转给技术指导书的编写

内容包括转绘方法、步骤;精度要求;清绘方法;各专业图内的表示符号;检查制度;制图要求等。

(3)内业面积量算技术指导书的编写

内容包括面积量算的原则、程序、方法步骤、所涉统计表格的说明等。

6.4.1.2 技术培训和试点

技术培训和试点的目的及要求:使全体调查人员提高认识,明确开展本项工作的意义;统一标准,统一认识和意见;提高专业技能;要求调查人员达到相同或相近似的水平。

(1)培训内容

包括地形图和遥感的基础知识,外业调查技术,内业转绘及面积量算方法,操作技能,各阶段技术要求、精度要求等。

(2)实地试点

选择一个有代表性小区域进行调查试点,使调查队员能学习全部调查技能,当每个队员都合格或部分合格时,可将合格人员分派到调查工作第一线,开展调查工作。

6.4.2 土壤遥感草图调绘

土壤遥感调查制图与常规土壤调查制图比较,调查的内容、制图的精度要求等是一致的,最大的区别就在于调查底图、工作方式和程序的不同。土壤遥感调查制图主要工作包括土壤遥感判读标志的建立、室内预判、外业调查与调绘等。当然,土壤遥感调查制图常需辅以常规调查方法,也可以将遥感调查制图作为常规调查制图的辅助方法。因此,土壤遥感草图的调绘是土壤遥感调查的主要内容。

土壤遥感草图的调绘是指经过对野外土壤类型、分布、主要剖面形态等综合研究之后,在遥感影像上确定土壤类型、剖面点位置、土壤界线,从而全貌地反映出调查区土壤在地理上的分布规律和区域性特征、特性的过程。土壤遥感草图不仅是野外工作中最基本的成果图件资料,也是野外土壤宏观研究成果的集中反映,由此也可看出,正确测制土壤遥感草图关系到未来土壤分类、分区体系能否正确划分和建立。同时,也关系到土壤利用改良规划图能否因地、因土制宜地进行编制。因此,土壤遥感草图的调绘是一项严肃的科学工作，必须坚持正确解译和野外验证与校核的基本原则。在技术上一定要达到常规土壤调查制图的精度和详度的要求。

6.4.2.1 土壤遥感制图的精度、详度要求及工作定额

（1）精度要求

土壤遥感制图与常规土壤调查制图一样，因调查目的、任务和服务对象的不同，所用的成图比例尺也相应而异。不同比例尺的土壤图，有不同的土壤制图精度（上图单元）要求，土壤遥感调查的精度主要受制图单元的土壤分类级别、最小上图面积（面积允许误差）和土壤边界绘制的准确程度（直线误差）的影响。制图单元的土壤分类级别越低（基层分类单元）、最小上图面积越小、土壤边界绘制的准确程度越高，则土壤遥感调查的精度就越高，其调查的工作量也越大；反之亦然。

制图单元的土壤分类级别主要由调查的目的来确定。最小上图面积和土壤边界绘制的准确程度受土壤边界本身的明显程度、调查区复杂程度和底图比例尺等因素的影响。在土壤遥感制图上，将这些因素的影响带来的误差分为面积误差和直线误差。

在航片或卫片的预判、调绘过程中，要按照不同成图比例尺土壤图对直线和面积允许误差的要求，控制勾绘土壤图斑的直线和面积允许误差。其允许误差的标准可按地形图上允许误差，依比例折算而成，即直线允许误差应小于 L_m，面积允许误差应小于 S_m，这样才能保证调绘影像转绘后的制图精度。

$$L_m = d \times \frac{M}{m} \tag{6-2}$$

$$S_m = S \times \frac{M^2}{m^2}$$

式中　L_m——航片或卫片上的最大直线允许误差（mm）；

　　　d——土壤图直线允许误差（mm）；

　　　m——航片或卫片的数字比例尺分母；

　　　M——土壤图的数字比例尺分母；

　　　S_m——航片或卫片上的最大面积允许误差（mm²）；

　　　S——土壤图面积允许误差（mm²）。

（2）详度要求

对土壤遥感草图提出详度要求，目的在于使土壤图专业主题突出，清晰易读，有助于分析各类土壤发生分布及其与成土环境之间的关系，以及面积量算等，从而保证土壤成图质量。但土壤遥感草图的详度要求，应视最后的成图比例尺的不同而有所侧重，不能强求一致，总的要求是以保持图面清晰适度和反映土壤分类系统的完整性与规律性而进行土壤制图综合。

第一，一般大比例尺土壤图，应以土种或变种作为主要制图单元。但在地形破碎山丘区，如果以土种上图确有困难时，也可允许用复区的方法上图，但复区中的各土种面积，仍应分别进行统计，不能略去。

第二，中比例尺土壤图（包括1∶25万土壤图），应以土属为主要制图单元。但对面

积过大，在生产和分类上有重要意义的土种，也应保留；对面积过小，无法以土属上图时，可以亚类或土类上图。

第三，小比例尺土壤图，应以土类、亚类作为主要上图单元。对于面积过大，在生产上与分类上有重要意义的土属，也应保留；对于面积过小，无法用土类、亚类上图时，可用复域方式或特殊符号注记。

至于土壤断面图，其断面线应穿过主要地貌区与尽可能多的土壤类型，可在图区外缘作首尾线表示之，一般一条，最多不超过两条。

图斑符号，应按有关业务部门的要求或颁发的规范，统一拟出代号系统。

（3）调查工作定额

遥感概查或详查都应该确定工作定额，一般是根据调查区内的土壤类型、地质、地形、植物（作物）及耕作利用等实际情况，确定的转绘成图方法、遥感土壤调查制图的精度等来确定。特别是在全面开展详细调查以前，还必须指定工作定额，以利于确定土壤详细调查的工作步骤、工作进度表和人员设备。关于调查工作定额的问题，土壤调查机关是有规定的，但因调查地区的地形与土壤复杂程度，调查人员的技术水平不同以及调查队的组织领导是否健全有很大差异。因此，一般规定的定额只是作为参考而已。

6.4.2.2　土壤遥感概查与土壤解译标志建立

（1）土壤遥感概查

土壤遥感调查可分为土壤遥感概查和详查（概测和详测）2种，而土壤遥感概查又称为路线遥感土壤调查，开展土壤遥感详查之前必须先开展概查。土壤遥感概查是对调查区内土壤发生条件、分布规律、成土过程、土壤理化性状、生产性能等要素作概括性调查研究，并对各要素与遥感影像的相关规律性做深入分析研究的过程。其工作应遵循"先宏观后微观，先整体后局部"的原则进行，为土壤遥感详测制图做好充分的准备。因此，遥感概查的目的是摸清调查地区的自然景观、土壤类型、土地利用等概况，制定调查区的土壤调查的工作分类系统，确定成土因素、成土过程、土壤类型、景观特征与遥感影像特征之间的对应关系，为建立土壤遥感解译标志奠定基础。

为了很好地达到上述目的，进行概查时，最好能和地质工作者、植物工作者、农业技术人员以及熟悉当地情况的干部或者农民一起进行，以便了解当地的自然因素、行政区界、人口劳力、经营管理水平、农业机械化、水利化以及产量、产值、收益分配等情况。

确定概查路线　在出发进行野外概查之前，按照走最短的路、了解最多的内容、能够全面地掌握调查区概况的原则，首先在室内根据遥感影像、地形图、地质图等仔细研究调查地区的地貌类型，并根据不同的地貌类型、不同地貌单元、不同土地类型及不同生产情况和当地干部等共同研究拟订出几条概查具体的路线。这些路线应经过各种不同的地貌类型、地形部位和不同的农业区，同时还要通过最高的山峰，以便远眺调查地区的大概情况，只有这样才能更全面了解调查地区内的土壤及成土因素的概况，然后根据选择的路线进行野外概查。所以，概查路线通常是垂直穿过等高线的2~3条路线。应用卫星遥感影像进行路线调查时，还必须随时将透明地形图与卫片上明显地物点为基准进行局部套合定位，以免产生定位误差。

土壤类型及其特性和土壤分布规律的研究 根据已确定的概查路线进行调查过程中，要查明主要的土壤类型及其特性和分布规律，对于各种不同地貌类型乃至不同地貌单元的特点进行研究，以便了解不同地貌类型、不同地貌单元组合的土壤特征，并且确定土壤的地理分布、地形特征、地质构造和其他土壤的形成关系，应尽量找出其主导因素、农业生产中存在的主要问题。

更重要的，还要查明各种土壤的农业利用情况。因此，在一个地形部位，例如：山冈、坡地、山谷、洼地以及不同地类，例如：水田、旱耕地、荒山荒地和林地等都要挖掘主要剖面，对于不同地形部位、不同母质、不同植被类型以及不同农业利用的主要剖面，要加以详细的研究和记载（剖面记录表），并采集必要的土壤标本和土壤理化分析样本，需要时还应将这些样本送到化验室进行分析，以便根据分析结果进一步了解土壤情况。

根据概查材料，评比土壤标志以后，便可初步确定土壤发生变化的规律、农业利用情况。为了更好地说明地形和地质构造对土壤变化的影响。可以根据概查的材料编制表明地形、绝对高度、作物种类及各个地形部位的母质和土壤的分布与地形关系的断面图，当然这时编制的断面图不可能很准确和完善，将来在详细调查之后，还可能有补充和修正。

土壤与遥感影像的相关性研究 主要是研究成土因素、成土过程、土壤类型、景观特征与遥感影像特征之间对应关系。在概查中对照航片或卫片，随时定位，仔细观察，对经过的地貌单元、植被类型、农业利用方式、土壤类型，地质（母质）、水文等与遥感影像之间的相互关系，进行比较分析，素描记载，建立典型"样块"影像特征，为拟订解译（判读）标志，即景观—土壤—影像特征三者相关性关系和室内预判提供依据。

拟订工作分类系统和确定制图单元 根据土壤概查的结果和一般土壤分类的原则，参照国内最新拟定的土壤分类体系，结合本次调查工作的需要，以评土比土为基础，拟订出调查地区的土壤工作分类系统，以供全面详细开展遥感土壤调查制图时作为参考。对于由几十人组成的大队，而且队里可能存在不熟悉土壤遥感调查工作的成员，这项工作是非常重要的，如果没有一个土壤工作分类系统作为依据，那么各个小组进行影像判读与土壤分类工作将不会得到标准一致的结果。

由于概查工作时间短促，工作不够深入等，对于调查土壤情况掌握不够，特别是较小比例尺遥感土壤调查制图，导致拟订土壤工作分类的困难。可根据前人所做的土壤的调查成果，将分散、零星、不统一的土壤分类体系及性状阐述材料，按照现行应用的土壤分类系统加以解译，并按目前制图精度的要求，确定相应的制图单元，拟订出这次土壤遥感调查制图统一的土壤工作分类系统。这个分类系统是临时性的，详查后还要进行补充和修正。

必须强调，概查后拟订出调查地区土壤工作分类系统，确定制图单元，是一项重要工作。

（2）建立土壤遥感判读标志

土壤遥感解译标志是在土壤遥感概查的基础上，以土壤发生学为理论基础，以地物的影像特征为依据，建立起来的成土因素、土壤类型等影像综合特征，包括地形、植被、成土母岩(母质)、水系、农耕地、裸地等的解译标志。

在概查中所走的路线经过了不同的地貌单元、不同的植被类型、不同的农业利用方式、不同的土壤类型。除了完成上述任务之外，调查者还应对照影像随时定位，仔细观察地质、地形、母质、植被、水文、土壤与遥感影像之间的相互关系，进行比较，素描记载，并拟出判读标志一览表(表6-5)，这也就是建立典型"样块"，为室内预判提供依据。

表6-5　土壤遥感判读标志一览表

土壤标志地物	符号	地形	色调	图形	结构	阴影	位置	典型遥感影像

将遥感影像同比例尺大小相近或相等的地形图进行分析对比，不同的土壤类型建立相应的判读(解译)标志。在建立判读标志的过程中，如果发现相同土壤类型有不同影像特征时，则要进一步对水分条件、有机质含量的多寡、机械组成差异等进行对比分析，看是否受其中某一因素的干扰。

有经验的土壤工作者，在熟悉的地区工作能在室内建立判读标志，则尽量多地建立判读标志；经验较少或者在人地生疏的地区工作，室内预判和野外校核与调绘阶段不要严格分开，可以交错进行，有利于样块的建立，促进室内预判的开展。

判读标志的建立，是遥感土壤调查制图的室内判读基础，判读标志的丰富与可靠性直接影响解译的效果，从而影响到成图的质量和效果，因此要尽量建立更多的可靠的判读标志。

土壤判读标志是以地形、母岩、植被和土地利用等判读标志为基础的，即地形、母岩、植被和农业土地利用方式的判读是基础。生物气候带是地带性的显域土壤主要的判定特征，例如：寒带的冰沼土，温带的灰化土、棕色森林土，北亚热带的褐土，中亚热带的红壤，南亚热带的赤红壤，热带的砖红壤等。地形、母岩、植被和土地利用等影像特征是非地带性的隐域土的综合判读特征，例如：四川的紫色土，系侏罗系紫色砂泥岩形成的幼年土壤(岩性土)，主要分布于四川盆地的丘陵区，丘体多被作为旱耕地利用，冲沟一般为水稻土，可根据这些特征在影像上的表现，确定紫色土的判读标志。

6.4.2.3　室内预判

室内预判是根据路线调查所掌握的感性知识，以工作分类系统和解译标志为依据，充分运用解译人员的专业知识和遥感影像解译的基本方法，对遥感影像进行综合性的景观分析，在航片或卫片的蒙片(聚酯薄膜)上逐块勾绘出土壤类型或土壤组合的界线，并对预判结果做好记录(表6-6)的整个过程。在预判过程中，由于使用遥感影像资料的不同，其预判的难易程度和方法步骤也有差异。

表6-6 土壤预判结果记录表

土壤名称及制图单元	地形影像特征	植被及土地利用影像特征	母质影像特征	综合影像特征及成土过程、特点	验证结果

（1）土壤景观判读

表征在卫片上的景观或土壤的影像，由于成像时间不同，以及卫片波段组合、洗印等状况的差别，对同一地区相同地物的影像特征也可以产生变异。

因此，很难得出统一的标志予以确认。然而，不论怎样变化，间有地物的表面形态和光谱特征，通常都有其总体变化的规律。

景观是地貌、地质、水文、土壤、植被及农业利用等诸因素的综合反映。由于卫片比例尺一般较小，景观在卫片上的主要特征，主要通过其固有形态和自身的物质结构的宏观特征体现出来。例如：不同的地质构造会明显地反映在形态特征上，线性影像可能是山脊或河谷走向，直线形可能是单斜构造，曲线形可能是褶皱构造，单根线形影像可能是大的断层，许多线形影像组合而成的带状则可能是沉积岩或喷出岩。

景观自身的物质结构会有不同的光谱特性。它们反映在卫片上就构成色调灰度特征。不同的岩性、植被及水体丰缺状况，对不同光波的反射、辐射能力不同，在卫片上也会得到不同的影像色调及图形。

卫片景观预判主要是山地、丘陵、岗地、谷地、平原等地貌类型及其相应地层的预判，这些景观都有其固定的外部形态，在卫片上也都比较容易地被判译出来。例如：山地及谷地多呈条带状，丘陵、岗地呈圆浑的团块状，平原呈平面片状等。由于地层的岩性不同，使得它们受侵蚀后的形态表现和反射光谱特性产生差异，也会在影像色调和图形上显现出区别。硬质砂岩、砾岩、岩浆岩等，由于自身抗蚀性强，形成的地形比较陡峻，因此，阳光反射后在卫片上的形态也是棱角明显，阴影清晰。而色调在彩色片上如消除了植被干扰，多半呈褐铜色或暗褐色。较软质的砂岩或页岩地层，在卫片上色调比灰岩、结晶岩浅。山地形态较平缓，坡面陡缓相间；水系一般呈树枝状、角状、倒钩状和棱状；沟谷较开阔，多呈"U"形。

（2）农业用地与植被预判

农业旱耕地在假彩色合成卫片上可呈白色、黄白色、浅蓝色或红色等多色调的块状、条带状影像。水田呈蓝色、浅红色或暗红色格网状、同心圆状、块状、树枝状影像。菜地呈浅粉红色或浅肉红色粒状。林地呈灰色、深灰色片状，过度模糊；假彩色合成片上呈橙红，背景可嵌有黄色斑块。牧草地呈灰色、深灰色，但不均匀；假彩色合成卫片上呈红色间有黑红或鲜红斑点，或呈淡黄红色，无一定几何形状。

（3）成土条件和土壤类型的判读

在土壤景观、农业利用与植被等预判的基础上，进一步判读、确定土壤类型和界线。

6.4.2.4 野外调查校接

室内影像预判时，常常会遇到判读不出或把握不准的情况（缺乏判读经验或在新区开展工作时更会如此），需要到野外做补充调查，到实地进行调查与验证。即使是已经判读出来的、分布面积广或有特殊意义的轮廓和内容，也应到实地进行检查与验证，并挖掘土壤剖面进行描述和研究，采集土壤标本与样本供室内比土、评土、土壤理化特性分析化验、测定土壤理化性状之用。总结农民用土、改土等农业生产经验，这些在室内是不能解决的问题。

（1）野外调查验证的主要工作内容

土壤类型、图斑及其界线的检查验证　对于在判读过程中认为有把握的土壤类型图斑及其界线，根据统计抽样的原则，进行少量的（一般20%的土壤图斑及界线）野外检查验证工作；对于在判读过程中认为把握性不大的、有疑问的土壤类型及其界线，要求全部进行详细的实地检查验证。

重点内容的野外调查验证　对于调查地区内具有理论意义、生产意义的地区或地段，例如：大片荒地荒山、严重水土流失地区、特殊的低产土壤等，要求进行重点的野外验证。

观察土壤剖面、采集土样　对土壤剖面进行详细观察、研究与描述，并采集供室内评土、比土的土壤标本、土壤理化分析用样本，以便进一步深入了解成土过程、土体的构型、理化特性、生产特性等，为提出改良利用意见服务。

揭示问题、总结经验　对农业上存在的问题和先进经验，要进行访问和总结等。

（2）野外调查校核的做法

调查验证路线的确定　根据经验，野外检验路线的确定，应经过不同的地貌类型、土壤类型、不同农业区；经过在室内判读过程中认为把握不大的、有疑问的土壤类型及其分界线；经过必须采取的土壤理化分析样本的剖面点，以及生产上存在问题的地块和地区。

每条路线的间距，因比例尺不同而异。例如：大比例尺详细的遥感影像土壤调查制图，可作影像框标的连线，将航片分成四等份，可对角线抽样确定野外调查验证路线，也可采用放射状四块来确定野外检查验证路线，这取决于时间、要求和人力的许可与否；比例尺较小的航片土壤调查制图，也可以航线为确定路线范围，但路线的里程，必须以一天来回为原则，范围过大者，宜分幅设站，进行野外调查验证。

土壤剖面的配置　剖面的配置，要根据不同的地貌单元、母质类型、农业利用方式和土壤类型设置剖面。每一个土壤类型至少要设有一个剖面，同一个土壤类型根据其分布面积的大小或者图斑的多寡再决定其剖面数。对于有重要理论意义、生产问题的土壤类型应增设剖面，另外，剖面分布要合理，即剖面的分布要均匀，防止太集中于某一地段，而疏忽于其他地段，达到最低限度控制剖面总数目为标准。其数量是根据调查制图的比例尺、地形和土壤复杂程度，以及生产要求所决定的。

土壤剖面挖掘后，要进行观察、研究与描述，并将剖面点的位置准确记录在影像上，同时对剖面进行编号。取样后的样品理化分析结果也要附上，以供后来的整理资料、编写报告、土壤改良规划之用。

土壤类型及其界线的检查验证 在遥感影像上许多土壤界线已经现成地反映在影像上，例如：水稻土与旱地、耕地与非耕地等在影像上都一目了然，这些土壤界线都是很容易检查验证的；土壤分布变化是否复杂也可以从影像特点判读出来，如影像内部均匀一致的地段，意味着土壤类型分布单一，变化不大，野外工作可以从简。这样就可以大大减少挖坑、打钻的数量，增加野外调查路线的间距。不必拘泥于一般大比例尺土壤调查规划所确定的挖坑、打钻定界及每条路线所控制的范围，完全可以根据室内预判结果，有针对性地安排野外调查路线和挖坑、打钻。对于判读过程中认为把握不大，有疑问的土壤类型及其分界线等的地区，要进行详细的挖坑、打钻。野外检查验证时，做了修正的土壤类型和土壤界线，影像上就地更正，并在框边注明。

土壤分界线的精度，应根据上述土壤遥感草图的误差限度的规定，进行检查验证，超过土壤图误差限度之规定者，当场修正。修正土壤类型或土壤界线，必须持谨慎态度，应进行反复对比，综合分析，予以确定。而土壤类型改变的同时其代号也跟着改变。

新增地物的补测 随着社会经济的发展，新的地物和人为地貌也随之不断地增加和变化，在航片、卫片上反映的影像往往因年长日久而失真，在遥感影像上对这些内容进行修改和补充的过程称新增地物的补测。遥感影像上反映不出来的这些内容，有的对土壤调绘是非常重要的，因此必须对新增地物进行补测。新增地物的补测可以通过室内或实地调绘补充到影像上去。根据在准备工作阶段所收集的地形图等资料，可把大部分或一部分补测工作移到室内进行(称为新增地物的室内补测)，室内无法解决的问题必须到实地去调绘(新增地物的调绘)。

新增地物的室内补测 主要是针对若干年前拍摄的遥感影像，近年来，分散的居民点已经集中到某一地段上，昔日的零星分布的水塘和弯曲的溪沟已被今天有规则的排灌渠系所取代；昔日的小丘荒滩已被今天的方田所代替，昔日的荒城可能变成今天有规则的梯田，昔日的旱耕地可能变成今天的水稻田，以及昔日的田野今天盖起了工厂等。所有这一切，当我们在利用遥感影像进行土壤调查过程中认为有必要时，就可根据新近的地形图、城市地籍图等，按图件与航片的比例尺，选择相应的明显地物点作为控制点，或选择两个明显地物点连成直线作为控制轴线进行修改或补充到影像平面上去，或描绘在透明描图纸上。

新增地物的调绘 当需要修改或补充的内容在内业补测不能解决时，必须携带有关的仪器和影像或地形图到实地去进行调绘。尽管野外的地形、地物的形状和位置是多种多样的，例如：外形有直线的、折线的、曲线的、有裸露的、有隐蔽的、有可达的、有不可达的等，但它们都是由若干像点以及由点连成的线所构成的。例如：独立树、水井、电线杆就是一个点；一幢或一排房子，是由四个点构成的，而便道、渠道或公路也是由有限的几个点及其连线构成的；一个水池或一种无规则的土壤界线也是若干个特征点及其曲线构成的。因此，外业调绘的实质就是测定地形和地物点，以点定线，以线定地形地物的形状、大小和位置。

应该注意的是，在野外进行碎部补测时，由于地形地物错综复杂，所需补测点作用不同，精度要求不同，所用的仪器和方法也不一样，一般可选择极坐标法、量距交会法、量距直接定点法、罗盘仪和距离定点法等。

调绘新增内容(地物)，包括遥感影像上的建筑物，例如：新开的排灌系统、道路、居民点，新开的茶园、果园，新营造的林木，新砍伐的森林迹地，新改变的耕作利用地块等。

境界、权属界的调绘 一幅完整的土壤遥感调绘图，还应该具有境界和权属界线。境界是指国界及各级行政区划界，权属界是指村界，农、林、牧、渣场界，居民点以外的厂矿、机关团体、部队、学校等单位的土地所有权和使用权界线。境界、权属界的调绘必须是界限的双边单位负责人到现场指界，实地调绘。高级境界与低级境界共线时，只绘高级境界；同一区域内，最高境界必连续。

土壤遥感草图的拼接 经过野外调绘和验证以后的土壤工作草图，应当结合室内的化验和评土比土结果，将各组调绘的土壤图(航片或卫片)进行拼接(接边)。一般在相邻调绘片之间往往会产生各种难以拼接的情况，如果属于影像畸变问题，则可通过影像纠正来解决，如果通过上述措施还难以解决，则要求进行野外复查。总之，要成为一幅完整的、合乎要求的土壤遥感草图。由于遥感影像上带有各种误差(如倾斜、投影误差等)，同时比例尺也不一定与成图比例尺相同，因此，草图还必须经过转绘或技术处理，才能够形成土壤底图(作者原图)。

6.4.3 土壤遥感草图的转绘

土壤遥感草图的转绘是在草图的基础上进行的，具体转绘的方法和过程由成图比例尺的大小和工作底图性质来决定。大比例尺调查制图，遥感调查的工作底图一般都采用航片或者大比例尺的卫片，由航片形成的草图，就必须经过纠正转绘，再经过编制成图，才能够形成土壤遥感底图(作者原图)；而中、小比例尺调查制图，遥感调查的工作底图一般都采用卫片，那么形成的土壤遥感草图，就不一定经过纠正转绘，只需作一般转绘或必要的技术处理。就能够形成土壤遥感底图。如果是用正射影像图调绘的土壤工作草图，则不必转绘。

6.4.3.1 航片土壤草图的转绘

由于航空影像是中心投影，所以会产生地形位移和倾斜位移等影像畸变，在其影像上调绘的土壤图斑、土壤界线等内容，也相应地发生了畸变。因而，必须进行纠正，并转绘到我们所要求的比例尺的地形图上来。遥感影像转绘可分为自估、图解转绘和光学仪器转绘，光学仪器法可以达到较高的用图要求。

(1)目估转绘

目估转绘是以转绘底图(影像平面图、地形图)和工作草图上对应的已知地物、景观等信息为参照，用目估的方法将土壤草图上的调绘内容转移到底图上的过程，具有简便易行的特点，但费工费时。

基于影像平面的目估转绘 用影像平面图作为底图，把判读调绘好的影像向影像平面图上转绘，最为方便准确，即用目视的方法，按影像逐一将调绘影像与影像平面图组成立体像对，在立体镜下进行立体转绘。两者比例尺相差很大，立体观察不方便时，如果有条件也可以采用巴斯坦立体镜来转绘。立体转绘方法既方便，质量又好，但速度慢。

基于地形图的目估转绘 利用地形图作为转绘底图，在地形、地物明显地区，把道路、界线等，采用目视方法按地形图上的地物性线(如山脊、山谷、鞍部等)逐个进行转绘。除以沟、山脊作为控制骨干外，还应参照地形图上的地类界、道路及其他地物标志做控制。

(2)图解转绘

主要的方法有图解格网法、距离交会法、辐射交会法、平行尺转绘法、单辐射分带转绘法、辐射同心圆模板转绘法。特点是精度高，但费工费时，造价高，一般很少采用。

(3)仪器转绘

最常用的转绘方法是仪器转绘，可分为纠正转绘仪转绘和精密立体测图仪转绘。

纠正转绘仪转绘 这里指的纠正仪，主要是一系列的具有纠正转绘功能的仪器。主要有下列仪器：HCZ—02 型航片转绘仪，HCD—1 型单技影转绘仪，YZH—1 型遥感影像转绘仪。

基本原理：通过仪器的投影或几何变换，将航片的影像转化为水平投影，再将水平投影放大到与成图比例尺完全相等，并转绘成图。它只能消除倾斜误差 δ_a，而不能消除 δ_h，δ_h 只能通过分带来加以限制(图 6-5)。

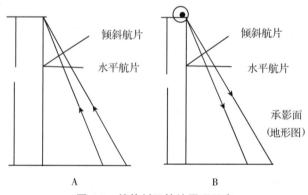

图 6-5 航片纠正转绘原理示意

A. 航空摄影　B. 仪器纠正

地形起伏较大地区的分带纠正转绘，这时必须是由于地形影响而引起的投影误差在规定的范围以内，即点的位移在地形图上不能超过 ±0.4 mm。在起伏较大的丘陵地区所摄得的航片，其摄影误差也很大，因此影像各部分的比例是不一致的。虽然这时可将地形起伏改正数加入纠正点，但其位移将会超过规定的精度，从而降低成图的精度。这时，如果使用不同高度的平面进行影像的分带(分层)纠正，可以消除这个缺陷，并使地形起伏引起的位移减少到所需的精度以内。因此，分带纠正法的实质是在一个平均高度的平面上纠正影像。即在两个、三个平均高度的平面上纠正影像。也就是说把整张影像分成好几层进行纠正，镶嵌平面时就将各层纠正所得的面积拼接起来，即成为一幅比例尺一致的地图。

　　分带纠正在理论上是没有带的限制的，但实际上我们在一张影像上一般不超过三带。这是因为带数过多时就非常麻烦。

　　为了决定分带纠正的层数，就要确定航片作业面积范围内最高和最低的高程，从而求得地形起伏变化的幅度。

$$\Delta H = H_{最高} - H_{最低} \tag{6-3}$$

　　为了使各带在投影面上的投影误差不超过允许误差的限度 0.4 mm，根据以前所述公式的限制，则带的截面间隔（即两纠正分层的间隔）为：

$$2h = 0.0008(f/r)M \tag{6-4}$$

式中　$2h$——纠正分层间隔（m）；

　　　　r——影像中心至定向点的距离（可取平均距离）；

　　　　M——成图比例尺分母值；

　　　　f——航空摄影机焦距（mm）。

　　确定了分层间隔以后，就可以计算本分层带的数目 N：

$$N = \frac{H_{最高} - H_{最低}}{2h} = \frac{\Delta H}{2h} \tag{6-5}$$

　　图 6-6，A 所表示为地形的断面，该地形的地貌用等高线表示，在影像上如图 6-6，B 所示。图中 T_2 是高差为 $\pm h_2$ 这一带地面的平均高程，高差 $\pm h_2$，在该带产生的起伏位移不会超过 ± 0.4 mm。在相邻的两带内平均高程分别为 T_1 和 T_3。

　　当把第 1、2、3 带内的平均高程面 T_1、T_2、T_3 分别作为起算平面时，按公式 $\Delta h - rh/fM$，即可求得各纠正点在各带内的起伏改正数，并可将该改正数加入底图上的纠正点。然后通过升降承影面 E，使带内改正后的纠正点与像面上的纠正点一一对准，这样我们就可以在相应的承影面上利用地物的投影光线来纠正影像。

　　如果把第 3 带内的平面 T_3，作为起算平面时，那么点 A 的起伏改正数即等于零，而在沿光线 aSA 纠正时，需要把承影面从位置 E'' 转绘到位置 E' 上。平面 E''' 上的比例尺将小于平面 E' 上影像的比例尺。

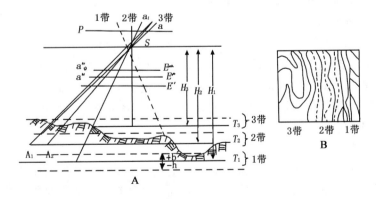

图6-6　地形起伏地区的分带纠正示意

当把第 1 带内平均平面下所算出的起伏改正数加入纠正点时，即可在承影面 E' 上取得 1 带内部分影像的纠正影像。

当分带纠正影像时，必须在每个平面 E'、E''、E''' 上晒印一张影像，并注明带的号码，在经过分带纠正的影像上，因地形起伏影响而引起的偏差不会超过规定的限度。

(4) 精密立体测图仪转绘法

基本原理：在仪器上将标准像对通过光学或机械投影(或几何投影)变换，重建地面模型(谓之立体模型)，然后将模型通过缩放系统，放大到与地形底图比例尺相等，再将所需转绘的内容转于地形图上。这种转绘能一次性消除投影差 δ_h 及倾斜误差 δ_a，同时达到统一比例尺的目的，例如：X - 3 型立体视差测图仪就属于这类转绘仪器。

遥感影像处理系统办法：通过遥感影像处理软件，例如：ERDAS IMAGINE，将航片及相应地形图数字化，可实现对航空影像的数字化误差纠正。

6.4.3.2 卫片土壤草图的转绘

对于卫片调绘的土壤草图来说，一般不用进行几何纠正。因为通常 1：10 万的卫片的粗制品均经过了初步纠正的过程，其精度是可以满足一般土壤制图要求的。主要是在比例尺放大过程中，由于放大机的光学系统为中心投影，因而产生误差，纠正也比较容易。最简单的转绘办法就是用相同比例尺的透明地形图采用局部重合的方法，将其直接蒙覆于卫片的调绘土壤草图上，在透明地形图上另固定一张半透明的聚酯薄膜，在光桌上将这两组图以地形地物作控制、水系为基准进行局部套合并转绘调绘内容和各类边界，这一转绘过程实际上也是纠正过程。在转绘过程中，还可利用卫片信息丰富、影像逼真、宏观性强、易于概括等优点，对土壤工作草图进行校核修编，以提高土壤图的质量。

6.4.3.3 土壤草图的编制成图

通过以上土壤遥感草图转绘形成的土壤遥感底图，是最基础的土壤图图件，还必须经过编制才能形成土壤底图(作者原图)。土壤底图是土壤系列专题图件编制和面积量算的基础，同时也是遥感土壤调查的成果图之一。

(1) 土壤底图的编制

以遥感影像为基础的土壤底图编制，是在转绘底图(比例尺相当或缩小了的地形图)上进行的。转绘后形成的土壤底图，已经消除了各种误差。因此，编制主要内容是加绘自然和行政要素、增添反映地形变异的等高线条、进行必要的修饰等，这样便可形成一幅既有景观背景，又有土壤图斑的底图或透明底图(作者原图)，晒印后或者经过计算机数字化后即为成图。

(2) 图例的制订

通常是用代号和色彩来反映一张土壤图的全貌。土壤图的清绘与整饰是经过绘制复晒得到的清绘素图，通过着色、装饰，便可形成一张既有专业内容又很美观大方的成果图。也可经过数字化后形成影像，这个过程可以通过地理信息系统软件来完成。

6.4.4 土壤遥感调查成果的整理与总结

土壤遥感调查成果的整理和总结与常规土壤调查相同。

6.5 无人机遥感与土壤调查

6.5.1 无人机遥感概述

无人机(unmanned aerial vehicle，UAV)是一种搭载多种任务设备，能够反复使用和执行多种任务的无人驾驶航空器。由于它的使用成本低，易于操控和使用，获取高分辨率影像数据的能力很强，在不断的发展过程中，其性能也逐渐提高，功能也更加全面。在20世纪初期，无人机通常被用来当作靶机。随着经济技术的发展，自21世纪之后，尤其是在导航、通信以及数字传感器等技术领域的发展，促使无人机技术从研究阶段迈向实用化阶段。

无人机遥感(UAV remote sensing)是利用无人机技术、遥感传感器技术、遥测遥控技术、通信技术、差分定位技术和遥感应用技术，自动化、智能化、专业化地快速获取地理、资源、环境等空间遥感信息，完成遥感数据采集、处理和应用分析的技术。由于无人机遥感系统具备很强的灵活性，加之造价实惠等特点，许多国家都加大了研发力度，使得无人机技术发展走向了一个更高的台阶，它在摄影测量技术领域的地位也越来越突出。

6.5.2 无人机遥感与其他遥感系统的应用对比

6.5.2.1 与卫星遥感对比

在应用领域方面，卫星遥感主要集中在全球变化研究，包括土地覆盖、森林与草地、灾害监测和海洋调查等方面，以及大比例尺资源环境调查，而在小范围田间尺度的精细农业方面应用不多。相比于卫星遥感，无人机遥感适合小区域内图像采集，一是由于飞行范围有限，二是由于传感器成像视场有限，成像图像覆盖面积小，大范围图像拼接过程中会存在大量信息丢失，多幅图像重叠时，难以实现精确对齐，因此监测范围有限，主要应用在田间尺度调查，其作为卫星遥感的补充，具有重量轻、体积小、性能高等优点，现已成为遥感发展的热点和新的趋势：

第一，无人机能够获取高时空分辨率的航空影像。卫星遥感影像通常存在一些问题，如混合像元、同物异谱、异物同谱等因素，这导致其在作物面积估测方面的分类精度难以超过90%。无人机遥感属于低空遥感，影像的分辨率很高，在实际工作中，根据对地面分辨率要求的不同可以调整飞行高度，以5D mark相机(CCD像元大小36 mm × 24 mm，最大分辨率5616×3744)为例，将其焦距设在50 mm，则其对应成图比例尺的相对航高见表6-7。无人机可以获取非常高分辨率航拍图像，可以获得小区域内的大比例尺度遥感影像，对于高精度遥感影像的采集具有重大意义。

表 6-7 成图比例尺与相对航高的对应关系

成图比例尺	成图精度要求		地面分辨率	相对航高	摄影比例尺
	平面精度	高程精度			
1:500	0.125 m	0.25 m	4 cm	300 m	1:6000
1:1000	0.25 m	0.5 m	8 cm	600 m	1:8000
1:2000	0.5 m	1 m	15 cm	1200 m	1:15000

第二，无人机成本低。卫星遥感的高精度影像价格昂贵，低精度影像像元较小，不利于中国复杂的种植国情。无人机价格相对便宜，运行维护成本低，适用于民用和科研的各个领域的应用拓展。

第三，无人机受天气、云层覆盖限制小。卫星遥感影像获取受天气因素影响较大，当云量大于10%时，其无法获取清晰的数据。无人机由于飞行高度较低，所以可以忽略云层覆盖的影响。

第四，无人机相对实时。由于农作物生长发育较快，生产需求变化快，通常需要获得指定时间段的影像。高分辨率资源卫星的遥感数据重返时间长、时效性差，因此，无法在短时间内获得指定范围的数据。无人机可以多次快速展开任务，飞行时间灵活，作业方便快速，可以保证动态数据的采集。

第五，无人机在飞行高度和飞行时间方面灵活。无人机对起飞和降落场地要求低，飞行时间灵活，可以快速应用于突发情况。

第六，无人机操作相对简单，便于维修。

第七，一般通过目视方法就可以清晰地从无人机遥感影像上判读地块的利用类型，直接用遥感影像就可以进行分类检测，从而减少了野外判读的烦琐过程。

6.5.2.2 与近地遥感对比

地面高光谱遥感技术主要应用野外高光谱仪，能够获取许多连续的非常窄的光谱影像信息，增强对地物目标属性信息探测能力，因此相比于无人机，地面遥感光谱分辨率高具有光谱波段多、光谱信号强以及数据丰富等优点，已逐渐成为支持农作物生长无损监测的重要技术支撑。地面高光谱是一种快速无损的监测技术，传统的监测方法费时费力，地面高光谱遥感可以降低工作人员的劳动力投入，与卫星遥感相互补充，实用性强。在分析和检测作物病虫害方面，地面高光谱可以提供小尺度空间虫害管理水平，比计算机视觉检测技术更有实用性。同时，高光谱遥感波段连续性强，可提高对作物的探测能力和监测精度。可以利用高光谱获取植株体内氮素含量和生长状况等信息，选取最佳的波段来识别区分作物，估测水稻蛋白质含量。地面高光谱遥感是进行农业监测的重要内容，为实施精准农业提供关键技术，实现高效、高产、优质的生产目标。

地面高光谱遥感也有一些局限性。在野外地物光谱测量过程中，接收地物辐射是一个需要综合考虑多种影响因素的复杂过程。所获得的光谱数据易受多种因素影响，如天气条件、光照条件、太阳高度角与方位角、相对湿度、仪器视场角、仪器定标、仪器的采样间隔等。无人机相对不易受到天气影响，仪器操作简单快捷。近地高光谱在实验前需要制定排除各种干扰因素产生的影响，同时需要投入大量人力物力，无人机所需劳动力投入较少，干扰因素少。此外，高光谱测量结果人为因素影响很大，如测量人员要身着深色衣帽，无人机相对操作简单，人为因素影响不大。

6.5.3 无人机遥感的系统组成

6.5.3.1 传感器设备及其控制系统

该部分系统主要安装在无人机的任务舱，用来获取遥感影像，在实际应用中，根据不同的任务需求，系统可以搭载包括光学胶片相机、面阵 CCD（charge coupled device）数码相机、磁测仪、成像光谱仪等不同的传感器设备。而目前无人机低空遥感系统装载的传感器大都是采用具有更高性能的 CCD 数码相机，由其获取的影像数据更便于通过计算机来快速处理，这样避免了大量的人工操作，缩短了影像加工处理的时间。通常，与传感设备一起的还有稳定平台，它主要是负责固定传感设备以及改进飞行过程中产生的偏流角，可以使摄取的影像数据质量更高。

6.5.3.2 飞行平台

稳定的飞行平台也是确保无人机遥感系统性能稳定的重要部分。无人机在设计布局上拥有较大的容积空间，这就可以方便地装载各种传感器装置。另外，在不同的地区根据不同的测量任务需求，无人机可以运用一般的滑行或者性能更加全面的车载起飞等不同的起降方式。其次，对机身飞行速度、续航时间以及飞行高度都有一定的要求。

6.5.3.3 飞行导航与控制系统

该部分主要是对无人机的飞行姿态进行控制以及对所搭载的相关传感设备进行管理（图6-7），其主要的构成有 GPS 接收机、惯导及部分传感器等。在追求性能的可靠性和信号接收及传输的精度上，系统通常采用网络分支结构和数字通道的连接模式，这在一定程度上提升了系统的抗干扰性。另外，可根据实际需要对系统配件做相应的增缩，其可拓展性比较强。

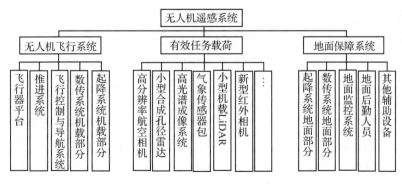

图6-7 无人机遥感系统的组成

6.5.3.4 无线测控系统

无线测控系统可以获取并显示当前无人机和传感装置的相关参数信息，如飞行高度、航向以及速度等。地面指挥员通过掌握相关信息从而依据具体任务情况引导无人机飞行作业。为了使在应用中的系统设备更加便于携带和架设，指控设备平台逐渐发展为一体化、集成化。

6.5.4 无人机遥感数据的后处理技术

从影像地面分辨率出发，结合相机的像元大小与焦距，可以求出成图比例尺对无人机遥感平台飞行高度的要求。无人机遥感属于低空遥感，像幅较小，影像数据较多，所以通常要进行图像拼接才能得到区域的完整影像。由于无人机本身的重量较轻，又属于低空飞行(处于对流层中)，容易受到周围气流的影响，导致无人机在飞行过程中不稳定，所以应当特别注重对无人机影像的纠正和配准。

6.5.4.1 无人机影像拼接

通过进行一次土地详查都会获取很多幅无人机影像，只有将所有的影像拼接起来才能得到全区的影像。目前，对于无人机影像的拼接是无人机遥感技术领域研究的一个热点。由于还没有针对无人机影像的专业效果很好的拼接软件，所以当前还是采用一些通用的遥感软件如 ERDAS，ENVI 等进行图像的拼接。

6.5.4.2 影像的几何纠正与配准

标准影像选用高分辨率的遥感图像或者地形图，将无人机影像纠正到对应的图像空间中，选取无人机影像与标准图像匹配的同名控制点，采用控制点数据对原始无人机影像的几何变形过程进行数学模拟，建立原始无人机图像空间与地理制图用标准空间之间的对应关系，从而实现对无人机影像的几何纠正并赋予地理信息。每次土地详查中都采用统一的标准图像(即基于相同的空间参考)，从而保证了之后影像叠加的正确性。

6.5.4.3 图像融合

遥感传感器的类型很多，根据不同的任务使用相对的机载遥感设备，例如：高分辨率 CCD 数码相机、轻型光学相机、多光谱成像仪、红外扫描仪、激光扫描仪、合成孔径雷达等。利用可见光对地观测，是无人机最常用的遥感手段。近年来，随着生产工艺的进步，普通数码相机的分辨率越来越高，加之价格低廉，所以目前很多无人机遥感系统采用高分辨率 CCD 数码相机作为机载遥感设备，同时也有部分系统逐步使用多光谱成像仪。采用单一高分辨率图像进行图像分类和信息提取可以依靠模糊逻辑分类器，但该过程要确定很多条件用于分类的输入信息，更加依赖于对对象特征的掌握程度，分类结果可能不是很好。如果有无人机多光谱遥感影像(分辨率也很高)，则可以将高分辨率无人机影像与该多光谱影像进行融合(根据多光谱成像仪的波段设置，选择不同的融合变换方法)，融合后的影像同时具有高分辨率和丰富的光谱信息，通过融合影像不同的波段组合会使得某些地类突出显示(不同的色调形式),例如:耕地、植被等。

6.5.5　土壤快速详查的流程

基于无人机遥感的土地利用快速详查主要工作分为3个方面:数据采集,数据处理(图像拼接、纠正与配置、分类等),数据入库(更新土地利用数据库)。具体的工作流程如图6-8所示。每次详查都会有很多影像,需要通过拼接技术获得全区的遥感图像,在拼接过程中,同名控制点的精度和采用的拼接方法很重要,将直接影响全区的图像精度。为了进行影像叠加求得变更信息,必须统一叠加图像的空间参考,所以要将影像进行几何纠正与配准。

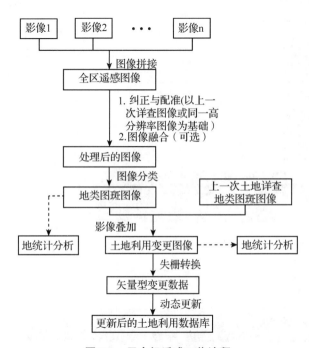

图6-8　无人机遥感工作流程

对于分类后的图像,不同利用类型的地块采用不同的颜色(根据相关土地利用制图规范)进行着色,然后与上一次土地详查地类图像进行叠加获取土地利用变更图像。最后通过专业GIS软件将栅格型的变更图斑转换为矢量格式,然后更新土地利用数据库。对于获取的土壤类型详细分类图像和变更图像,都可以运用地统计的方法进行相关统计分析。

6.5.6　无人机遥感影像解译

研究区域划分为耕地、林地、住宅用地、交通运输用地、特殊用地、水域及水利设施用地和其他土地7个一级类。通过分析各土地利用类型在高分辨率可见光影像中呈现出的不同光谱、形状、纹理等特征差异,建立表6-8中的无人机遥感影像解译标志。

表 6-8 无人机遥感影像解译标志

类别	遥感影像样本	影像特征
耕地		作物种植结构复杂,处于不同生长期,呈规则形田块分布,边界清晰
林地		颜色呈深绿色,纹理粗糙、复杂
住宅用地		色块不统一,聚集明显
特殊用地		内蒙古诺门汗拉僧庙
交通运输用地		呈线状分布,包括公路用地、农村道路
水域及水利设施用地		呈线状分布,包括公路用地、农村道路
其他土地		因土壤盐碱化程度严重,存在盐碱地、裸地、空闲地等一系列未利用的土地,结构单一,分布较广

本章小结

　　本章主要介绍航测土壤遥感制图、卫星遥感图像制图及无人机遥感制图等。在遥感影像基础上进行土壤类型、组合的确定界线、勾绘图斑,是定性、定位和半定量的。主要程序为:景观与成土因素解译,野外概查与建标,遥感影像土壤解译,预行编制土壤草图,地面实况调查,验证判读结果。根据土壤发生学和地理景观学的理论，便有可能推断出土壤类型、分布、成因及某些属性，再结合实地调查、剖面观察分析，就能完成土壤调查与制图，这是土壤遥感调查的理论基础。

遥感影像的解译标志是指那些能帮助辨认某一研究对象的影像特征，是地物本身属性在影像上的表现，它反映了地物所固有的一些特征。据此辨别土壤或自然界现象的影像特征，在应用中不断检验和补充这些标志，是解译成功的关键。遥感影像解译标志分为直接解译标志和间接解译标志2类。在遥感影像上地物本身的特性所反映的、能够直接看到的、可供解译的影像特征称为直接解译标志，例如：影像的形状、大小、色调及阴影等。根据直接解译标志可以直接解译目标物。间接解译标志是指与之有联系的其他地物的、能够间接推断某一研究对象存在的那些影像特征。土壤遥感调查的测图与编图主要包括准备工作、土壤遥感草图调绘、土壤遥感草图的转绘和土壤遥感调查成果的整理与总结等。

本章要求熟悉遥感影像判读技术；掌握航片进行土壤普查的方法和程序。

复习思考题

1. 景观与成土因素解译方法有哪些？
2. 简述野外概查与建标一般过程。

第 7 章

现代土壤制图技术

7.1 GPS/PDA 在土壤界线确定中的应用

在土壤调查确定土壤图斑界线中一般使用的是直接外业调绘或遥感解译、外业校核的方法。这些方法存在一定的缺陷与不足：

- 遥感手段只能实现宏观上监控，不能得到局部直至地块的土壤信息；
- 缺乏外业调查资料及高效的调查手段，即使遥感方法在外业调查方面也仍然要采用传统的调绘方式，工作量大，周期长，效率较低。

外业调查的数据成果基本上也是纸质资料，不能直接入 GIS 数据库，需要繁杂的内业处理。所以，利用现代"3S"技术将传统的方法加以改进成为关键所在。随着掌上电脑（PDA）、GPS 的日益普及，以及 PDA 和 GPS 集合为基本的硬件平台，利用无线通信和 GIS 嵌入技术，实现野外测量数字成图一体化的工作模式，不但可以解决数据的存储问题，而且可以在掌上电脑上方便地绘制土壤线，并完成属性数据的记录工作，给外业数据采集工作带来相当大的便利。

7.1.1 GPS 与 PDA 概述

7.1.1.1 GPS 全球定位系统

以人造卫星组网为基础的无接导航系统，目的是建立一个供各军种使用的统一的全球军用导航卫星系统，为全球范围内的用户提供全天候、连续、实时、高精度的三维位置、三维速度以及时间数据。GPS 系统分成 3 个部分：GPS 卫星、地面监控系统、GPS 接收机。一般所说的 GPS 是第三部分 GPS 接收机。GPS 使用测距交会的原理确定位，只要接收到 3 颗以上的卫星发出的信号，经过计算后，就可以报出 GPS 接收机的位置（经度、纬度、高程）、时间和运动状态（速度、航向）。到 20 世纪 90 年代，随着 GPS 技术解密，开始在土壤学领域内进行应用，已成为获取现势空间数据的重要手段，但也存在不足：

- 通常记录原始的 GPS 的点位坐标，属性数据记录功能较弱；
- 没有将外业调查过程与内业数据处理一体化，需要大量的人为干预、处理，自动化程度不高。

7.1.1.2 PDA 个人数字助理

集中了电子记事、计算、电话、传真、网络、多媒体等功能和部分普通计算机的功能。现代的 PDA 具有体积小、重量轻，达到"一切尽在掌握中"的特点，因此又称为"掌上电脑"。PDA 有触摸屏、手写笔、手写识别等多种输入法，具有良好的通信性能，带有嵌入式的面向对象的操作系统，也可以加装其他应用软件系统，拥有良好的图形用户界面和编程接口，可以通过有线或无线方式接入因特网，存储容量空间较大，电池连续使用时间长等优越的特性使得 PDA 已经被广泛应用于各个领域。

7.1.2 GPS/ PDA 组成与功能

GPS、PDA 技术发展的日趋成熟，为二者技术集成并应用于土壤调查等提供了可能。GPS 用于实时采集空间点位数据，而在 PDA 上构建小型的嵌入式 GIS 系统，以显示图形和记录数据，具有定位准确，数据精确，数据处理智能化、速度快、省时省力，成果资料实现现代化管理模式，是导航、定位、地图查询和空间数据管理的一种理想解决方案，满足随时随地获得地理信息的要求，附加了现场调查可视化和直观性。

GPS/PDA 硬件部分主要是 GPS 接收机、掌上电脑(PDA)、天线、数据线等，软件部分主要是野外调查作业系统、内业 PC - GIS 数据处理软件。

GPS/PDA 的主要功能包括：

地图操作模块 地图的放大、缩小、漫游、点选择、圆形选择等。

GPS 信号接收与分析模块 启动与停止 GPS 的通信以及 GPS 信号接收与解析。

图斑变更模块 图形手工、自动变更，属性变更。

数据组织模块 遥感数据、地图数据、GPS 数据以及其他数据的组织。

查询、检索模块 其中，图斑变更模块是核心模块，包括图形数据变更和属性数据变更。

图形数据是根据 GPS 信号接收与分析模块所获得的点位信息与用户所设计的变更参数来完成图形的自动绘制或手工绘制，属性数据则由调查者将实际调查信息输入 GIS(图 7-1)。

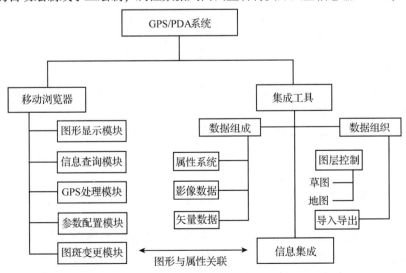

图 7-1 GPS/PDA 系统功能

7.1.3 GPS/PDA 确定土壤界线的工作流程

利用底图资料或土壤图，结合人工判别以及利用遥感影像数据，将 GIS 矢量图或 RS 影像图导入 PDA，到实地用 GPS 测量技术连续采集变化图斑拐点位信息，同时将采集的数据实时传送至 PDA 中进行人机交互式处理，提取土壤变化信息、并现场构造图斑、录入属性，进行土壤调查，野外变更调查的工作底图；在地面调查的基础上，内业利用 GIS 技术在多源信息的支持下，再进行更全面细致的数据处理和编辑、整理，实现对基础图件的数字化更新（图 7-2）。

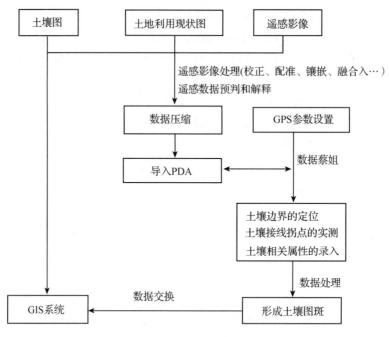

图 7-2 GPS/PDA 确定土壤界线工作流程

7.1.3.1 准备工作

明确要调查的区域，通过收集已有的土壤图、正射影像图、土地利用现状图、地形图等有关资料，运用计算机等先进技术手段，利用 RS 技术对土壤类型进行预判；初步勾绘土壤界线，将数据转换为 PDA 专用底图文件，然后导入到 PDA 中，作为外业调查的工作底图。

7.1.3.2 GPS/PDA 外业调查

资料收集、人员组织、技术培训等一系列前期工作准备完毕后，进入 GPS/PDA 外业变更数据采集阶段。根据不同的精度要求选择不同类型的 GPS 及测量方式。首先进行初始化处理，设置 GPS 初始参数，例如：设置坐标系，经纬度单位及其长度、角度单位等系统参数；设置采集数据文件名称和文件存取的路径；利用控制点进行坐标联测，检测系统定位精度；正确后将 GPS 流动站移到土壤界线拐点处，点击测量键，开始测量并记录数据，此时 PDA 屏幕上会显示数据采集或导航 GPS 运行的位置；在移动的过程中，GPS 接收机继续跟踪卫星，在下一个待测点上，再按测量键，依次测得变化的各个点；如果土壤界线为一封闭图形，可进入建立新建图斑模式，依次点击要生成的图斑上的连续点，形成闭合图形，弹出是否生成新图斑对话框，点击确定后进入图斑属性界面，输入相应的属性，例如：种植作物种类、权属、产量等，即完成了外业的数据采集。野外调查工作全部是以数字化的形式记录在 PDA 内，然后在 PDA 屏幕上可以对采集的图斑图形信息进行编辑、修改，输出记录表和土壤草图。

为减少接收干扰，GPS 不能安置在根本接收不到卫星发射信号的地方，例如：室内、地下停车场、天桥下、树木密集、四面环山的地方及隧道中。在地形复杂、建筑物多、干扰多的地方，建议使用带有延长天线的 GPS。

7.1.3.3　内业处理

将 GPS/PDA 连接 PC 机，可以将现场采集的图形数据和属性导入 PC 机，借助 GIS 内业处理软件的功能，实现坐标转换、图形编辑、信息查询、生成变更调查记录表和附图，免去了以往烦琐的土壤调查手工填表、草图绘制、草图清绘等工作，实现土壤调查与制图工作的数字化和自动化。为避免 PDA 内的外业采集数据发生意外情况，采取的方法是当天采集，当天处理。

7.2　GIS 概述

GIS 的出现是信息技术及其应用发展到一定程度的必然产物。GIS 所能提供的应用具有"多来源、多层次、快速度、深加工、多时态、多形式、多精度"的特点。自 20 纪中叶以来，数理方法在土壤学中的发展异军突起，引发了土壤学数字化和信息化革命，GIS 强大的空间信息和属性信息管理功能为土壤资源信息系统的建立提供了技术支撑。

7.2.1　GIS 概念

地理信息系统(geographical information system，GIS)，美国联邦数字地图协调委员会(FICCDC)的定义为：GIS 是由计算机硬件、软件和不同的方法组成的系统，该系统设计用来支持空间数据的采集、管理、处理、分析、建模和显示，以便解决复杂的规划和管理问题。

根据这个定义及它的概念框架，可得出 GIS 的以下基本概念：
- GIS 的物理外壳是计算机化的技术系统；
- GIS 的对象是地理实体。

GIS 的技术优势在于它的混合数据结构和有效的数据集成、独特的地理空间分析能力、快速的空间定位搜索和复杂的查询功能、强大的图形创造和可视化表达手段以及地理过程的演化模拟和空间决策支持功能等。

7.2.2 GIS 组成

GIS 一般包括 5 个主要部分：系统硬件、系统软件、空间数据、应用人员和应用模型。

7.2.2.1 系统硬件

系统硬件指的是各种硬件设备，是系统功能实现的物质基础。包括输入设备（如测图仪、扫描仪、遥感处理设备等）、数据存储处理设备（如计算机、硬盘、光盘等）、输出设备（如打印机、绘图仪、显示器等）和网络设备（如服务器、网络适配器、调制解调器等），其中计算机是硬件系统的核心，用作数据的处理、管理与计算。

7.2.2.2 系统软件

系统软件即支持数据采集、存储、加工、回答用户问题的计算机程序系统。按照其功能分为：GIS 专业软件、数据库软件、系统处理软件等。外层以内层软件为基础，共同完成用户指定的任务：

（1）GIS 专业软件

包括处理地理信息的各种高级功能，可作为其他应用系统建设的平台，代表产品有ARC/INFO、MapInfo、MapGIS、GeoStar 等，是地理信息系统的核心。

（2）数据库软件

除了在 GIS 专用软件中用于支持复杂空间数据的管理软件以外，还包括服务于以非空间属性数据为主的数据库系统，这类软件有 Oracle、Sybase、Informix、SQL Server、Ingress 等。

（3）系统管理软件

主要指计算机操作系统，当今使用的有 Unix、Windows、Windows NT 和 VMS 等。

7.2.2.3 空间数据

空间数据具体描述地理实体的空间特征、属性特征和时间特征，是地理信息的载体。空间数据是系统分析与处理的对象，构成系统的应用基础。根据图形表示形式，可抽象为点、线、面 3 类元素，数据表达可以采用矢量和栅格 2 种形式。

7.2.2.4 应用人员

GIS 服务的对象，分为一般用户和从事建立、维护、管理和更新的高级用户，他们的业务素质和专业知识是 GIS 工程及其成败的关键。

7.2.2.5 应用模型

构建专门的 GIS 应用模型，例如：土地利用适宜性模型、选址模型、洪水预测模型、森林增长模型、水土流失模型、最优化模型和影响模型等。应用模型是 GIS 与相关专业连接的纽带。

7.2.3 GIS 基本功能

由计算机技术与空间数据相结合而产生的 GIS 包含处理信息的各种高级功能，但基本功能是数据的采集、管理、处理、分析和输出（图7-3）。

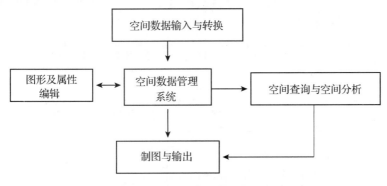

图7-3 GIS 基础软件主要模块

7.2.3.1 数据采集与编辑

支持数字化仪手扶跟踪数字化、图形扫描及矢量化，以及对图形和属性数据提供修改和更新等编辑和操作。

7.2.3.2 数据存储与管理

例如：数据库定义，数据库的建立与维护，数据库操作，通信功能等，能对大型、分布式的、多用户数据库进行有效的存储检索和管理。

7.2.3.3 数据处理与交换

能转换各种标准的矢量格式和栅格格式数据，完成底图投影转换等。

7.2.3.4 数据查询与分析

包括拓扑空间查询、缓冲区分析、叠置分析、空间集合分析、地学分析、数字高程模型的建立、地形分析等。

7.2.3.5 数据显示与输出

提供各种专题地图制作，例如：行政区划图、土壤利用图、道路交通图、地形图、坡度图等。

7.2.3.6 其他功能

例如：报表生成、符号生成、汉字生成和图像显示等。

7.3 GIS 在土壤制图中的应用

GIS 在土壤制图中，从数据准备到系统完成，内部必须经过各种数据转换，每个转换都有可能改变原有的信息，其基本数据流程如图 7-4 所示。土壤制图的过程主要是完成流程中不同阶段数据转换工作。

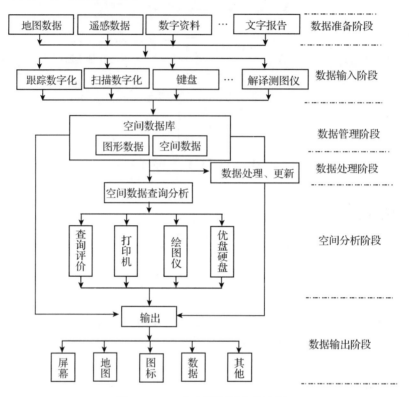

图 7-4　GIS 在土壤制图中的流程

7.3.1　数据的采集与输入

数据的采集输入是建立在土壤调查与制图的基础工作，没有数据的采集和输入，就不可能建立一个数据实体，更不可能进行数据的管理、分析和成果输出。数据选择要确保数据真实，除了一些不可避免或无法预料的因素外，输入的数据应力求准确，否则将会影响最终成果的分析和正确评价。通常，地理数据可分为空间数据和属性数据，因此数据的输入工作也包括空间数据的输入和属性数据的输入。

7.3.1.1　空间数据的输入

空间数据主要指图形实体数据。空间数据输入则是通过各种输入设备完成图像转化的过程，将图形信号离散成计算机所能识别和处理的数据信号。根据数据来源的不同，空间数据采集可分为数字化输入、遥感数据获取和地面各类测量仪器(全站仪、GPS 接收仪等)的数据采集。

以纸质地形图等为底图，需要将纸质地形图扫描到计算机，然后通过 GIS 软件进行屏幕跟踪数字化各地形地物和专题要素，并输入各要素的属性数据；再通过 GIS 软件进行分析、制作土壤专题图。

以遥感图片(航片或卫片)为底图，遥感图片有纸质(相片)和电子数据不同种类。纸质的需要扫描到计算机，经过几何纠正或正射纠正，再经屏幕跟踪数字化；电子数据的遥感图像，经过几何配准后，可以作为地图进行要素的提取并数字化，也可以进行遥感图像的计算机自动提取、自动分类，将不同地貌、地质类型与土壤的不同景观类型结合作为勾绘土壤图斑类型的重要参考依据。

以实测点位数据为基础的土壤图制作，则要将点位的 GIS 数据(经度、纬度、高程)、样点的野外剖面记载数据、室内分析理化数据等输入到计算机，对有限点位数据利用 GIS 软件进行空间内插估算整个区域的土壤性状，再对区域土壤进行分级分类(可以参考中国土壤系统分类中定量分类的方法)。

数字化(digitizing)主要指把传统的纸质或其他材料上的地图(模拟信号)转换为计算机可识别的图形数据(数字信号)的过程，以利于计算机的存储、分析和输出制图。由于目前我国大量基础或专题数据地图主要以纸质图件的形式表达和保存，所以数字化输入还是现阶段空间数据采集的主要手段。

目前，数字化输入的手段主要有键盘输入、手扶跟踪数字化、光学扫描仪的栅格扫描屏幕数字化。其中，键盘输入的方式主要是针对少量的点状数据或栅格数据的输入，目前在数字化工作中极少用；手扶跟踪数字化直接以头矢量化形式获取地图坐标数据，绝大多数 GIS 和图形处理软件都带有利用数字化仪进行数字化的模块；扫描屏幕数字化是目前较流行的数字化方法，由于扫描屏幕数字化不受数字化仪设备的限制，可以进行大批量数字化工作的开展，同时相对于手扶跟踪数字化，其精度和速度均有明显提高。

7.3.1.2　非空间数据的输入

非空间数据有时称为特征编码或简单地称为属性，是那些需要在系统中处理的空间实体特征数据。属性数据的输入可以在程序的适当位置键入，但数据量较大时一般都与空间数据分开输入且分别存储。将属性数据首先键入一个顺序文件，经编辑、检查无误后转存数据库中相应文件或表格。就整个土壤调查制图与评价工作而言，属性数据的输入与分析显得尤为重要，它是土壤资源制图与评价的重要依据。属性数据库创建过程中，关键是要了解不同 GIS 软件的数据模型和有针对性地设计好属性数据库，以便于数据处理与分析、数据查询、维护与更加新。

属性数据的建立与录入可独立于空间数据库和 GIS 系统，可以在 Excel、Access、dBASE、FoxBASE 或 FoxPro 下建立，最终以统一格式保存入库。属性数据的内容既要包括室内分析的土壤理化性质指标，也要包括土壤调查野外记载的观测与调查数据资料，有时还要包括历史资料数据，例如：第二次全国土壤普查数据。

7.3.1.3 空间数据和非空间数据的连接

在数据编辑的基础上，确定空间数据和非空间数据属性数据连接的关键字段；然后将非空间属性输入到文件中，空间数据通过数字化或扫描矢量化后，再经检查、线和连接点、细化处理、变形纠正过程建立起多边形；最后将唯一的识别符加入图形实体中，实现空间与非空间的连接，建立起多边形矢量数据库。

7.3.2 数据的管理与处理

7.3.2.1 统一数学基础

地理基础是地理信息数据表达格式与规范的重要组成部分。主要包括统一的地图投影系统、统一的地理坐标系统以及统一的地理编码系统。通过投影坐标、地理坐标、网格标对数据进行定位。各种来源的地理信息和数据在共同的地理基础上反映出它们的地理位置和地理关系特征。

7.3.2.2 统一分类编码

数据的分类编码是对数据资料进行有效管理的重要依据。编码的主要目的是节省计算机内存空间和便于用户理解使用。把数据输入计算机建立 GIS，必须以明确的分类标志、统一的标准，对信息进行分类编码。分类编码应遵循科学性、系统性、实用性、统一性、完整性、可扩充性等原则，既要考虑信息本身属性，又要顾及信息之间的相互关系，保证分类代码稳定性和唯一性。数据分类编码的方法多种多样，例如：层次分类编码法、顺序分类编码法等。而编码表示方法即格式，通常有英文字母、数字或字母数字组合等。此外，还应该考虑文件编码。文件编码就是数据库的文件名，主要反映专题要素的含义，并符合操作系统的命令要求。

同时，数据分类与编码一定要考虑标准化问题，它关系到信息系统能否顺利地健康发展。所以，应尽可能采集标准化的分类、编码系统。在选择标准时，应优先选择国家颁布的标准，然后是部颁标准，最后是行业标准。国家规范组建议信息分类体系采用宏观的全国分类系统与详细专业系统之间相递归的分类方案，即低一级的分类系统必须能归并和综合到高一级分类系统中去。

7.3.2.3 数据质量的控制

空间和非空间数据输入时会产生一些误差，主要有：空间数据不完整或重复、空间数据位置不正确、空间数据变形、空间与非空间数据连接有误以及非空间数据不完整等。所以，在大多数情况下，当空间和非空间数据输入以后，必须经过检核，然后进行交互式编辑。

一般来说，交互式进行图形数据编辑须按如下步骤进行：

- 利用系统的文件管理功能，将存在地图数据库中的图形数据（文件）装入内存；
- 开窗显示图形数据，检查错误之处；
- 数字化定位和编辑修改；
- 若在编辑工作中出现误操作，可用系统提供的多级 Undo 功能，改正错误操作。

当所有编辑工作完成后，再利用系统的文件管理功能，将编辑好的图形数据存储到地图数据库中。对图形数据编辑是通过向系统发布编辑命令，用光标激活来完成的，编辑的对象是点元、线元以及面元，而每种图元又包含空间数据和非空间数据。

对属性数据的输入与编辑，一般是在属性数据处理模块中进行，但为了建立属性描述数据与几何图形的联系，通常需要在图形编辑系统中设计属性数据的编辑功能，主要将一个实体的属性数据连接到相应的几何目标上，也可在数字化及建立图形拓扑关系的同时或之后，对照一个几何目标直接输入属性数据。一个功能强的图形编辑系统可能提供删除、修改、拷贝属性等功能。

7.3.3　数据的空间分析

空间分析是基于空间数据的分析技术，它以地学原理为基础，通过分析算法，从空间数据中获取有关地理对象的空间位置、空间分布、空间形态、空间形成和空间演变等信息。通过开发和应用适当的数据模型，用户可以使用 GIS 的空间分析功能来研究现实。由于模型中蕴涵着空间数据的潜在趋向，从而可能由此得到新的信息。GIS 提供一系列的空间分析工具，用户可以将它们组成一个操作序列，从已有模型来求得一个新模型，而这个新模型就可能展现出数据架内部或数据集之间新的或未曾明确的关系，从而深化对现实世界的理解。

空间分析的主要内容有：属性数据的分析，例如：条件检索、统计分析、分类与合并；图形和属性的相互检索，例如：图元间关系检索、叠置分析、缓冲区分析、网络分析等。空间分析的成果往往表现为图件或报表，图件对于凸显地理关系是最好的，而报表则用于概括表格数据并记录计算结果。根据 GIS 空间分析处理，可以在土壤图的基础上制作其他各类土壤专题图件，例如：土壤有机质分布图、土壤碳分布图、土壤氮素分布图、土壤 pH 分布图、土壤有效含水分布图、土壤质地图、土地评价图和土壤改良利用分区图等。

7.3.4　数据的输出

一般的 GIS 软件都具有很强的输出功能，具备计算机地图制图的各种工具，例如：符号库、注记等。用户通过该系统将数字地图数据信息转换为可视化、符号化的图形信息。输出系统有 4 种输出方式：纸质地图、电子地图、胶片以及各种标准格式的图形图像文件。

7.4 GIS 应用实例

1. 加载 zsl. tif 文件(图 7-5)。

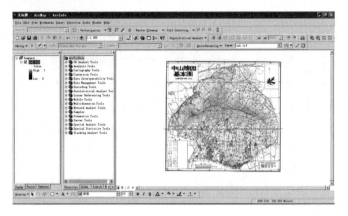

图 7-5 加载文件

2. 配准

(1)设置栅格图像的投影坐标系

打开 Arc Catalog—右击 zsl. tif 文件—选 properties—点击 Edit—选择 Select—选 projected coordinate systems—再选 Gauss Kruger—选 Beijing1954—Being 1954 3Degree GK Zone 40. Prj—确定后的信息显示如下图—确定—确定坐标投影单位(图 7-6)。

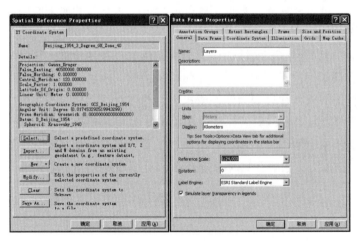

图 7-6 确定坐标投影单位

(2) 配准

点击配准工具条 Dereferencing 上的增加控制点图标 然后在选点上点击(双击);

点击 ，打开表，link table ，在此表中的 X Map 和 Y Map 栏内输入此点相应的地理坐标，如图 7-7 所示。同样方法选取其他控制点。

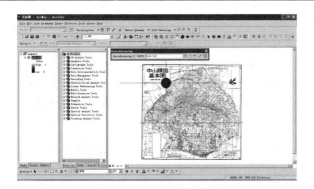

图 7-7 输入此点相应的地理坐标

配准的误差如图 7-8 所示。

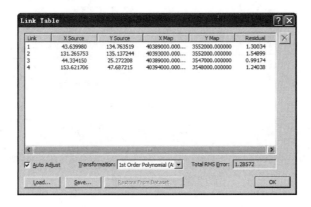

图 7-8 配准误差

（3）重采样（Rectify）

点击配准工具菜单 Dereferencing 在下拉菜单中选 Rectify。

（4）配准中山陵小班

加载重采样的中山陵文件 zsl. img 及 zslxb. tif 格栅文件——再在配准工具条上的 Layer 选择 zslxb. tif——在 zslxb. tif 上选择控制点，回到 zsl. img 寻找相同位置，点击，依次选取 其他三个控制点，配准结果及误差如图 7-9 所示。

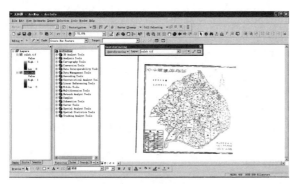

图 7-9 重采样

3．图形及属性输入

（1）采样的中山陵小斑

zhlxb. img 文件—打开 Arc Catalog—在 Arc Catalog 窗口中右键—New – > Shape file—在 create new shapefile 窗口中更改图层的名字（3 – 4 林班）—Feature Type 选择 Polygon—OK—把新建的层加载到 Arc Map 中 Layer 中，在 zhlxb. img 文件之上。

（2）跟踪和编辑

点击 editor 工具，并在下拉菜单中选 start editing—在任务（task）选 create new fea-ture，并确定目标（target）图层，然后选择工具勾画工具，进行跟踪（图 7-10）。

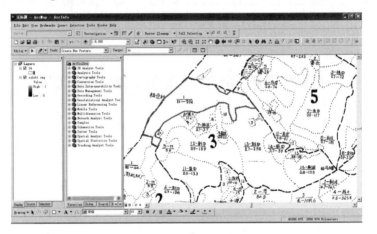

图 7-10 目标图层跟踪

在其基础上追加：Task 下拉菜单选择 Auto – complete polygon 选择工具勾画工具，进行跟踪（图 7-11）。

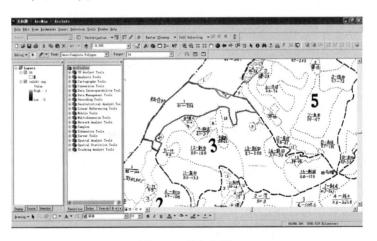

图 7-11 追加跟踪

依次进行追加直至把两个林班的所有小斑跟踪完，Editor—Save Edits 跟踪结果如图 7-12所示：

图 7-12　Editor—Save Edits 跟踪

（3）属性输入

Stop Editing 在 3-4 林班图层右击—点击 Open Attribute table—Options—Add Field 依次添加林班，小班，面积，地类；依次输入各个小班的属性，面积计算—选中所有的小班，在面积上右击—calculate geometry—OK—换算成亩（右击"面积"—Field Calculator—双击面积，单位换算）结果如图 7-13 所示：

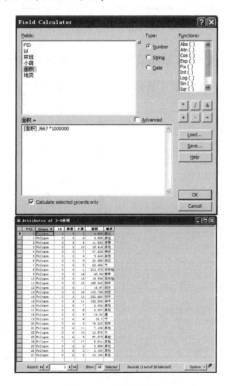

图 7-13　属性输入

4. 作各类型面积统计图

Stop Editing—选择地类一栏，右键地类—Summarize—面积—Sum—OK（图 7-14）。

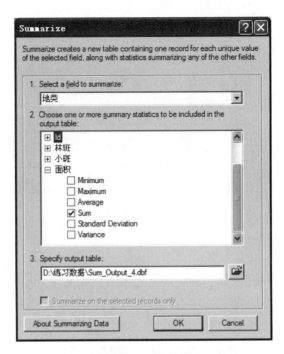

图7-14 面积统计

菜单栏 Tools—Graphs—Create Graph Wizard—选择各选项如图7-15所示。

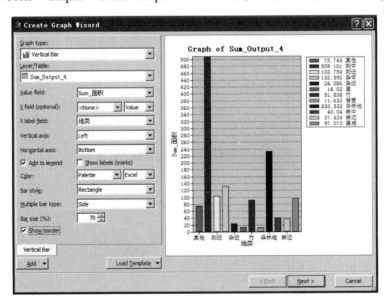

图7-15 创建面积统计图

5. 制作类型专题图

Layer 图层中选择 3 - 4 林班右击 properties—Symbology—Categories—unique values—value field—地类—选择颜色—确定(图7-16)。

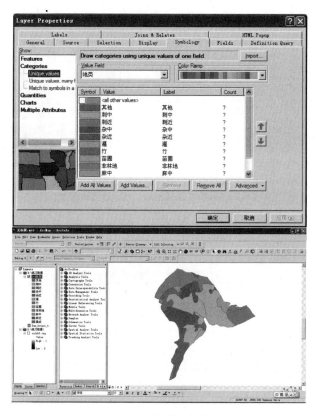

图 7-16　专题图制作

6. 生成林班图

Data-Management-Tools—Generalization—Dissolve—双击 dissolve—选择 3 - 4 林班，如图 7-17 所示。

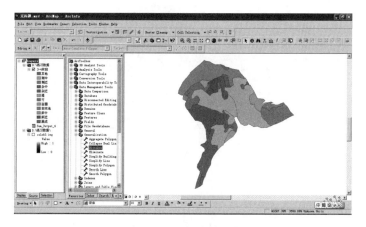

图 7-17　生成林班图

标注林班号：右击 34 林班 dissolve—Properties—labels—设置字体—确定，结果如图 7-18 所示。

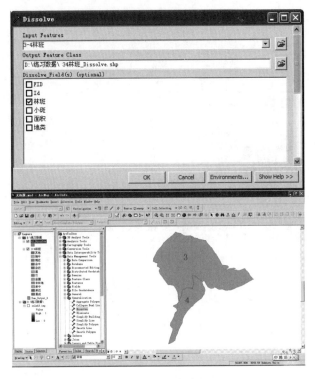

图 7-18 标注林班号

标注小班号：右击 3 - 4 林班 dissolve—Properties—labels— 设置字体—确定，结果如图 7-19 所示。

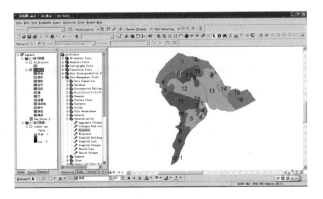

图 7-19 标注小班号

7. 制作布局图版

点击布局图标，即可生成布局版面

(1)添加柱状图：右击柱状图—Add to Layout。

(2)添加图题头，比例尺，图例，指北针。

菜单栏—Insert - title—3 - 4 林班地类专题图—双击设置字体；

菜单栏—Insert—Scale Bar—选择样；

菜单栏—Insert—Legend— 连续点击下一步—双击图例更改样式；

菜单栏—Insert—North Arrow；

调整位置结果如图 7-20 所示。

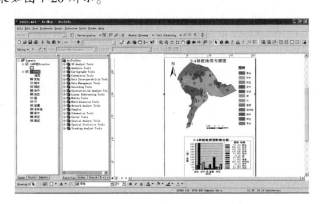

图 7-20　制作布局

8. 打印预览

打印预览结果如图 7-21 所示。

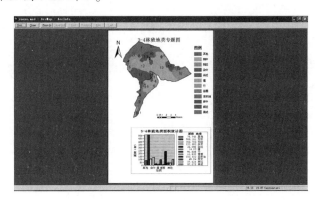

图 7-21　图形输出

本章小结

　　PDA 和 GPS 集合为基本的硬件平台，利用无线通信和 GIS 嵌入技术，实现野外测量数字成图一体化的工作模式，不但可以解决数据的存储问题，而且可以在掌上电脑上方便地绘制土壤线，并完成属性数据的记录工作，给外业数据采集工作带来相当大的便利。利用底图资料或土壤图，结合人工判别以及利用遥感影像数据，将 GIS 矢量图或 RS 影像图导入 PDA，到实地用 GPS 测量技术连续采集变化图斑拐点位置信息，同时将采集的数据实时传送至 PDA 中进行人机交互式处理，提取土壤变化信息、并现场构造图斑、录入属性，进行土壤调查，野外变更调查的工作底图；在地面调查的基础上，内业利用 GIS 技术在多源信息的支持下，再进行更全面细致的数据处理和编辑、整理，实现对基础图件的数字化更新。GPS/PDA 确定土壤界线的工作流程主要包括准备工作、外业调查和内业处理。

　　GIS 强大的空间信息和属性信息管理功能为土壤资源信息系统的建立提供了技术支撑。本章重点介绍了 GIS 基本功能、GIS 在土壤制图中的应用。土壤制图的过程主要是完成流程中不同阶段数据转换工作。其中包括数据的采集与输入、数据的管理与处理、数据的空间分析和数据的输出等。

　　本章重点熟悉现代技术确定土壤界线的工作流程；掌握利用 GIS 进行土壤制图的方法和程序。

复习思考题

　　1. GIS 基本功能有哪些?

　　2. 举例 GIS 在土壤调查中的应用过程。

第 8 章

专项土壤调查

8.1 耕地质量评价

8.1.1 资料收集与整理

8.1.1.1 资料准备

收集与评价耕地质量有关的各类自然和社会经济因素资料，主要包括野外调查资料、图件资料(行政区划图、土地利用现状图、土壤图、地形图和地貌图等图件)、统计资料、文本资料(相关的土地、水系、土壤、交通、环境、农业生产等方面的文字材料和信息)等。

(1)野外调查资料

主要包括采样地块的地理位置、地貌类型、成土母质、气候条件、土层厚度、理化性质、灌排条件等。详细采样地块基本情况调查内容见表8-1。

(2)图件资料

主要包括省级1:100万比例尺的土壤图、土地利用现状图、地貌图、土壤质地图、行政区划图、降水量图、有效积温图等。其中土壤图、土地利用现状图、行政区划图主要用于叠加生成评价单元；土壤质地图、地貌图用于提取评价单元信息；降雨图、有效积温图由国家气象单位提供，用于提取评价单元信息，也作为耕地生产能力分析的重要因子。

(3)统计资料

统计资料主要利用统计年鉴的统计数据。以行政区划为基本单位获取人口、土地面积、耕地面积、近3年主要种植作物面积、粮食单产、总产、肥料投入等社会经济指标数据；名、特、优特色农产品分布、数量等资料。

(4)文本资料

耕地质量评价区域内的评价资料，包括技术报告、专题报告；以及第二次土壤普查基础资料，包括土壤志、土种志、土壤普查专题报告等。对记载不够详尽的上述资料或因时间推移利用现状发生变化的资料等，需进行补充调查。

另外，还需要收集近年来农业技术推广，例如：良种推广、科学施肥技术的推广、病虫鼠害防治等；农业机械的种类、数量、应用效果等；水田、旱田和蔬菜的种植面积、生产状况、产量等方面的产业结构调整等有关农业生产方面的资料。

表 8-1 采样地块基本情况调查表

统一编号		调查组号	采样序号
采样目的		采样日期	上次采样日
地理位置	省(市)名称	地(市)名称	县(旗)名称
	乡(镇)名称	村组名称	邮政编码
	农户名称	地块名称	电话号码
	地块位置	距村距离(m)	—
	纬度(°)	经度(°)	海拔(m)
自然条件	地貌类型	地形部位	—
	地面坡度(°)	田面坡度(°)	坡向
	通常地下水位(m)	最高地下水位(m)	最深地下水位(m)
	常年降水量(mm)	常年有效积温(℃)	常年无霜期(d)
生产条件	农田基础设施	排水能力	灌溉能力
	水源条件	输水方式	灌溉方式
	熟制	典型种植制度	常年产量水平(kg/hm^2)
土壤情况	土类	亚类	土属
	土种	俗名	—
	成土母质	剖面构型	土壤质地(手测)
	土壤结构	障碍因素	侵蚀程度
	耕层厚度(cm)	采样深度(cm)	—
	田块面积(hm^2)	代表面积(hm^2)	—
来年种植意向	茬口		
	作物名称		
	品种名称		
	目标产量		
采样调查单位	单位名称		联系人
	地址		邮政编码
	电话	传真	采样调查人
	E – mail	QQ	微信

8.1.1.2 数据资料审核处理

包括基本统计量、计算方法、频数分布类型检验、异常值的判断与剔除以及所有调查数据的计算机处理等。

在数据录入前经过仔细审核，数据审核中包括对数值型数据资料量纲的统一；基本统计量的计算；最后进行异常值的判断与剔除、频数分布类型检验等工作。

8.1.1.3 评价结果的应用

通过调查及评价分析，能够全面了解耕地质量现状，合理调整农业结构，针对耕地土壤存在的障碍因素，改造中低产田、治理沙化和退化的土壤、修复受污染的土壤，在满足人类不断增加的需求的同时维持、保护和保证农业的可持续发展。开展耕地评价对耕地资源系统动态管理，对耕地资源的现状和存在的问题给予及时、准确的报告，合理利用现有的资源，治理或修复已退化、沙化以及受污染土壤，为农业结构调整和无公害农产品生产等农业决策提供科学依据。主要用于以下几个方面：

- 评价结果指导农民合理调整作物布局；
- 指导农民合理利用和改良土壤；
- 指导农民开展平衡施肥；
- 引导肥料生产企业生产适销对路的肥料；
- 为发展优质农产品生产基地提供土壤和水源环境依据；
- 根据评价结果，按优质地优价原则，为耕地的有偿使用提供依据。

8.1.2 评价资料的补充调查

由于第二次土壤普查距今已 30 多年，随着生态环境和社会经济的变化，30 多年来土壤利用强度增加以及外源物质的大量投入，使土壤质量变化巨大，原有的土壤信息已不能代表现在的土壤质量现状，因此必须进行补充调查。其目的在于查清耕地生产能力现状及其潜在生产能力，为耕地的质量管理提供科学依据；查清不同区域耕地适宜性特征、耕地土壤养分状况和耕地土壤退化及污染等问题，为农业结构调整、科学施肥和发展无公害农产品生产提供服务。

8.1.2.1 补充调查的主要内容

补充调查的主要内容包括：产量调查、土壤理化性质调查和农田基础设施条件调查。粮食作物产量水平是评价等别的重要因素，掌握每个土种当今的粮食产量是准确地进行评价的基础。按照土壤分布状况把典型区域土壤普查资料中的土壤理化性质与现状土种的土壤理化性质进行对比调查。农田基础设施条件的调查则主要针对以土壤改良为内容的农业项目的农田基础设施状况。补充调查后，对经过改良、地力要素已发生变化的土种，要重新命名并进行面积的分割测算，并且在 ArcGIS 下对土壤图中发生变化土种的图斑进行面积分割，修改或输入新土种的属性，并与原土种加以区别。

8.1.2.2 补充调查的方法

首先，向农民了解本村的农业生产情况，选择具有代表性的田块，依据田块的准确方位修正点位图上的点位位置，确定要调查的具体地块，完成相应调查表格的填写。其次，在已确定的田块中心，用 GPS 定位采样。最后根据采样地块的形状和大小，确定适当的采样方法。长方形地块采用"S"形法，近似正方形田块则采用棋盘形采样法。采样深度按 0~20 cm 土层采样并做好标记，主要包括野外编号（要与图上及调查表编号相一致）、采样地点、采样深度、采样时间、采样人等。

8.1.3 评价指标体系的建立

8.1.3.1 等别评价指标的选取

（1）指标选取原则

参评指标是指参与评价耕地质量等别的耕地诸多属性。正确地进行参评指标选取是科学评价耕地质量的前提，直接关系到评价结果的正确性、科学性和社会的可接受性。选取的指标之间应该相互补充，上下层次分明。指标选取的主要原则如下：

科学性原则 指标体系能够客观地反映耕地综合质量的本质及其复杂性和系统性。选取评价指标应与评价尺度、区域特点等有密切的关系，因此，应选取与评价尺度相应、体现区域特点的关键因素参与评价。

综合性原则 指标体系要反映出各影响因素的主要属性及相互关系。评价因素的选择和评价标准的确定要考虑当地的自然地理特点和社会经济因素及其发展水平，既要反映当前的局部和单项的特征，又要反映长远的、全局的和综合的特征。

主导性原则 耕地系统是一个非常复杂的系统，要把握其基本特征，选出有代表性的起主导作用的指标。指标的概念应明确，简单易行。各指标之间含义各异，没有重复。选取的因子应对耕地质量有比较大的影响，例如：地形因素、土壤因素和灌溉条件等。

可比性原则 由于耕地系统中的各个因素具有较强的时空差异，因而评价指标体系在空间上应具有可比性，选取的评价因子在评价区域内的变异较大，数据资料应具有较好的时效性。

可操作性原则 各评价指标数据应具有可获得性，易于调查、分析、查找或统计，有利于高效准确完成整个评价工作。

（2）指标选取方法

系统聚类方法 系统聚类方法用于筛选影响耕地质量的理化性质等定量指标，通过聚类将类似的指标进行归并，辅助选取相对独立的主导因子。

Delphi 法 在评价定量指标聚类分析的基础上，采用 Delphi 法重点筛选影响耕地质量条件、物理性状等定性指标，同时对化学性质指标提出选取意见，最后由专家组确定。

8.1.3.2 耕地理化性质分级标准的确定

（1）制定原则

要与第二次土壤普查分级标准衔接，在保留原全国分级标准级别值基础上，可以在一个级别中进行细分，以便于资料纵向、横向比较。

细分的级别值以及向上或向下延伸的级别值要有依据，需综合考虑作物需肥的关键值、养分丰缺指标等。

各级别的幅度要考虑均衡，幅度大小基本一致。

（2）确定分级标准

对评价区域所有土壤养分及相关指标进行数理统计分析，计算各指标的平均值、中位数、众数、最大值、最小值和标准差等统计参数，同时参考已有的相关分级标准，并结合当前区域土壤养分的实际状况、丰缺指标和生产需求确定科学合理的养分分级指标。

8.1.4 数据库的建立

耕地质量评价系统采用不同的数据模型分别对属性数据和空间数据进行存储管理。属性数据采用关系型数据库，空间数据采用矢量化的存储方式。数据库的建立主要包括空间数据库和属性数据库。具体内容如下：

8.1.4.1 准备工作

将原始遥感图像利用较大比例尺的数字栅格地形图进行粗校正配准，制作前期外业调查图件。进行野外实地考察，建立 GPS 控制点，同时建立典型地类解译标志，一是主要地类，二是影像图上的特征地物。

8.1.4.2 内业处理

校正高分辨率的遥感影像，一般需使用大比例尺的地形图。如果评价区地形图测图时间较早，则控制点的选取比较困难。另外，由于地形图的制图综合也使控制点的精度有所下降，因此，部分地区应该利用差分型 GPS 地面控制点对遥感影像进行几何精校正。如果要获取更高的几何精度，则使用 DEM 进行影像的正射校正。

将土地利用基础图件进行扫描、校正，制作数字栅格土地利用图。

将遥感影像、数字栅格土地利用图在同一坐标空间进行栅格图的混合叠置，结合变更资料和解译标志，以人机交互方式进行耕地变化信息的提取。

在能够获取成图时遥感数据（基期年）的情况下，同时采用基期年遥感数据和更新年两期遥感数据，从遥感数据直接发现耕地变化信息。将不同方法提取的耕地动态信息进行参照对比，进一步提高耕地变化信息提取的准确性。

8.1.5 耕地质量评价方法

8.1.5.1 评价的原则与依据

耕地是农业生产中最重要也是最基本的资源，由于对耕地的过度使用以及掠夺式的经营，会导致土壤质量退化。通过开展耕地质量评价，可以进一步了解和掌握调查区域的耕地分布情况及现状，摸清影响耕地产量的障碍因素，对实现国家粮食安全、实现耕地的可持续利用，以及对耕地的科学管理和保护有着重要意义。在评价过程中应遵循以下原则：

(1)综合因素研究与主导因素分析相结合原则

耕地质量即为耕地综合生产能力，其生产能力是由土壤的地形、地貌条件、气候条件、农田基础设施决定的。所谓综合因素研究是指对耕地的自然属性以及社会经济属性进行全面的研究、解析，从而更好地评价耕地质量。主导因素指影响耕地质量重要的因素，而其他因素因其变化而变化，在分析中应着重对其进行评价。因此，只有运用合理的方法将综合因素和主导因素结合起来，才能体现科学的耕地质量评价过程。

(2)定性评价与定量评价相结合原则

耕地质量评价中，应该尽量使用定量评价的方法，定量评价采用数学的方法，收集和处理数据资料，对评价对象做出定量、标准、精确的价值判断。但由于部分评价因子是不能被定量地表达出来，而要借助专家打分或人工智能来定性评价，如果强行将评价因子定量化表示，可能会导致评价结果不准确。因此，将定量分析与定性分析相结合可以保证评价结果的可行性与合理性。

(3)采用 GIS 和 RS 技术支持的自动化评价方法原则

随着科学技术的不断发展和进步，RS 和 GIS 已成为现代资源调查的有效手段。遥感技术凭借其快速、动态、宏观的特点广泛应用于社会各个领域。

8.1.5.2 评价的流程

(1)资料的准备以及建立数据库

获取各类自然及经济资料信息并进行资料的分析和处理。利用 RS 及 GIS 技术建立耕地质量评价基础数据库。

(2)确定评价单元

依据评价区土壤，行政区划以及土地利用状况的区域一致性和差异性，采用叠置分析的方法进行评价单元的确定。

(3)参评因子的选择及权重的确定

根据相关专题图件叠加选取参评因子，根据专家打分法及层次分析法确定参评因子的权重。

(4)耕地质量评价及结果分析

根据隶属函数确定调查区域耕地质量评价等别，再以耕地质量等别进行结果分析，最后建成管理信息系统。

具体评价流程如图 8-1 所示。

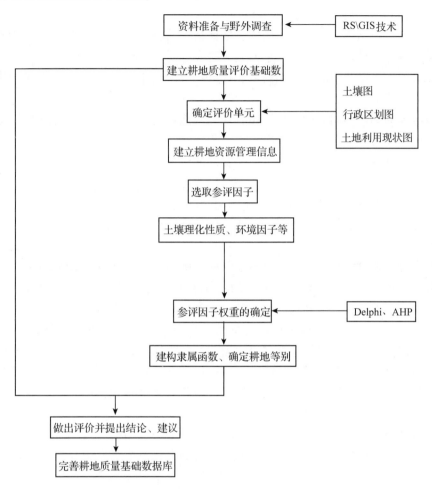

图 8-1　耕地质量评价技术路线

8.1.5.3　评价单元的确定

（1）评价单元的划分方法

评价单元是由影响土地质量的诸要素所组成的一个空间实体，是土地评价的最小的单元、对象和基础图斑。同一个评价单元之内土地的基本条件、个体属性以及经济属性基本一致，而不同评价单元之间既有差异又存在可比性。所以，土地评价单元的确定合理与否直接关系到土地评价的结果以及工作量的大小。经过相关资料的查阅可以得知现行的评价单元的划分方法：

叠置法　耕地质量影响要素相关图件进行叠置分析，生成图层小于图面积的则进行合并，即得到评价单元。

网格法　网格法即采用一定大小的规则网格覆盖评价区域范围并形成等分单元，网格大小由地域的分等因素差异性和单元划分者的经验确定。

地块法　以底图上明显的地物界限或权属界线为基准，将耕地质量评价因素相对均一的地块划成封闭单元，即为耕地质量评价单元。

（2）评价单元的划分原则

在评价中，根据单元划分的原则以及数据结构的特点，在矢量评价模式中评价单元的划分采用叠置法进行划分。进行单元划分时应遵循以下原则：

相似性原则 单元内部的自然因素、社会经济因素相对均一，单元内同一因素的分值差异应满足相似性统计检验。

主导因素原则 不同地貌部位、山脊两侧水热状况、地下水、土壤条件、盐渍化程度等土地因素作为单元划分的主要因素。

边界完整性原则 耕地质量评价单元要保证边界闭合形成封闭的图斑，并且在实地明显可辨。

（3）耕地质量参评因子的选取过程

重要性 选取的因子对耕地质量有比较大的影响力，例如：地形因素、土壤因素、灌排条件等。

易获取性 通过常规的方法可以易于获取，例如：土壤因素、灌排条件。

差异性 选取的因子在评价区域内的变异较大，便于划分耕地质量的等别，例如：在地形起伏较大的区域，地面坡度对耕地质量有很大影响，必须列入评价项目之中；又如，有效土层厚度是影响耕地生产能力的重要因素，在多数地方都应列入评价指标体系，但在冲积平原地区，耕地土壤都是由松软的沉积物发育而成，有效土层深厚而且比较均一，就可以不作为参评因素。

稳定性 选取的评价因素在时间序列上具有相对的稳定性，例如：土壤的质地、有机质含量等，评价的结果能够有较长的有效期。

评价范围 选取评价因素与评价区域的大小有密切的关系。当评价区域很大（国家或省级的耕地质量评价），气候因素（降雨、无霜期）就必须作为评价因素，但是当评价区域较小时，上述评价因素在评价中可能起不到区分作用时可以不考虑。

8.1.5.4 评价指标权重的确定方法

耕地质量评价中参评因子权重的确定对于整个评价过程起着重要作用，而权重系数的大小反映不同的指标与耕地质量间的作用关系，准确地计算各指标的权重系数关乎评价结果的可靠性与客观性。在实际应用中经常用到的方法有专家打分法（Delphi）、层次分析法（analytical hierarchy process，AHP）、多元回归法、模糊数学法、灰度理论法等。

8.1.5.5 评价指标的处理

（1）评价单元的划分

一般利用土地利用现状图与土壤图叠加形成的图斑作为评价单元，这样做既克服了土地利用类型在性质上的不均一性，又克服了土壤类型在地域边界上的不一致性。同时，以土壤系统分类单元结合土地利用现状作为评价单元，也有助于中国土地评价工作与国际接轨，实现信息共享。也有学者利用土壤图、基本农田保护块图、土地利用现状图进行数字化叠置后的图斑作为评价单元，但在三者叠加过程中会形成大量面积小于农用地图层或土壤图单元的小多边形，需要对其进行合并处理。在本次评价中，采用"土壤图—土地利用现状图—行政区划图"叠加的方式划分耕地质量评价单元，这样划分的评价单元性质较为均一，且在评价单元内部属性基本一致，并且不同单元间既有差异性又有可比性。

（2）评价信息的提取

评价信息是开展耕地质量评价工作的基础。因此，评价信息准确有效地获取是耕地质量评价工作中的关键步骤之一。鉴于此，在基于 GIS 技术的基础上，首先需要采集各种专题图件的有效参评信息，然后再赋值于评价单元。其具体操作如下：首先，需要设置唯一标识码，一般可以将唯一标识码设为单元编号；其次，在 ArcGIS 环境下建立评价信息空间数据库和属性数据库；然后将各专题图和生成的耕地质量评价单元图进行叠加分析，生成耕地质量评价底图；最后提取出属性库中的评价因子属性，赋值于耕地质量评价单元图，形成最终以评价单元为基本单元的评价信息的耕地质量评价单元图作为评价划分地力等别的基础数据。

8.1.5.6 耕地质量等别的确定

（1）评价因子隶属度函数的建立

各因子对耕地质量的影响程度是一个模糊概念，在模糊评价中以隶属度来划分客观事物中的模糊界限。隶属度可用隶属函数来表达，采取特尔斐法和隶属函数法确定各评价因子的隶属函数，将各评价因子的实测值代入隶属函数然后计算相应的隶属度。按照选定的评价指标与耕地生产能力的关系可分为戒上型函数、戒下型函数、峰型函数、直线型函数和概念型函数模型 5 种类型，并对评价指标进行评估，确定各因素的隶属关系。隶属函数模型如下所示：

戒上型函数模型

$$y_i = \begin{cases} 0, & u_i \leqslant u_t \\ 1/\left[1 + a_i(u_i - c_i)^2\right], & u_i < c_i, \quad (i = 1, 2, \cdots, m) \\ 1, & u_i \geqslant c_i \end{cases} \tag{8-1}$$

式中　y_i——第 i 个因素评语；

　　　u_i——样品观测值；

　　　c_i——标准指标值；

　　　a_i——系数；

　　　u_t——指标下限值。

戒下型函数模型

$$y_i = \begin{cases} 0, & u_t \leqslant u_i \\ 1/(1 + a_i(u_i - c_i)^2), & u_i < c_i, \quad (i = 1, 2, \cdots, m) \\ 1, & u_i \geqslant c_i \end{cases} \tag{8-2}$$

式中　u_t——指标上限值。

峰型函数模型

$$y_i = \begin{cases} 0, & u_i < u_{t_1} \text{或} u_i > u_{t_2} \\ 1/(1 + a_i(u_i - c_i)^2), & u_{t_1} < u_i < u_{t_2}, \quad (i = 1, 2, \cdots, m) \\ 1, & u_i = c_i \end{cases} \tag{8-3}$$

式中 u_{t_1}——指标上限值；

u_{t_2}——指标下限值。

直线型函数模型

$$y_i = au_i + b \tag{8-4}$$

式中 a——系数；

b——常数。

概念型函数模型(散点型)

这类指标与耕地生产能力之间是一种非线性的关系，如抗旱能力、排涝能力、质地、坡向等，直接采用特尔斐法给出隶属度。

(2)指标隶属度的确定

评价资料通常为定性和定量两种数据，为了尽量减少人为因素的干扰及使数据更加易于处理，需要先对定性因子进行定量化处理，根据各因素对耕地质量影响的级别状况赋予相应的数值。

(3)耕地质量等别的确定

首先，根据指数和法确定耕地质量的综合指数；然后，在已获取各评价单元耕地质量综合指数的基础上，根据《耕地质量等级》(GB/T 33469—2016)和地力综合指数分布，采用累积曲线法或等距离法确定分级方案划分地力等别，凭借曲线斜率的突变点来确定等别的数目以及综合指数临界点的划分。最终形成耕地质量综合指数分布曲线图，并据此来确定等别数目，划分综合指数临界点。耕地质量的综合指数(integrated fertility index，IFI)计算公式为：

$$IFI = \sum F_i \cdot C_i \tag{8-5}$$

式中 IFI——耕地地力综合指数；

F_i——第 i 个因素评语；

C_i——第 i 个因素的组合权重。

8.1.5.7 等别图的编制

为提高制图的准确性与效率，采用地理信息系统软件 ArcGIS 进行耕地质量等别图及相关专题图件的编绘处理。其步骤为：

第一，各类基础图件扫描并矢量化，统一地图投影系统。

第二，校正并编辑矢量数据，对图层要素进行属性赋值。

第三，专题要素设定，图幅整饰，图件输出。

具体来说，即在耕地质量评价单元的基础上，对等别相同的相邻评价单元进行归并处理，得到耕地各质量等别面要素。然后对不同耕地等别赋以特定的颜色，添加专题图地图要素，包括图名、图例、比例尺，最后进行成果输出，完成耕地质量等别图的编制工作。

8.2 湿地土壤调查

湿地(wetland)是地球上水陆相互作用形成的独特生态系统，是重要的生存环境和自然界最富生物多样性的生态景观之一，在抵御洪水、调节径流、改善气候、控制污染、美化环境和维护区域生态平衡等方面有其他系统所不能替代的作用，被誉为"地球之肾""生命的摇篮""文明的发源地"和"物种基因库"，因而湿地研究受到国际社会的普遍重视。在国际自然及自然资源保护联盟、联合国环境规划署和世界自然基金会编制的世界自然保护大纲中，湿地与森林、海洋一起并列为全球三大生态系统，而淡水湿地被当作濒危野生生物的最后集结地。

目前，我国的湿地和世界其他国家的湿地一样正以令人担忧的速度消失。越来越多的科技工作者和行政官员都发现，为了实现区域可持续发展，需要了解、保护甚至重建这类脆弱的生态系统。因此，了解并掌握湿地生态系统调查的相关内容和方法，具有重要的意义。

8.2.1 湿地的定义与类型

湿地是介于陆地和水生生态系统之间的过渡带，湿地的特征从水体到陆地逐渐变化，并兼有两种系统的某些特征。由于认识上的差异和目的不同，使得不同研究者对湿地定义强调不同的内容，例如：湿地科学家考虑的是伸缩性大、全面而严密的定义，便于进行湿地分类、野外调查和研究；湿地管理者则关心管理条例的制定，以组织或控制湿地的人为改变，因此，需要准确而有法律效力的定义。尽管由于人们各种需要不同，产生了各种不同的湿地定义，但是多水(积水或过湿)、独特的土壤(水成土)和适水的生物活动是其基本要素。

关于湿地的定义，目前许多加入湿地公约(Ramsar)国家所接受的一种，定义为"湿地系指不问其为天然或人工，长久或暂时性的沼泽地、湿原、泥炭地或水域地带，带有静止或流动，或为淡水、半咸水体者，包括低潮时不超过 6 m 的水域"。根据湿地分布及其性质划分 3 组：海洋和滨海湿地、内陆湿地和人工湿地。人工湿地主要指稻田。其中自然湿地的分类如下：

8.2.1.1 海岸湿地类
(1)浅海水域

低潮时水深不足 6 m 的永久浅水域。

(2)潮下水生层

包括海草层、海草、热带海洋草地，这个类型很少。

(3)潮间泥、沙或盐碱滩

指高潮线与低潮线之间的泥滩、沙滩和盐碱滩，随潮沙而周期性地被海水淹没。

（4）潮间沼泽

即潮间带有喜湿性植物的生长和底栖生物种群的活动，在嫌气环境下有潜育化现象的发生，有一定数量有机质积累的地段。

（5）砾石性海岸

一般是陆地上的山脉或丘陵延伸，直接与海面接触的部分，被海水淹没或过湿。

（6）沙泥质海岸

也称堆积海岸，由松散物质组成，其形成与平原、河口堆积或地壳上升运动有关。

（7）红树林沼泽

红树林一般生长在高温高盐和没有拍岸浪的港湾淤泥滩上，是热带、亚热带广泛分布的一种湿地类型。

（8）珊瑚礁

珊瑚礁是由腔肠动物造礁珊瑚的骨骼与少量石灰质藻类和贝壳胶结形成的大块有孔隙的钙质岩体。受珊瑚生长条件的限制，所以珊礁只能分布在热带和一部分亚热带，以及一些受暖流影响的温带海区。

（9）海岸性咸水湖

主要是由于泥沙的沉积(沙堤、沙嘴或滨岸堤)而与海洋分离的潟湖。潟湖沉积以颗粒较细为其特征。在湿润地区，由于潟湖内生物的繁殖、死亡和堆积，在潟湖沉积中，有机质的含量较高，甚至形成泥炭堆积。在干燥地区的潟湖，则沿着盐沼、盐滩的方向发展。

（10）海岸性淡水湖

当海岸潟湖完全被沙堤与海洋隔离，潟湖受陆上入湖淡水的影响，即演化发育为海岸淡水湖泊。

8.2.1.2 河口海湾湿地

（1）海湾、河口湾

海湾是海岸线内十分明显的凹部水域，它不是海岸线的简单弯曲地带，而是凹部水域的大小同海湾口的宽度应有一定的比例，即凹部水域的面积不应小于以通过海湾门所划的直径为直线所绘的半圆面积。海湾湿地也指的是低潮时水深不足 6 m 的浅水区域。

河口湾即江河入海口的区域，受河流与海水的相互作用。根据水文、地貌特征不同，从陆到海，可把河口区分为近口段、河口段和口外海滨段。

（2）三角洲湿地

通常把河口区由沙岛、沙洲、沙嘴等发展而成的冲积平原称三角洲。我国的黄河、长江、珠江和辽河口等都有大面积的三角洲。河口三角洲湿地以芦苇、柽柳和碱蓬等植物群落为主，也是重要的水禽栖息地。

8.2.1.3 河流湿地

河流温地分为永久性河流与溪流以及季节性与间歇性河流与缓流。我国河流众多，流域面积在 100 km^2 以上的河流大约有 50 000 余条，大于 1000 km^2 的有 1500 余条，若计溪流和季节性与间歇性河流则更多。由于河流宽度在枯水季节和汛期有很大差别，河流湿地面积按平均泛滥宽度即洪水位平均河流宽度计算。

8.2.1.4 湖泊湿地

湖泊是湖盆、湖水和水中所含物质包括矿物质、溶解质、有机质、水生物等组成的统一体。湖泊湿地按积水时间划分为长期的和季节性的、间断性的；按水的矿化度分为淡水和咸水湖，即通常将湖水矿化度小于 1 g/L 的水体为淡水，大于 1 g/L 而小于 10 g/L 的为咸水。所以，湖泊湿地划分为 4 个类型：永久性淡水湖，季节性或间断性淡水湖，永久性咸水湖，季节性或间歇性咸水湖。至于矿化度大于 10 g/L 的盐湖不计为湿地。

8.2.1.5 沼泽和草甸湿地

（1）草本沼泽

草本沼泽是我国沼泽的主体，面积大，约占沼泽总面积 50% 以上，遍布于全国各地。特别是三江平原和若尔盖高原都是典型的草本沼泽集中分布区域。由于组成草本沼泽的植物种类不同，草本沼泽又可划分许多种类。最常见的是薹草构成的沼泽，例如：分布在三江平原的毛果薹草，发育有泥炭沼泽土或腐殖质沼泽土；分布在青藏高原的木里薹草沼泽，发育有泥炭沼泽土；分布在东北平原和山地的乌拉薹草沼泽，发育有泥炭沼泽土；分布在亚热带山地的薹草沼泽，发育有泥炭沼泽土。芦苇沼泽分布广、面积大，几乎在全国各地均有分布。另外，还有分布在水域边缘的香蒲沼泽、水葱沼泽；分布在热带地区的田葱沼泽、热带海岸的薄果草沼泽；分布在青藏高原河源和洼地的栅叶沼泽等。

在部分草本沼泽中也伴生有少量灌木、半灌木。草本沼泽多为大气降水、地表径流和地下水等混合补给。因此，植物所需要的氮、磷、钾等营养元素很丰富，有些人称它是富营养型沼泽。

（2）藓类沼泽

藓类沼泽分布零星、面积小。主要发育在地处寒温带和温带的大、小兴安岭和长白山地区。大兴安岭的阿尔山、古莲、满归，小兴安岭的乌伊岭和汤旺河流域，长白山玄武岩台地等地区，由于气候冷湿、地下有岛状永冻层或玄武岩风化物成为隔水层，土壤终年处于积水或过饱和状态，微生物活动受到抑制，植物残体的积累大于分解，有利于泥炭堆积，而使藓类沼泽得到发育。在我国藓类沼泽主要是泥炭藓沼泽。

泥炭藓形成密实的地被物，像绒毯一样覆盖地面，并形成藓丘。泥炭藓沼泽主要由大气降水补给，泥炭藓持水量很大，一般高达 1000%~2000%，呈酸性至微酸性。土壤中灰分含量低，植物所需要的营养元素贫乏，故只能有藓类发育，并出现食虫植物，例如：茅膏菜、狸藻等。在该类沼泽中乔木几乎消失，仅伴有稀疏的小灌木。

（3）灌木为主的沼泽

多分布在森林沼泽的边缘地带，或是草本沼泽向森林沼泽过渡地区，例如：东北地区分布有柳丛湿地、绣线菊湿地；南方有箭竹湿地、岗松湿地等。这些类型湿地中多伴有一些小灌木和薹草。

以长白山地和兴安岭丛桦湿地为例，一般分布在河漫滩上，向高处为乔木湿地或森林，向低处多为草本沼泽。呈季节性积水，为河水和地下水补给；土壤为薄层泥炭土，泥炭层厚50~60 cm，pH为5.5~6.5；伴生有柳叶绣线菊、沼柳、鼓囊薹草等；常常形成草丘，丘间有积水。

（4）乔木为主的沼泽

这种湿地分布在山地和丘陵地区，是森林沼泽化的结果。在大兴安岭具有贫营养的兴安落叶松、狭叶杜香、泥炭藓湿地，也有富营养兴安落落松、柴桦、玉簪薹草湿地。大兴安岭乔木为主的湿地类型多，发育有泥炭沼泽土，但因气温低，作物生产量相对较小，故泥炭层转薄，一般20~50 cm。长白山乔木为主的湿地集中分布在海拔600~1200 m山地，并发育有富营养的长白落叶松、丛桦、薹草湿地和中营养的长向落叶松、笃斯越橘、藓类湿地。水松湿地仅分布在广东、广西、福建和江西。

（5）盐沼

分布在我国北方干旱和半干旱地区，滨海一带也有零星分布。盐沼是由一年生盐生植物群落组成的，发育有盐化沼泽土。新建的盐沼有两个植物群系：一是盐角草群系，分布普遍，见于山前冲积平原，呈斑状出现于潮湿的盐湖湖滨和洼地底部，有季节积水，基质黏重，土壤表面有5~10 cm盐壳或盐聚层。生长着盐角草，伴生有碱蓬、矮生芦苇，覆盖度达40%~50%。另一种是矮盐千屈菜群系，仅见于罗布泊北麓湖滨，形成30~50 m窄带，高不过10 cm，盖度30%~40%，秋季经常受上涨潮水淹浸。

（6）湿草甸

湿草甸是草甸向沼泽的过渡类型，通常称之为沼泽化草甸或低湿地草甸。湿草甸由湿中性多年生草本植物为主形成，其中莎草科植物占有重要地位。它的分布与特定地形所引起土壤水分状况有关，是在地势低平、排水不畅、土壤过分潮湿、通透性不良条件下发育起来的。因此，多形成草甸沼泽土，甚至有些地区形成泥炭层或半泥炭化的有机层，下层为黏重潜育层。

分布在温带草原、河漫滩、湖滨及山地沟谷地带常见有薹草沼泽化草甸，例如：瘤囊薹草、小白花地榆沼泽化草甸。分布在高原地区具有高寒性质的沼泽化草甸，有富草沼泽化草甸（例如：藏富草草甸、大富草草甸），华扁穗草草甸，以及面积较小的针蔺沼泽化草甸。

（7）淡水泉（包括绿洲湿地）

泉是地下水在地表的天然露头。无论潜水含水层还是承压水的含水层，其中地下水都能以泉的形式排泄到地表来。泉的成因复杂，类别繁多，大小不一，与一定的地形、地质和水文地质条件有关。

淡水泉在全国各地均有分布，例如：济南市趵突泉，北京的天下第一泉——玉泉，广西兴安县喀尔斯特系（地苏暗河），大陆沿海或岛屿的外围海域，径口发育的海底泉等。据新疆综合考察初步统计，新疆平原区泉水年径流量近5.0×10^8 m^3，其中平均流量在1.0 m^3/s以上的有33条，较著名有玛纳斯地区的、四棵树地区的、喀什地区的泉沟，较大泉流成为稳定的农业灌溉水源——绿洲湿地。

（8）地热湿地

埋藏地下深处的高温地下水，以泉的形式流出地表称温泉，如果由导水断层喷出地表称为喷泉。温泉分布是与地热异常区联系起来。我国是世界上热水资源丰富的国家，地表出露的热水泉至少有2000多处。西藏羊八井、云南的腾冲、台湾的大大屯均为世界上有名的热水泉。云南腾冲温泉区，就有50多处温泉出露，泉水温度几十度以上，最高达105℃。由温泉水补给湿地称地热湿地。西藏高原是我国主要地热分布区，地热湿地分布与高原构造断裂发育有关。

8.2.2　湿地土壤类型

湿地土壤是构成湿地生态系统的重要环境因子之一。在湿地特殊的水文条件和植被条件下，湿地土壤有着自身独特的形成和发育过程，表现出不同于一般陆地土壤的特殊的理化性质和生态功能，这些性质和功能对于湿地生态系统平衡的维持和演替具有重要作用。因此，在湿地的诸多定义中有很多将湿地土壤作为划分湿地的一条重要标准。

湿地分布的区域广泛，自然条件复杂。在多样的生物、气候、地形、母质和植被等因素综合作用下形成了不同的湿地土壤类型。

水成型湿地土壤是现代土壤形成过程中，长期或季节性受到水分过度湿润或水分饱和的土壤。水成土壤一般与低平或低洼的地形部位相联系，自然植被主要为草本或沼泽植物。水成湿地土壤从水分条件上可分为：

- 地表积水并受地下水浸润的土壤，例如：沼泽土；
- 完全受地下水浸润的土壤，例如：草甸土；
- 仅受土层中暂时滞水浸润的土壤，例如：白浆土。

从水分条件在成土过程中的作用程度来说，后两者可称为半水成土壤。

水成湿地土壤的主要成土过程包括潜育过程、潴育过程、腐泥化过程、腐殖质累积过程和泥炭化过程等。然而，在各种水成土壤中，这些过程的组合和表现程度又各有不同。从而又形成了各具特点的、有特定剖面构型和属性的湿地水成土类型。

8.2.2.1　水成性湿地土壤(沼泽土)

沼泽土的形成过程包括有机质的泥炭化过程，有机质的腐殖化过程，有机—无机物的腐泥化过程和矿物质的潜育化过程。因此，可根据其有机质的积累程度和潜育化程度进一步划分为若干个沼泽土亚类。

(1)草甸沼泽土

草甸草泽土是草甸向沼泽土过渡的类型，土壤经常处于温润状态。剖面构型为AHg—Bg—G型。表层(AHg)为草根或粗腐殖质层，有粒状或鱼卵状结构，有的亚表层出现多量铁锰结核；心土层(Bg)色较淡，有锈斑；底土层为灰蓝色或浅灰色的潜育层(G)。草甸沼泽土的有机质含量多在10%以上，高的可达30%。

(2)腐殖质沼泽土

有临时积水，但总的来说土壤通气条件尚好。剖面为AH—G型，其特点是泥炭积累不明显，而多以腐解的有机质(AH)形态累积于土壤表层。AH层中草根较少，结构不明显，很少见到铁锰结核，其下即为G层。腐殖质沼泽土的有机质含量很高，有的表土层可达40%，但在潜育层则锐减到1%左右。

（3）泥炭腐殖质沼泽土

地面长期积水，只有在极为干旱的情况下才能露出水面。其剖面构型是 H—AH—G 型。表层为厚 20 cm 左右分解不良的泥炭层（H）；草根极多、密集成层，H 层以下为腐解的有机质层（AH），再下为 G 层。

（4）泥炭沼泽土

地面长期积水，剖面构型为 H—G 型。表层有机质呈泥炭状累积，但厚度不超过 50 cm，有机质含量一般都在 40% 以上，高的可达 80%。

（5）泥炭土

地面长年积水，水深 20~30 cm。上层为 50~200 cm 或更厚的泥炭层，下层为潜育层，有的在这两层之间还有腐殖质的过渡层，但剖面的基本构型仍为 H—G 型。

（6）腐泥沼泽土

多分布于开阔积水地段，系湖泊沼泽化的产物，有由细腻黑色有机—无机物混合而成的腐泥层，剖面构型为 As—G 型，即由腐泥层（As）和潜育层（G）组成。

8.2.2.2　半水成性湿地土壤（草甸土）

草甸土是直接受地下水浸润，在草甸植被下发育而成的半水成湿地土壤。它广泛分布于大河流泛滥地、冲积平原、三角洲及滨湖、滨海等地势低平的地区。

草甸土一般都发育在近期的沉积物上，地下水距地表较近，埋深 1~3 m，在植物生长旺盛季节，地下水可沿毛细管经常地上升至地表。自然植被茂密，多由中生的草甸植物及部分沼泽化的草甸植物组成。其成土特点是具有明显的腐殖质累积过程和潜育过程。

在这需要指出，由于草甸土广泛分布于各个土壤地带之中，因而在成土过程中反映出一定的地带性和地区性的差异，除了上述基本过程之外，还可能附加有钙化、盐渍化等过程。

草甸土的共同特征是：剖面为 Ah—Bg—G 型。表层腐殖质含量较高，结构良好；Bg 层腐殖质含量很少，而多铁锰结核，并自上而下逐渐减少；Bg 层以下为 G 层。但是，由于生物、气候条件及地形、水义等条件的不同，其性状亦有很大差异。据此尚可划分若干亚类。

（1）暗色草甸土、草甸土和酸性草甸土

暗色草甸土　分布于温带及寒温带的湿润和半湿润地区，植物残体分解缓慢，腐殖质累积强度大，腐殖质厚度达 40~100 cm，表层有机质含量为 5%~10%，颜色深暗，土壤呈中性或微酸性。

草甸土　分布于暖温带湿润半湿润地区。植物残体分解快，腐殖质含量低，只有 2%~3%，腐殖质层也较薄，一般 30~50 cm，颜色变浅，呈灰棕色，土壤呈中性或微碱性。

酸性草甸土　分布在亚热带、热带。腐殖质含量较低，一般为 1%~3%，颜色浅，厚度为 20~40 cm，土壤呈微酸性至酸性反应。

（2）碳酸盐草甸土

主要分布于碳酸盐母质或半干旱地区。特点是淋溶较弱，除易溶盐遭受淋失外，碳酸盐不被淋失，而淀积在土壤剖面的一定部位；土壤中含有碳酸钙，呈微碱性至碱性反应，腐殖质含量低。

（3）盐化草甸土

分布于草原或荒漠草原区，在滨海地区也有分布。地表生长碱草、碱蒿和星星草等喜盐性植物，地下水埋深在 1.5 m 左右，矿化度较高，地下水所含盐分可随毛细管升至土壤上层，致使草甸土产生附加盐化过程。土层中含有一定量的易溶盐，一般介于 0.1%~0.6%，土壤呈中性至碱性，有石灰反应，腐殖质含量低。

（4）碱化草甸土

多发育在草甸草原地区。植物以羊草、蔓委陵菜、大针茅为主，地下水埋深 1.5~2.5 m，矿化度、盐分含量低，唯碱化度较高，一般在 5%~20%，表层中性，下层偏碱性，有石灰反应。

（5）潜育草甸土

主要分布于地形较低洼处，地下水位约 1 m，土体的潜育化过程较强，剖面中可见明显的蓝灰色斑块，表层腐殖质化较差，有轻度泥炭化现象，有机质含量可高达 8%，但向下急剧降低。它是草甸土向沼泽土过渡的亚类。

（6）高山草甸土

高山草甸土形成的特点是：土体比较温润，进行着强烈的泥炭状有机质的累积过程和大气湿润冰冻氧化还原过程，同时也具有草甸过程的某些萌芽。真剖面构型为 O—Ah—AhB—C 型。草皮层(O)，厚 3~10 cm。腐殖质层(Ah)，厚 10~20 cm，呈浅灰棕或棕褐色，粒状和鳞片状结构，多根系。AhB 层为过渡层，其性质是：表层有机质含量高，在 10%~15%；土体中碳酸钙被充分淋洗；pH 为 6.0~7.0，盐基饱和度较高；土壤质地较粗，黏粒占粒含量多在 5%~10%。

8.2.2.3 半水成性湿地土壤(白浆土)

白浆土是一种滞水潴育性的半水成土壤。主要分布于东北地区，但在江苏、安徽、湖北等地也有分布。白浆土分布地区的地下水位一般都比较深，并有质地黏重的隔水层。但由于母质黏重，地形平坦，以及季节冻层存在时期较长，土壤排水不良，加之降水集中，因而在土层上部、多形成临时性上层滞水(或称土壤—地下水)。地势低平的地方，还有临时性地表积水。这些周期性出现的土壤滞水和地表积水，对白浆土的形成起着重大作用。

白浆土的植被以喜湿性植物种类为多，主要是草甸和草甸—沼泽类型的草本植物。在木本植物中，也以喜湿性的落叶松、白桦、水曲柳、丛桦最为常见。

在上述成土条件的综合作用下，白浆土的形成具有潴育—淋溶—草甸过程的特点。在自然状态下，白浆土的形态特别明显，其剖面构型为 Ah—Ecs—Bts—C 型。腐殖质层(Ah)厚 10~20 cm，暗灰色、多根、疏松，富含有机质，团块结构，含有铁子，向下过渡明显。白浆层(Ecs)厚 20~40 cm，灰白色，紧实，在湿润状态下结构不明显，干时呈不明显的片状结构，有大量铁子，向下过渡明显。淀积层(Bts) 呈暗棕色或棕色，以小棱柱状结构为主，在裂隙及结构面上有暗棕色胶膜及白色粉末，铁子不多，黏紧，透水差，向下层逐渐过渡。母质层(C)主要是河湖黏土沉积物。

总体来看，白浆土的腐殖质以 Ah 层最多，一般在 8% ~ 10%，但自 Ah 层以下，急剧降到 0.5%。白浆土呈微酸性反应，pH 一般为 5 ~ 6。

白浆土由于其所在地貌部位的不同，尚可划分出 3 个亚类，即白浆土、草甸白浆土和潜育白浆土。

8.2.2.4　盐成湿地土壤

盐土在我国分布较广。盐土的形成过程，实际上是各种可溶性盐类在土壤表层或土壤中逐渐积聚的过程。盐分的这种积聚，一般由如下因素的综合作用而实现：气候干旱；地势低平或微有起伏；地下水径流滞缓，同时地下水的含盐量要达到临界矿化度，对含氧化物—硫酸盐者，其临界矿化度平均为 2 ~ 3 g/L；含苏打的则其临界矿化度平均为 0.7 ~ 1.0 g/L。

更为重要的是，只有在地下水能上升到地面的情况下，换句话说，也就是在水成或半水成条件下，才能形成盐土或盐化土壤。这就是本书将部分盐土作为湿地土壤来加以研究的原因。

(1) 盐土的量化指标

一般认为，当土壤表层含盐量超过 0.6% 时，即属于盐土范畴。不过，由于不同盐分组成对植物危害程度不同，因而各种盐土含盐量的下限也不同。氯化物盐土的含盐下限为 0.6%，硫酸盐土的含盐下限为 2% 左右；氯化物—硫酸盐盐土及硫酸盐—氯化物盐土的含盐下限为 1% 左右。当土壤的可溶盐类组成中含苏打在 0.5 mmol/kg 以上的，即属苏打盐土。

(2) 盐土的一般性状

盐分沿土壤剖面的分布是上多下少，但在滨海地区也常见到上轻下重的现象。盐土中的盐分，一般是多种可溶盐盐分的组合。根据盐渍地球化学过程的特点，因地区不同，其盐分组成具有明显的差异。例如：滨海区，以氯盐为主；松辽平原以 HCO_3^-、CO_3^{2-} 为主；华北平原和黄河河套平原，一般以 SO_4^{2-}、Cl^- 为主；而荒漠区则以 Cl^-、SO_4^{2-} 为主。盐土一般呈碱性反应，除苏打盐土外，pH 为 7.5 ~ 8.5。盐土的腐殖质含量一般很低，唯草甸盐土腐殖质含量较高，并有潜育化特征。盐土的质地以黏质为主，没有明显的发生层，颜色多为浅灰到浅灰棕色。

盐土分类根据盐分起源以及积盐过程和成土特点，可分为以下亚类：

草甸盐土　分布极广。按其盐分组成可分为氯化物盐土、硫酸盐土和硫酸盐—氯化物、氯化物—硫酸盐盐土。

滨海盐土　特点是全剖面积盐较重，土壤和地下水的盐分组成与海水一致，均以氯化物占绝对优势，且地下水矿化度很高。

沼泽盐土　由沼泽或盐沼干涸演化而成。

8.2.2.5　草甸碱土

碱土系指土壤中含相当多的吸收性钠，并具有特殊的剖面构(E—Bth—B_2—C)。该土表层为淋溶层（E），厚数厘米至 10cm，通常为灰色，片状或鳞片状结构。碱化层（Bth），呈灰暗色、紧实、圆顶形的柱状结构，通常在柱状顶部有一薄薄白色（SiO_2）间层。盐化层（B_2），在柱状层以下，呈块状到圆块状或核状结构，易溶性盐含量最高。

碱土中含可溶性 Na_2CO_3 及 $NaHCO_3$ 很多，而其他可溶性盐类较少。剖面中，上部含可溶性盐分少而底部多，这一点恰与盐土相反，碱土呈强碱性反应。由于碱土中所含的腐殖质被 Na_2CO_3 等作用分散，而使土壤呈黑色，故又称为黑碱土。

具有较高的湿润状况，为水成型碱土，地下水位 2~3 m，矿化度多低于 3 g/L，属苏打型。植物为碱蒿、星星草、羊草等。草甸碱土的形成特点是以碱化过程为主的同时，还伴随有草甸和盐化的附加过程。具有深厚的腐殖质层和柱状碱化层，有机质含量 1.5%~6%，淋溶层和碱化层的含盐量都不超过 0.5%；pH 一般在 9 以上。草甸碱土形态区别其他碱土的最大特点是在于碱化层之下为锈色的、浅灰色的潜育层。

8.2.2.6　水稻土

水稻土属于人工湿地土壤（略）。

8.2.3　湿地土壤调查与制图

湿地土壤调查旨在查清湿地土壤类型、分布以及与之形成、发展有联系的相关环境因素，例如：植被类型、水文状况和地形、地貌特征等。

8.2.3.1　调查内容

- 调查区湿地土壤类型、分布、面积、剖面特征等；
- 调查湿地植物覆被类型、水文条件、地形地貌特征及其与湿地土壤的联系。

8.2.3.2　调查过程和方法

（1）准备工作

收集资料　收集该地区的气候、地质、地貌、植被、土壤、水文及水文地质等自然条件的资料，同时收集该地区人口、劳力、收入、交通、通信等社会经济资料。还要收集有关该地区在开发利用本地湿地方面的经验教训。对收集到的资料进行综合归纳整理与分析，对已明确的内容不再列入实地调查的项目，对不明确或没有调查的项目，制订出野外综合调查计划。

工具准备　湿地土壤调查主要活动于地表有水的地区，尤其是滩涂调查。因此，进行工作之前，首先要掌握不同干湿月份、不同日期的涨、落潮时间和地面情况。如果仅用一般的调查工具，常不能采集到需要的标本，因为湿地一般松软而滑，难以采到心、底土。因此，进行湿地土壤调查时除了应拥有以下调查常用的工具备品（罗盘、测坡器、手提式电导仪、铁锹、土钻、剖面刀、卷尺、野外调查记载表、布袋、水样瓶、标签以及连鞋水衣、有色眼镜等）外，还应准备简易海滩和湖泊采泥器，船和橡皮艇及汽车等。

（2）湿地土壤的野外调查方法

按湿地的概念，我国的湿地可分成自然湿地和人工湿地。在自然湿地中，又根据其分布的地理特征，将其分为沿海型和内陆型湿地。同时，可以引用和参考土壤普查的成果，例如：水稻土、盐碱土等在第二次土壤普查时已基本调查清楚，在湿地土壤调查之前可到有关部门收集和查找，或者根据土壤普查的技术规程，对没有调查的湿地进行土壤类型、分布、面积的详细调查。基本的步骤和方法如下：

调查路线、断面、点位布设　在地形图或航片上（或高分辨率遥感影像）确定野外调查的路线，按规定要求或根据已了解的湿地土壤情况，在图上先布设断面线，间距 1～5 km（中、大比例尺），5～10 km（中、小比例尺），在断面上选择有代表性的地段（典型土壤类型）布设土壤剖面点，预算出采集土壤和样品的数量。

工作进度和预期成果　外业调查工作最好安排在一年中水位最低的季节，同时考虑天气的变化，以提高工作效率。内业工作主要应考虑化验分析的方法、项目和任务的完成、图件的编绘和清绘、资料的整理和报告的编写。总的成果要求：土壤各种类型的描述；土壤图的编绘和清绘；规定的土壤图件和说明书；调查报告的编写。

土壤剖面特征　由于湿地土壤受地表径流和地下水的影响强烈，在土体中进行明显的潴育化或潜育化过程，并伴随着氧化还原电位（Eh）的降低，因而对土壤有机质积累有利，甚至产生泥炭化过程。在进行土壤野外剖面描述时需要注意这些特征。

潜育作用的土壤：剖面具有腐泥层或泥炭层和潜育层的土壤，土壤糊软，土粒分散，无结构或呈大块状结构，呈灰至蓝色，极少褐色锈斑；湿时 pH 较高，近中性反应者多，土体中亚铁反应显著，风干后土色往往转为灰棕至棕黄色。

潴育作用的土壤：剖面具有腐殖质层和氧化还原交替进行形成的青灰色、灰绿色或灰白色，有时有灰黄色铁锈的斑纹层；土壤的凝聚性较好，斑纹化和铁、锰氧化物淀积显著；pH 也是湿时高，干时下降，有亚铁反应，但整个土体的颜色在湿时与干时差异不显著。

泥炭化或腐泥化作用的土壤：由于水分过多，湿生植物生长旺盛，秋冬死亡后，有机残体留在土壤中；由于低洼积水，土壤处于嫌气状态，有机质主要呈嫌气分解，形成腐殖质或半分解的有机质，有的甚至不分解。这样年复一年地积累，不同分解程度的有机质层逐年加厚，这样积累的有机物质称为泥炭或草炭。

但在季节性积水时，土壤有一定时期（如春夏之交）嫌气条件减弱，有机残体分解较强，这样不形成泥炭，而是形成腐殖质及细的半分解有机质，与水分散的淤泥一起形成腐泥。

（3）湿地植被类型调查方法

我国湿地植被类型繁多，具有木本湿地植被 9 类，草本湿地植被 17 类，水域植被 37 类，共计 84 个群系。湿地植被调查要与土壤调查同步进行，所使用底图比例尺和调查路线应与土壤调查一致，每个主要土壤剖面应设 1～2 个植物样方，原则上每种植物群落组合必须有一个以上的样方。根据踏查时所掌握的植被类型和分布规律，制定出湿地植被工作分类系统，确定调查路线和工作方法（表 8-2）。

表 8-2　湿地土壤类型及其与植被覆盖类型和地形地貌关系

一级分类	二级分类	基本性状	植物覆被类型	水文、地形、地貌特征
沼泽土	草甸沼泽土	剖面构型为 AHg—Bg—G 型,有机质含量 10 % ~ 30 %	薹草、小叶章、芦苇、大蒿草等	季节性积水,阶地上的低洼地带、河漫滩等
	腐殖质沼泽土	剖面为 AH—G 型,有机质含量很高,表层可达 40 %	薹草、芦苇、香蒲、小叶章	常年积水,河漫滩地带、湖滨地带
	泥炭腐殖质沼泽土	剖面构型为 H—AH—G 型,草根极多,密集成层	薹草、芦苇、蒿草	常年或季节性积水,河漫滩阶地上的低洼地等
	泥炭沼泽土	剖面为 H—G 型,有机质含量高于 40 %,有的达 80 %	小叶章、芦苇、薹草、落叶松、白桦、丛桦等	常年或季节性积水,河漫滩、高原冰蚀洼地等
	泥炭土	剖面为 H—G 型,上层为 50 ~ 100 cm,下部为潜育层	泥炭藓、薹草、芦苇、眼子菜等	常年或季节性积水,宽谷、湖滨、山间洼地
	腐泥沼泽土	剖面为 As—G 型,由腐泥层和潜育层构成	芦苇、眼子菜、薹草、藻类等	
草甸土	暗色草甸土 草甸土 酸性草甸土	剖面为 Ah—Bg—G 型,Bg 层腐殖质含量很少,多铁锰结核,由上而下减少	草甸植物及沼泽化的草甸植物	暗色草甸土:温带及寒温带的湿润半湿润地区;草甸土:暖温带湿润半湿润地区;酸性草甸土:亚热带、热带
草甸土	碳酸盐草甸土	淋溶较弱,土壤中有碳酸钙,呈微碱性或碱性反应,有机质含量低	高原大蒿草、杉叶藻、华扁穗草	分布于高原冰水平原、洼地
	盐化草甸土	土层中易溶性盐 0.1 % ~ 0.6 %,土壤呈中性到碱性,有石灰反应,有机质含量低	碱草、碱蒿、星星草等;高原大蒿草、华扁穗草	分布于草原或荒漠地区,高原山间盆地
	碱化草甸土	碱化度为 5 % ~ 20 %,表层中性下层偏碱,有石灰反应	羊草、蔓萎陵菜、大针茅	分布草甸草原地区
	潜育草甸土	潜育化程度较高,剖面有蓝灰色斑块,表层腐殖化较差,有轻度泥炭化现象,有机质含量达 8 %	小叶章、沼柳	季节性积水,高低河漫滩、低平地
	高山草甸土	剖面为 O—Ah—AhB—C 型,碳酸钙淋洗,pH 为 6.0 ~ 7.0	蒿草、华扁穗草	分布于高山区域

（续）

一级分类	二级分类	基本性状	植物覆被类型	水文、地形、地貌特征
白浆土	白浆土	剖面为 Ah—Ecs—Bts—C 型，Ah 层最多，白浆土呈微酸性反应，pH 为 5.0~6.0	小叶章、落叶松、白桦、水曲柳、丛桦等	地表湿润的丘陵、岗地、高河漫滩等
	草甸白浆土		小叶章、丛桦	季节性积水，阶地洼地
	潜育白浆土		丛桦、水冬瓜、沼柳	季节性积水，高河漫滩
盐成湿地土壤	草甸盐土	氯化物盐土、硫酸盐土、硫酸盐—氯化物、氯化物—硫酸盐土	盐蒿	地势地平或微有起伏
	滨海盐土	剖面积盐重，土壤和地下水盐分与海水一致，以氯化物占优势，矿化度高	碱蓬、米草	潮间带
	沼泽盐土	沼泽或盐沼干涸而成	盐蒿	河、湖岸带，河漫滩
碱土		剖面为 E—Bth—B$_2$—C，腐殖质层后，柱状碱化层，有机质含量 1.5 %~6.0 %，pH 大于 9	碱蒿、星星草、羊草	河、湖滩地
水稻土		人工湿地土壤	水稻	广泛分布

样地的布设　样地主要是用来描述湿地自然条件和利用状况的一种重要方法。样地应设立在湿地植被典型地段，样方在样地内随机布设，样方主要用来观测记载湿地植被的生物特性和测定湿地植被生产潜力。

样方形状　一般为正方形，样方大小以植被种类和生长状况而定。一般沼泽和草甸植被用 1 m^2 样方，高大的植物可用 16 m^2 样方。

样方数量　在一个样地上，描述样方 1~2 个，测定样方 4~5 个，频度样方 10~20 个。样方数量应由调查的精度而定。

样地和样方的观察记载　样地选择必须有代表性，记载内容必须具有准确性、严密性和可靠性。记载具体内容如下：

样地编号：根据调查人员的数量和分组情况而统一编号。

地理位置：写出样地所在的地形图编号、行政区域、样地距明显地物的方向、距离、海拔等。

湿地植被组成成分：记载湿地植被的优势种类、亚优势种类以及组成成分的个体特征，还应记载植物的物候期。

湿地植被群落结构特征：主要记载群落的高度、盖度、多度、频度以及植物的产量等。

面积较小的自然湿地宜采用 1：2.5 万~1：5 万的近期航片、地形图或高分辨率卫星遥感影像做参考。成图比例尺为 1：2.5 万~1：10 万。对大面积的自然湿地可采用 1：10 万~1：20 万卫星遥感影像进行调查。人工湿地(如水田)可引用和参考土壤普查资料，水库、池塘等可利用和参考水利部门的资料。

(4)湿地水文和地形、地貌特征调查

湿地地表水变化颇大。对地表水的调查要与土壤调查同时进行，调查内容包括该样点积水状况(季节性积水、常年积水或无积水)，水位、水量状况，以及地形地貌特征(河漫滩、阶地、洼地、古河道、山间谷地等)。

(5)湿地土壤制图

湿地土壤制图是运用制图技术即用色调、图案或符号反映土壤类型及其地理分布规律。主要目的是查清土壤资源的数量和质量，进行土壤资源评价。为湿地土壤资源保护与合理利用提供科学依据。

湿地土壤制图一般分为：野外土壤草图编制、室内计算机遥感制图等。

野外草图编制 湿地土壤草图编制综合运用土壤地理基础理论和土壤野外调查成果。

首先要系统分析调查地区土壤类型与湿地植物覆被类型，以及温地水文、地形和地貌之间的关系，分析土壤类型及其分布变化规律；然后参照遥感影像和地形图信息确定土壤类型界线，并将其界线勾绘在地形底图上或遥感影像上。

室内土壤遥感制图 土壤遥感制图是指应用遥感技术进行土壤制图，包括航测土壤遥感制图和卫星遥感图像制图。它们是在遥感图像基础上对土壤类型、组合进行定性、定位和半定量研究，勾绘图斑，确定其界线。遥感制图程序为：

第一，利用野外土壤调查成果编制土壤草图，然后再进行地面实况调查，验证判读结果，修订土壤草图。

第二，详细解译遥感图像，进行制图。土壤判读是依据遥感图像(土壤及其成土环境条件光谱特性的综合反映)对土壤类型、组合识别与区分过程。

其方法是依据土壤发生学原理、土被形成和分异规律，对遥感图像特征(包括色调、纹理和图形结构)或解译标志以及地面实况调查资料，进行地学相关分析，直接或间接确定土壤单元或组合界线。一般遵循遥感图像，图斑界限和实际三者一致的原则。

其他步骤与常规土壤调查相同。

8.3 污染土壤调查

随着人类社会对土壤需求的扩展，土壤的开发强度越来越大，向土壤排放的污染物也成倍增加，对农业生态系统已造成极大的威胁。防止土壤污染，保护有限的土壤资源，实际上已成为突出的全球问题。土壤污染不但直接表现于土壤生产力的下降，而且也通过以土壤为起点的土壤、植物、动物、人体之间的链，使某些微量和超微量的有害污染物在农产品中富集起来，其浓度成千上万倍地增加，从而对植物和人类产生严重的危害。

8.3.1　土壤污染的概念、来源及特点

8.3.1.1　土壤污染的概念

土壤污染是指人为活动将对人类本身和其他生命体有害的物质施加到土壤中，致使某种有害成分的含量明显高于土壤原有含量，而引起土壤环境恶化的现象。

土壤作为人类赖以生存和发展的物质基础，不仅仅因为它的肥力属性，即：具有生产绿色植物的功能，还因为它具有过滤性、吸附性、缓冲性等多种特性，既充当各种来源污染物的载体，又起到污染物天然净化场所的作用。土壤是一种复杂的自然综合体，具有一定的环境容量（soil environment capacity），即：在一定环境单元和时段内，土壤生态系统进行物质循环过程中，遵循环境质量标准，保证农产品产量和生物学质量基础上，土壤能容纳污染物的最大允许负荷量。在环境容量内，当污染物进入土壤后，在土壤矿物质、有机质和土壤微生物的作用下，经过一系列物理、化学及生物过程，降低其浓度或改变其形态，从而消除污染物毒性。这种现象称土壤自净作用，自净作用对维持土壤生态平衡起重要的作用。正是由于土壤具有这种功能，少量有机污染进入土壤后，经生物化学降解可降低其活性变为无毒物质；进入土壤的重金属元素通过吸附、沉淀、化合、氧化还原等化学作用可变为不溶性化合物，使得某些重金属元素暂时退出生物循环，脱离食物链。但当污染物质的输入量超过环境容量时，则引起污染现象。土壤环境容量的大小，与土壤环境背景值（background value of soil environmental）密切相关。土壤环境背景值又称本底值，在理论上应该是土壤在自然成土过程中，构成土壤本身的化学元素的组成和含量，即未受人类活动影响的土壤本身的化学元素组成和含量，当化学元素含量超过环境背景值时，表明土壤环境可能已受到污染。但在人类长期活动，特别是现代工、农业生产活动的影响下，土壤环境的化学成分和含量发生不断变化，要找到土壤自然背景值比较困难。因此，土壤背景值实际上是相对未受污染的情况下土壤的基本化学组成。

8.3.1.2　土壤污染的特点

土壤污染具有渐进性、长期性、隐蔽性或潜伏性、特殊性和复杂性等特点。

（1）渐进性与隐蔽性

土壤污染对动物和人体的危害往往通过农作物包括粮食、蔬菜、水果或牧草，即通过食物链逐渐积累危害。从遭受污染到产生恶果有一个相当长的逐步积累的过程，人们往往身处其害而不知所害，不像大气、水体污染易被人直接觉察。20 世纪 60 年代，发生在日本富山县"镉米"事件曾轰动一时，这绝不是孤立的、局部的公害事例，而是给人类的一个深刻教训。

（2）特殊性

土壤污染与造成土壤退化的其他类型不同。土壤沙化（沙漠化）、水土流失、土壤盐渍化、土壤潜育化等是由于人为因素和自然因素共同作用的结果。而土壤污染除极少数突发性自然灾害，比如火山活动外，主要是人类活动造成的。随着人类社会对土地要求

的不断扩展，人类在开发、利用土壤，向土壤高强度索取的同时，向土壤排入的废弃物的种类和数量也日益增加。当今人类活动的范围和强度可与自然作用相比较，有的甚至比后者更大。土壤污染就是人类谋求自身经济发展的副产品。因此，在高强度开发、利用土壤资源，寻求经济发展，满足物质需求的同时，一定要防止土壤被污染，生态环境被破坏，力求土壤资源、生态环境、社会经济协调和谐发展。

（3）复杂性

土壤污染与其他环境要素污染紧密相关。在地球自然系统中，大气、水体和土壤等自然地理要素的联系是一种自然过程的结果，是相互影响，互相制约的。土壤污染绝不是独立的，它受大气、水体污染的影响。土壤作为各种污染物的最终聚集地，据报道，大气和水体中污染物的90%以上，最终沉积在土壤中。反过来，土壤污染也将导致空气和水体的污染。例如，过量施用氮素肥料的土壤，可能因硝态氮（$NO_3^- - N$）随渗滤水进入地下水，引起地下水中的硝态氮超标，而水稻土痕量气体（NH_3、N_xO、CH_4）的释放，被认为是造成温室效应气体的主要来源之一。所以，防治土壤污染必须在环境和自然资源管理中实现一体化，实行综合防治。

8.3.1.3 土壤污染源和种类

（1）土壤污染源

按污染物进入土壤的途径所划分的土壤污染源，可分为污水灌溉、固体废弃物利用、农药和化肥的使用、大气沉降物等。污灌是指利用城市污水、工业废水或混合污水进行农田灌溉。污水水质不符合灌溉水水质标准，使一些灌溉区土壤中有毒有害物明显积累，甚至达原有含量的数倍至数十倍之多，致使粮食作物中某一成分超过食用标准。固体废弃物包括工业废渣、污泥、城市垃圾等多种来源。农药在生产、贮存、运输、销售及使用过程中都会产生污染，施在作物上的杀虫剂，约有一半进入土壤。化肥对土壤的污染主要是由于大量施用化学氮肥，致使氮污染地下水。土壤氮经过反硝化作用产生的氮氧化物进入大气，破坏大气臭氧层。过量使用化肥还会使河水、湖泊、海湾富营养化而影响渔业生产。将含三氯乙醛的磷肥施入土壤后，三氯乙醛转化为三氯乙酸，它们均可毒害植物，造成作物大面积减产。大气中二氧化硫、氮氧化物和固体颗粒通过降水或沉降进入土壤，逐步积累，造成污染。一些主要污染物及来源见表8-3。

（2）土壤污染的类型

根据污染物的属性，一般可分为有机污染物、无机污染物、生物污染和放射性物质污染等。

有机污染物　包括有机废弃物（工业生产及生活废弃物中生物易降解和生物难降解的有机毒物）、农药（包括杀虫剂、杀菌剂和除草剂）等污染。有机污染物进入土壤后，可能危及农作物的生长和土壤生物的生存，例如：稻田因施用含二苯醚的河泥会造成稻苗大面积死亡，泥鳅、鳝鱼绝迹。人体接触污染土壤后，手脚出现红色皮疹，并有恶心、头晕现象。农药使用后的残留会污染土壤和进入食物链。土壤中的农药主要来自直接施用和叶面喷施，也有一部分来自回归土壤的动植物残体。地膜弃于田间，也是一种潜在的有机物污染源。

表 8-3 土壤物质污染及主要来源

污染物类型	污染物	主要来源
无机污染物	砷	含砷农药、硫酸、化肥、医药、玻璃等工业废水
	镉	冶炼、电镀、染料等工业废水、含镉废气、肥料杂质
	铜	冶炼、铜制品生产等废水、含铜农药
	铬	冶炼、电镀、制革、印染等工业废水
	汞	制碱、汞化物生产等工业废水、含汞农药、金属汞蒸气
	铅	颜料、冶炼等工业废水、汽油防爆剂燃烧排气、农药
	锌	冶炼、镀锌、炼油、染料工业废水
	镍	冶炼、电镀、炼油、染料工业废水
	氟	氟硅酸钠、磷肥及磷肥工业生产等废水、肥料污染
	盐碱	纸浆、纤维、化学工业等废水
	酸	硫酸、石油化工业、酸洗、电镀等工业废水
有机污染物	酚类	炼油、合成苯酚、橡胶、化肥农药等工业废水
	氰化物	电镀、冶金、印染工业废水、肥料
	苯并芘，苯丙烯醛	石油、炼焦等工业废水
	石油	石油开采、炼油厂及输油管道泄漏
	有机农药	农业生产及使用
	多氯联苯类	人工合成品及生产工业废水废气
	有机含氟物及含氮物	城市污水、食品、纤维、纸浆工业废水

无机污染物 包括有害元素的氧化物、酸、碱和盐类等的污染。生活垃圾中的煤渣，也是土壤无机污染物的主要组成部分。一些城市郊区长期、直接施用无机污染物的结果造成了土壤环境质量的下降。

土壤生物污染 一个或几个有害的生物种群，从外界环境侵入土壤，大量繁衍，对人类健康和土壤生态系统造成不良影响。土壤生物污染的主要物质来源是未经处理的粪便、垃圾，城市生活污水，饲养场和屠宰场的污染等。其中，危害最大的是传染病，主要来自医院未经消毒处理的污水和污物。进入土壤的病原体能在其中生存较长时间，例如：痢疾杆菌能在土壤中生存 22～142d，结核杆菌能生存 1 年左右，蛔虫卵能生存 315～420d。有些长期在土壤中存活的植物病原体还能严重危害植物，造成农业减产，例如：一些植物致病细菌污染土壤后，能引起番茄、茄子、马铃薯等植物的青枯病，能引起果树的细菌性溃疡病和根癌病。一些致病真菌污染土壤后引起大白菜、油菜、甘蓝等多种栽培作物和十字花科蔬菜的根肿病，以及小麦、大麦、燕麦、高粱、玉米、谷子的黑穗病等。

土壤放射性物质的污染 是指人类活动排放出的放射性污染物，使土壤的放射性水平高于天然本底值。排放到地面上的放射性废水，埋藏处置地下的放射性固体废弃物以及核企业发生的放射性排放事故等都会造成局部地区土壤严重的放射性污染。大气中的放射性降尘，使用含有铀、镭等放射性元素的磷肥和用放射性污染的河水灌溉农田会造成土壤放射性污染，这种污染虽然一般程度较轻，但污染的范围较大。土壤被放射性物质污染后，所产生的 α 射线、β 射线、γ 射线能穿透人体组织，损害细胞或造成外照射损伤。放射性污染物还可通过呼吸系统或食物链进入人体，造成内照射损伤。

土壤重金属污染 重金属污染是指人类活动将重金属加到土壤中，使其含量明显高于原土壤含量，并造成生态环境质量恶化的现象。

重金属环境污染研究，主要是指汞、铬、铅、镉、铜、锌。此外，还有类金属砷和非金属氟污染研究。一些国家污染中重金属浓度见表8-4。

表8-4 环境污染的重金属浓度 mg/kg

国家及地区	镉	锌	铜	铅
英国	2 ~ 1500	600 ~ 20 000	2000 ~ 8000	50 ~ 3600
美国	2 ~ 1100	72 ~ 16 400	84 ~ 10 400	80 ~ 2600
瑞典	2 ~ 171	700 ~ 14 700	52 ~ 3300	52 ~ 2900
加拿大	2 ~ 147	40 ~ 19 000	160 ~ 3 000	85 ~ 4000
澳大利亚	2 ~ 285	240 ~ 5500	250 ~ 2500	55 ~ 2000
上海	25 ~ 48	2895 ~ 3480	220 ~ 792	135 ~ 339
广州	6.6 ~ 642	456 ~ 5360	—	16 ~ 1700
天津	0.1 ~ 45	312 ~ 3120	73 ~ 2960	44 ~ 1680

来源：土壤重金属污染主要来自灌水（特别是污灌）、固体废弃物（污泥、垃圾等）、农药、肥料以及大气沉降物等。例如：含重金属的矿产开采冶炼、金属加工排放的废气、废水、废渣；煤、石油燃烧过程中排放的飘尘（含铬、汞、砷、铅等）；电镀工业废水（含有铬、镉、镍、铅和铜等）；塑料、电池、电子等工业排放的废水（含有汞、镉和铅等）；采用汞接触剂合成有机化合物（氯乙烯、乙醛）的工厂排放的废水；染料、化工、制革工业排放的废水（含有铬和镉等）；汽车废气沉降使公路两侧土壤易受铅的污染；砷被大量用作杀虫剂、杀菌剂、杀鼠剂、除草剂而引起砷的污染。一般来说，用于校正营养缺乏而施入土壤的重金属的量很少，不致会引起污染，但重复使用也会因积累而产生危害。含重金属的某些有机农药在降解后其重金属仍留在土壤里。污泥含较多的重金属，当作肥料时，若使用不当必然会引起土壤污染。肥料中的重金属污染，特别是镉，主要来自磷肥，有些表土中的镉有80%来自磷肥。

危害：污染重金属在土壤中不被生物分解，可在生物体内积累和转化，超过一定限度时便产生毒害。进入土壤中的重金属尘埃使微生物区系数量减少，酶活性降低。植物吸收重金属浓度有随土壤中施用重金属浓度的增加而增高的趋势，如在污染土壤中生产的糙米，其平均重金属含量亦较高，而对产量的影响则与重金属种类不同有关，例如，铜污染对产量的影响十分明显，但铅和镉对作物产量的影响一般较小。

重金属在土壤中的行为与土壤理化性质密切相关，例如：水稻对镉的吸收总量随着氧化还原电位的增加和 pH 的降低而增加。污染重金属的生物效应与其在土壤中的溶解和其化合物类型有着十分密切的关系。例如：亚硝酸的毒性明显高于砷酸，即使同为硝酸盐，由于所结合的重金属离子不同，毒性也有显著差异。土壤中虽有单个重金属的污染发生，但多为伴生性和综合性的多种重金属元素的复合污染。土壤一旦遭重金属污染就难恢复，而且它们可通过食物链对人体健康带来威胁。汞、砷、铅能带来神经系统疾病；汞、镉能引起严重肝肾损伤，举世瞩目的"水俣病"和"痛痛病"就是分别由汞和镉引起的；砷、铬被认为有致癌作用。

化学肥料污染

来源：大量使用化肥引起的土壤污染。化肥包括氮肥（如尿素、硫铵、碳铵）、磷肥（如过磷酸钙、钙镁磷肥、磷矿粉）和钾肥（如氯化钾、硝酸钾）等。

施入农田的各种化肥中，以大量氮肥引起的污染最为严重。氮肥施入土壤后，有相当一部分被分解或挥发进入大气；或随地表径流和土壤侵蚀等汇入河流、湖泊和内海；或垂直淋溶渗漏进入地下水，从而造成氮的污染，并对生物及人体健康构成危害。

危害：

第一，河川、湖泊、内海的富营养化。大量化肥经农田径流带入地表水中的氮、磷含量增加，使藻类等水生植物生长过多。

第二，施用化肥过多的土壤，使食品、饲料和饮用水中硝酸盐含量增加。食用硝酸盐含量过高的食物和饮用水，不仅会引起变性血红蛋白血病的病例增多，而且硝酸盐在人体和动物体内能被还原成亚硝酸盐，而引起肠源性中毒病症，在胃液的酸性条件下，亚硝酸盐还能与仲胺合成强致癌物质——亚硝胺。

第三，使大气中氮氧化物含量增加。施于农田的氮肥在土壤微生物的作用下，生成一氧化二氮和氮气释放到空中。一氧化二氮不溶于水，能上升到离地面 20 000 m 高空臭氧层消耗臭氧，而且它在大气层中还可以转化成氧化氮，氧化氮具有催化作用，能加速臭氧的分解速度，对臭氧的破坏能力更强。

第四，恶化土壤理化性质。长期过量而单纯施用化肥，会使土壤酸化；土壤溶液中和土壤微团聚体及有机—矿质复合体的 NH_4^+ 量增加，并交换出 Ca^{2+}，Mg^{2+}，分散土壤胶体，破坏土壤结构，使土地板结，直接影响农业生产成本和作物产量与质量。此外，化肥中含有其他一些杂质，例如：磷矿石中含镉 $1 \sim 100$ mg/kg，含铅 $5 \sim 10$ mg/kg，这些杂质可促成土壤重金属污染。

农药污染

人类活动使农药进入土壤并且积累到一定程度，给土壤生态系统造成不良影响的现象。

概述：早期，农药主要为无机化合物和天然有机化合物。自 20 世纪 30 年代有机氯农药滴滴涕（DDT）问世以后，有机合成农药迅速发展，特别是有机氯杀虫剂，由于廉价、广谱和长效等优点，曾被大量生产和广泛使用。到 20 世纪 60 年代合成的农药品种繁多，已达数万种，常用的几百种按其功能可分为杀虫剂、杀菌剂和除草剂等。

按其元素组成可分为：

- 有机氯农药，例如：滴滴涕、六六六；
- 有机磷农药，例如：敌敌畏、对硫磷等；
- 有机氮农药，例如：西维因、呋喃丹；
- 有机金属农药，例如：含汞农药和含砷农药等。

中国从 1950 年开始使用最多的农药是六六六和滴滴涕，约占农药总施用量的 80%。1960 年后，随着近代分析技术的发展，高灵敏度带电子捕获鉴定器的气相色谱仪应用于有机氯农药的检测。从大量的环境调查中发现，在环境的各区域中，包括从不施农药的中国西藏珠穆朗玛峰的冰雪和南极洲的企鹅中都检测到有机氯农药的残留，从而引起普遍关注。由于有机氯农药化学性质比较稳定，给环境造成严重污染，破坏生态平衡，影响人体健康。西欧和北美各国在 20 世纪 70 年代初，中国在 1982 年已决定禁止使用，并以非持留性农药(如有机磷、氨基甲酸酯类农药)来替代六六六和滴滴涕等。1983 年后，中国农药工业中以有机磷农药产量最大，品种也最多。由于有机磷农药在土壤环境中易被分解。因此，尚未发现它们在土壤中的累积现象。

污染途径：

- 为了防治地下有害生物，使用药剂进行土壤处理；
- 对地上部分作物进行喷洒时，由于喷雾漂移或从植株上落入土壤；
- 农药厂排放的污水引起水源污染，经灌溉而污染土壤；
- 含有农药的尘埃沉降和降水；
- 被农药污染的动植物残体及农家肥等。

其中，最主要来源是防治病、虫、草害时大量施用的农药。

消失与残留：农药在土壤中的消失途径有吸收、迁移、蒸发，在日光、空气、水、黏土矿物和微生物的作用下分解、转化。温度、土壤质地、水分含量、有机质含量及耕作制度等对农药残留有不同程度的影响。

落入土壤中的非持留性农药。仅一小部分被挥发或与水蒸气共同蒸发，被地表径流、动物与植物摄取以及风的吹移而进入大气、水体和生物体内参与大环境的农药循环，从而扩大了农药对环境的污染范围；而大部分经土壤化学、生物作用被降解失活，例如：有机磷农药、氨基甲酸酯类农药易被水解失去生物活性。有机氯农药在旱地土壤中很难被降解，但在淹水条件下，易被土壤中嫌气微生物降解而降低活性或失去生物活性。农药在环境中降解并不意味着毒性完全消除，它既可以产生无毒降解产物，例如：二氧化碳，也可产生与原始农药毒性相当的降解产物，甚至有的降解产物的毒性比原始母体农药的毒性更大(图 8-2)。

土壤农药的稳定性，一般采用半衰期(T1/2)表示，各类农药在土壤中半衰期见表 8-5 可见，农药品种不同，它们在土壤中的持留期也各异。其半衰期长的几十年，半衰期短的仅数日(表 8-5)。

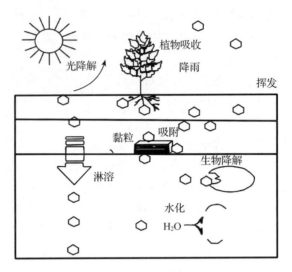

图 8-2　农药移动途径

表 8-5　各类农药在土壤中的残留时间

农药种类	半衰期(年)
铅、砷、铜、汞农药	10~30
有机氯农药	2~4
有机磷农药	0.02~0.2
氨基甲酸酯农药	0.02~0.1
均三氮苯类除草剂	1~2
取代脲类	0.3~0.8
2,4-D; 2,4,5-T	0.1~0.4

8.3.2　污染土壤调查的内容和方法

8.3.2.1　土壤背景值调查

土壤背景值,又称本底值,是指在没有人为污染情况下,土壤在自然界存在和发展过程中,其本身原有的化学组成。但是在目前,在全球环境都受到冲击的情况下,要获得绝对不受污染的背景值是极为困难的,因而土壤背景值只有相对的意义。

土壤背景值是评价土壤环境质量的基础。因为在确定某区域土壤的污染程度时,往往以土壤背景值作为对比。同时,土壤背景值也可以为农、林、牧业的合理规划、微量元素肥料的合理施用、地方性土壤病因的探讨和防治、地球化学研究等提供依据。

(1)采样点布设的原则

在分析研究收集的有关资料以及对调查区作过初步调查后,即需要在地形图上进行土壤背景值采样点的布设。样点布设的多少,样点的代表性、典型性、均衡性,直接影响到土壤元素背景值的准确性和精确度。

第一，采样点的布设要体现调查区域的土壤地球化学的特点，使土壤元素背景值建立在一定的理论基础之上。

第二，要排除污染的地区，凡是已知或怀疑有次生成矿作用污染及其他的人为影响明显的地区，要排除在样点布设范围之外。

第三，要求具有一定的精度，以单元统计的元素背景值的相对误差、变异系数，应分别在0.2和0.5以内。同一类型土壤应有3~5个以上的重复样点。

第四，布设取样点要尽量布设在能代表区域特征或代表环境单元、土壤类型等特征的地方，同时因统计上的需要，布点时也要照顾点的均衡性。

（2）采样点布设的方法

网络法 网络法是将调查区域划分为若干方格，按格布点取样。优点是采样点均匀分布，便于保证所获背景值的均衡性，但是工作量大，有一定重复。

环境单元法 是根据相关的环境要素组成的一个综合体为单元，划分的主要依据是地形—成土母质—土壤类型，这些综合体不仅具有各自的特性，而且在土壤元素背景值上也各具特点。

系统层析法 此法是在调查区内依土壤分类系统，按土类、亚类、土属、土种等逐层区分，最后分成若干单元，在每一单元中随机布设样点。这一方法使获得的土壤元素背景值具有系统性。

典型分析法 这一方法是通过典型土壤或区域布设样点，以点带面，以期迅速获得结果。一般来讲，由于样点少，均衡性较差，比较粗糙。

（3）土样的采集和制备

由于野外条件的变化，在实际采样过程中，应根据实际情况，对预先采样点的布设做一些修正。其选定的原则是：要有一个稳定的土壤发育条件，即有利于该土壤主要特征发育的环境，通常选在小地形平坦、稳定的地方。否则土壤剖面缺乏代表性。不宜在路边、住宅周围、沟渠附近和工厂附近以及一切受某种因素影响发生污染的地方挖掘。

自然剖面对土壤背景值调查是不适用的。这是因为自然剖面由于长期暴露，土壤的水分和热量发生较强的横向交流，引起元素的横向移动，影响到土壤元素的正常含量。

一般样点取表层（0~20 cm）和心土层（20~40 cm），主要土壤类型按土壤剖面发生层次取样。山地土壤采至风化母质层，平原冲积土壤采至地表下1 m左右或至地下水位。凡接触铁铲、取样刀的部分土壤应剥去，以免土样受污染。每个样品取土1~2 kg。

土样在室内及时风干，用有机玻璃棒或木棒碾碎，挑除植物根及大于1 mm的石块，再用玛瑙研钵磨细，过0.25 mm或0.15 mm尼龙筛，混合均匀装瓶备用。

（4）土壤背景值数据的检验

土壤元素背景值分析结果中可能会有异常值出现。异常值的出现，除分析误差原因外，采样地区土壤的环境污染，可能是某些异常值出现的主要原因。判断异常值的方法很多，主要有：

平均值加标准差法 在母质类型比较简单均一的地区，对于实测值大于平均值加二倍标准差的样品作为异常值而剔除，不参加背景值统计。在母质类型复杂的地区，变为三倍标准差检验标准，即把大于平均值加三倍标准差的样品视为可疑污染样品，予以剔除。

4d 法 也称 4 乘平均偏差法，其数学表达式为 $D > 4d$。一组 4 个以上的实测值，其中一个偏离平均值较大，称可疑值。该组实测值中每个值与平均值的偏差为的可疑值与将其剔除在外的其他实测值所求得的平均值的差值为 D。若 $D > 4d$，则可疑样品视为污染样品剔除。4d 法适用于测定 4~6 个污染样品数据。

上下层比较法 由于重金属易与土壤发生吸附、螯合及化学沉淀等反应，使外来的污染元素在表土的浓度高于底土，所以当上层/下层比值大于 1 时，便认为受到污染。

富集系数法 由于二氧化钛(TiO_2)高度抗风化，因而作为参比元素来求其他元素的富集系数。

$$富集系数 = \frac{污染元素含量}{二氧化钛含量}$$

富集系数显著大于 1，表示该元素有外来污染。此法要求土壤剖面的成土母质与下伏基岩属于同一来源。另外，要注意污染与生物富集的区别。

相关分析法 选定一种没有污染来源的元素作为参比元素，求出该元素与其他元素的相关系数和线性回归方程，建立 95% 的置信区间。落在置信区间以外的样点被认为是异常值，应预剔除。此法要求受检验的母质相同。

(5) 土壤背景值的计算及制图

由于土壤背景值的变幅较大和样品的不连续性，其频数分布类型除正态分布和近正态分布外，还有大量偏态分布。

属正态分布的可用平均值，或平均值加减一个标准差来计算和表示。属对数正态分布或偏态分布的用几何平均值乘除几何标准差表示。

背景值在区域上的分布特征为面状连续分布，故其表示方法可以有多种形式。目前，常用的有分级统计图、等值线图和定位图表图等。

分级统计图 首先是确定制图单元，体现地理要素对土壤背景值的主导作用，例如：山区可以按母质类型；平原区可以按土壤质地类型，也可以按土壤类型、地貌类型等划分制图单元。其次要分别计算制图单元的背景值、标准差和置信区间，并划分级别，一般以 3~6 级为宜。最后利用制图单元和级别，勾绘分级界线或上色。

等值线图 打破了地理要素间的关系，在存在级差的样点间按比例取点连线，构成等值线。等值线图可以反映出其他因素的影响，例如：城市附近汞元素的分布，可以更多地反映出人为活动的影响。但此法制图所要求的样点较多。

定位图表图 要求将化验结果以表格形式标于图上采样点附近，方法简单，但所反映的规律性不强。

8.3.2.2 土壤污染调查

土壤污染调查包括布点、采样、确定监测项目等内容。

(1) 污染土壤样品采集

污染调查 污染调查采集污染土壤样品之前，首先要进行污染调查。调查内容

包括:

- 自然条件,例如:成土母质、地形、植被水文、气候等;
- 农业生产情况,例如:土地利用情况,作物生长与产量、耕作、水利、肥料、农药等;
- 土壤性状,例如:土壤类型、层次特征、分布及农业生产特性等;
- 污染历史与现状,例如:水、气、农药、肥料等途径的影响,以及矿床的影响等。

采样点布设采样 地点的选择应具有代表性。因为土壤本身在空间分布上具有一定的不均匀性,故应多点采样、均匀混合,以使所采样品具有代表性。采样地如面积不大,在 2/15~3/15 hm² 以内,可在不同方位选择 5~10 个有代表性的采样点。如果面积较大,采样点可酌情增加。采样点的布设应尽量照顾土壤的全面情况,不可太集中。

对角线布点法:该法适用于面积小、地势平坦的受污水灌溉的田块。布点方法是由田块进水口向对角线引一斜线,将此对角线气等分,每等分中央点作为采样点。但由于地形等其他情况,也可适当增加采样点。

梅花形布点法:该法适用于面积较小、地势平坦、土壤较均匀的田块,中心点设在两对角线相交处,一般设 5~10 个采样点。

棋盘式布点法:适宜于中等面积、地势平坦、地形开阔、但土壤较不均匀的田块,一般设 10 个以上采样点。此法也适用于受固体废物污染的土壤,因为固体废物分布不均匀,应设 20 个以上采样点。

蛇形布点法:这种布点方法适用于面积较大、地势不很平坦、土壤不够均匀的田块。布设采样点数目较多。

采样深度 如果只是一般了解土壤污染情况,采样深度只需取 20 cm 的耕层土壤和耕层以下土层(20~40 cm)土样。如果了解土壤污染深度,则应按土壤剖面层次分层取样。采样时应由下层向上层逐层采集。首先挖一个 1 m×1.5 m 左右的长方形土坑,深度达潜水区(约 2 m)或视情况而定。然后根据土壤剖面的颜色、结构、质地等情况划分土层。在各层内分别用小铲切取一片土壤,根据监测目的,可取分层试样或混合体。用于重金属项目分析的样品,需将接触金属采样器的土壤弃去。

采样时间 采样时间随测定项目而定。如果只了解土壤污染情况,并随时采集土壤测定。有时需要了解土壤上生长的植物受污染的情况,则可依季节变化或在作物收获期采集土壤和植物样品。一年中在同一地点采集两次进行对照。

采样量 具体需要多少土壤数量视分析测定项目而定,一般只要 1~2 kg 即可,对多点均量混合的样品可反复按四分法弃取,最后留下所需的土量,装入塑料袋或布袋中。

采样注意事项

- 采样点不能设在田边、沟边、路边或肥堆边;
- 将现场采样点的具体情况,例如:土壤剖面形态特征等做详细记录;
- 现场填写标签两张(地点、土壤深度、日期、采样人姓名),一张放入样品袋内,一张扎在样品口袋上。

（2）土壤样品的制备与保存

土样的风干　除测定游离挥发酚、铵态氮、硝态氮、低价铁等不稳定项目需要新鲜土样外，多数项目需用风干土样。因为风干土样较易混合均匀，重复性、准确性都比较好。

从野外采集的土壤样品运到实验室后，为避免受微生物的作用引起发霉变质，应立即将全部样品倒在塑料薄膜上或瓷盘内进行风干。当达半干状态时把土块压碎，除去石块、残根等杂物后铺成薄层，经常翻动，在阴凉处使其慢慢风干，切忌阳光直接暴晒。样品风干处应防止酸、碱等气体及灰尘的污染。

磨碎与过筛　进行物理分析时，取风干样品 100~200 g，放在木板上用圆木棍碾碎，经反复处理使土样全部通过 2 mm 孔径的筛子，将土样混匀储于广口瓶内，作为土壤颗粒分析及物理性质测定。

作化学分析时，一般常根据所测组分及称样量决定样品细度。分析有机质、全氮项目，应取一部分已过 2 mm 筛的土，用玛瑙或有机玻璃研钵继续研细，使其全部通过 60号筛（0.25 mm 尼龙筛）。用原子吸收光度法测 Cd，Cu，Ni 等重金属时，土样必须全部通过 100 号筛（0.15 mm 尼龙筛）。研磨过筛后的样品混匀、装瓶、贴标签、编号、贮存。

土样保存　将风干土样、沉积物或标准土样等贮存于洁净的玻璃或聚乙烯容器之内，在常温、阴凉、干燥、避阳光、密封（石蜡涂封）条件下保存。一般土壤样品需保存半年至一年。

（3）土壤样品测定

土壤监测结果的要求　土壤中污染项目的测定，属痕量分析和超痕量分析，尤其是土壤环境的特殊性，所以更须注意监测结果的准确性。土壤与大气、水体不同，大气和水皆为流体，污染物进入后易混合，在一定条件及范围内，污染物分布比较均匀，相比之下比较容易采集具有代表性的样品。而土壤是固、气、液气相组成的分散体系，污染物进入土壤后流动、迁移、混合较难，所以不同采样点的分布往往差别很大。因此，其监测中采样误差对结果的影响往往大于分析误差，一般来说，监测值相差 10%~20% 是允许的。土壤分析结果以 mg/kg（烘干土）表示。

测定方法　土壤样品的测定方法与水质、大气的测定方法基本一样。下面介绍几种常用分析方法：

重量法：适用于测定土壤水分。

容量法：适用于浸出物中含量较高的成分测定，例如：Ca^{2+}，Mg^{2+}、Cl^-、SO_4^{2-} 等。

原子吸收分光光度法：适用于金属，例如：铜、铅、锌、镉、汞等组分的测定。

气相色谱法：适用于有机氯、有机磷、有机汞等农药的测定。

土壤样品的预处理　土壤污染监测与大气及水中污染物测定方法最不相同之处是样品的预处理非常复杂。

测定土壤中重金属成分时，溶解土壤样品有 2 类方法：

碱熔法：碱熔法是利用碱性熔剂在高温下与试样发生复分解反应，将被测组分转变为易溶解的反应产物。常用的有碳酸钠碱熔法和偏硼酸锂熔融法。碱熔法的特点是分解样品完全，缺点是：添加了大量可溶性盐，易引入污染物质；有些重金属，例如：Cd、Cr 等在高温熔融时易损失（温度大于 450 ℃时，Cd 易挥发损失）等。

酸溶法：测定土壤中重金属时常选用酸液进行土壤样品的消化，消化的作用是：溶解固体物质、破坏和除去土壤中的有机物，将各种形态的金属变为同一种可测态。为了加速土壤中被测物质的溶解，除使用混合酸外，还可在酸性溶液中加入其他氧化剂或还原剂。

测定土壤中可溶性组分、有机物、农药时，避免用强酸、强碱处理样品，常用溶剂萃取分离法，例如：测定酚时，可用水与 30% 乙醇将含量较低的游离酚直接从土壤中提取出来。又如：有机氯农药如六六六、DDT 等采用石油醚—丙酮混合液提取。

（4）监测项目

环境是个整体，污染物进入任何一部分都会影响整个环境。因此，土壤监测必须与大气、水体和生物监测相结合才能全面客观地反映实际情况。确定土壤中优先监测物的依据是国际学术联合会环境问题科学委员会（SCOPE）提出的"世界环境监测系统"草案，该草案规定，空气、水源、土壤以及生物界中的物质都应与人群健康联系起来。土壤中优先监测物有以下 2 类：

• 汞、铅、镉、DDT 及其代谢产物与分解产物，多氯联苯；

• 石油产品，DDT 以外的长效性有机氯、四氯化碳酸醋酸衍生物、氧化脂肪族，砷、锌、硒、铬、镍、锰、钒，有机磷化合物及其他活性物质（抗生素、激素、致畸性物质、催畸性物质和诱变物质）等。

我国土壤常规监测项目中，金属化合物有镉、铬、铜、汞、铅、锌；非金属无机化合物有砷、氧化物、氟化物、硫化物等；有机化合物有苯并（α）芘、三氯乙醛、油类、挥发酚、DDT、六六六等。

8.3.3 土壤环境质量评价

选择确定土壤环境质量的评价因子，一是根据土壤污染物的类型；二是根据评价目的和要求。一般选择的评价因子如下：

• 重金属及其他有毒物质，例如：汞、镉、铅、锌、铜、铬、镍、砷、硒、氟、氰等；

• 有机毒物，例如：酚、石油、3，4 苯并芘、DDT、六六六、三氯乙醛、多氯联苯等；

• 酸碱度、全氮、全磷等。

此外，对土壤污染物质的积累、迁移和转化影响较大的土壤理化性质指标也应选取作为附加参数，以便分析研究土壤污染物的运动规律，但不一定参加评价。附加参数包括：有机质、质地、石灰反应、氧化还原电位等。根据需要和可能，也可选取代换量、易溶盐类、重金属不同的价态、黏土矿物等。

8.3.3.1 评价标准的选择

土壤和人体之间的物质平衡关系比较复杂，土壤污染物需要通过食物链，主要是各种作物，进入人体危害健康。故确定土壤污染物的卫生标准难度很大。另外，土壤受成土因素的影响，地域性强，均一性差，这也是难以确定统一的土壤污染物卫生标准的原因之一。因而，土壤质量评价标准可以参考国家土壤质量环境标准值来确定其中一级标准为保护区域自然生态，维护自然背景的土壤环境质量的限制值；二级标准为保障农业生产，维护人体健康的土壤限制值；三级标准为保障农林生产和植物正常生长的土壤临界值。

确定评价标准常选用以下几种方法：

（1）以区域土壤背景值为评价标准

由于背景值不仅包括区域内污染物的平均含量，同时也包括污染物含量的范围。因此，多以平均值 ± 标准差表示。

（2）以区域性土壤自然含量作为评价标准

区域性土壤自然含量，是指在清水灌区内选用与污水灌区的自然条件、耕作栽培措施大致相同，土壤类型相近的土壤中污染物的平均含量。以区域土壤中某污染物的平均值加减 2 倍标准差作为评价标准。

（3）以土壤对照点含量为评价标准

土壤对照点含量是指与污染区的自然条件、土壤类型和利用方式大致相同的，相对未受污染或少受污染的土壤中污染物质的含量。往往以一个对照点或几个对照点的平均值作为对照点含量。

（4）以土壤和作物污染物质积累的相关数量作为评价标准

当作物积累污染物而遭受不同程度污染时，土壤中相应污染物的含量可以作为阶段性评价土壤质量等级的标准。

从上述评价标准分析，土壤环境有它本身的自然容量，它允许受到一定程度的人为干扰。二个地区土壤的现状反映现在该地区土壤与环境、土壤与人之间的物质和能量交换所处的动态平衡水平，区域土壤背景值代表了自然和社会环境发展到一定的历史阶段，在一定的科学技术水平影响下土壤有毒物质的平均含量。同时，区域土壤背景值代表范围较小，具有显著区域特点，而且测定方法也简单易行。因此，在做土壤质量评价时，常常采用现在的土壤背景值作为标准。在自然保护区和风景疗养区的土壤质量评价中，常用土壤本底值作为标准。在评价区域范围不大，或评价要求不高，任务紧，时间短的情况下，可用土壤对照点含量为标准。至于以土壤和作物中污染物质积累的相关数量作为评价标准，可在一定程度上把土壤质量和作物卫生指标相联系，这无疑是一个良好的方向，但尚需较长时期的资料积累。

8.3.3.2 评价模式

土壤环境质量评价分为单因子评价和多因子评价。单因子评价，一般以污染指数表示。其计算方法如下：

$$P_i = \frac{C_i}{S_i} \tag{8-6}$$

式中　P_i——土壤中污染物 i 的污染指数;

　　　C_i——土壤中污染物 i 的实测浓度;

　　　S_i——污染物 i 的评价标准。

在土壤环境质量的单因子评价中,这个指数得到广泛应用。其优点是计算简单,数值含义清楚。$P_i \leqslant 1$ 表示未污染;$P_i > 1$ 表示污染。具体数值还可以反映出污染物超标倍数和污染程度。

土壤环境质量的多因子评价,一般以污染综合指数表示。污染综合指数的计算方法有多种,一般都采用内梅罗公式,因为它不仅考虑了各种污染物的平均污染状况,而且突出了影响较大的污染物的作用。其计算公式如下:

$$P = \sqrt{\frac{(C_i/S_i)^2_{\max} + (C_i/S_i)^2_{\mathrm{ave}}}{2}} \tag{8-7}$$

式中　P——土壤污染综合指数;

　　　$(C_i/S_i)_{\max}$——土壤污染物中污染指数最大值;

　　　$(C_i/S_i)_{\mathrm{ave}}$——土壤中各污染指数的平均值。

8.4　复垦区土壤调查

随着我国西部大开发的进行,矿产资源开发与加工利用,大型公路、铁路、水利水电工程等将对土壤造成更大规模的扰动。而我国人多地少,耕地后备资源不足,搞好土地复垦对缓解人地矛盾、促进社会经济的发展具有十分重要的现实意义。因此,土地复垦已成为我国一项十分紧迫的任务。进行复垦区(矿区)土壤调查,对科学合理地进行土壤资源再利用和恢复重建生态非常重要。

8.4.1　复垦废弃地种类

根据废弃地的成因,复垦废弃地的种类可分为以下几种:

- 矿区开采废弃地;
- 火力发电厂排放的粉煤灰所压占的场地;
- 水利和交通建设工程挖废和压占的废弃地;
- 因自然灾害和人为污染造成的废弃地等。

在上述复垦废弃地的类型中,以矿区开采对土地的破坏最为严重,废弃地面积最大,且复垦的难度也最大。因此,土地复垦通常侧重于矿区废弃地的复垦。也正因为如此,本节所讨论的也主要是矿区土壤调查。

8.4.2　矿产资源开发与利用对生态环境的影响

工矿区的主要人类活动包括矿产资源开发与加工利用,公路及铁路建设、水利水电工程建设、城市建设发展等。矿产资源开发利用的环境问题是指矿产资源在开发利用过程中(包括开采、运输、加工和消耗)对生态平衡和环境的影响问题。矿产资源开发利用对环境的影响主要反映在以下几个方面:

8.4.2.1　诱发滑坡、崩塌、泥石流灾害

采矿诱发滑坡、崩塌、泥石流灾害的主要原因表现在 3 个方面:

第一,露天开采使边坡改变原有的天然平衡状态,引起滑坡、崩塌。

第二,开采造成顶板下沉变形,致使上部岩体发生下沉、开裂变形,诱发滑坡、崩塌。

第三,矿渣堆放不合理,如直接堆放在沟谷中或顺山坡堆放,或超负荷堆放,引起滑坡、崩塌、泥石流。

8.4.2.2　造成地面塌陷、开裂、变形灾害

造成地面塌陷的原因主要有 2 种:一是地下矿体被采空后遗留大片采空区,因失去支撑力而引起地面塌陷;二是岩溶地区,因采矿疏干流水或采矿时造成矿坑突水,从而引起岩溶塌陷。

在各种矿产资源开发过程中,煤炭开采引起的土地破坏最为严重。因为,煤炭是我国的最主要能源,约占一次能源构成的 75%。我国的煤炭产量 95% 以上为井工开采,这种开采方式会破坏煤层覆岩的应力平衡状态,导致覆岩从下至上发生冒落、裂隙(缝)和弯曲下沉,使采空区上方地表发生大面积沉陷,并在地表产生大量的裂缝、裂隙。研究发现全国煤炭采空塌陷与采矿量呈直线关系,平均每采万吨煤塌地 0.2 hm²,最多达 0.53 hm² 时,全国现有国有矿山塌陷面积已达 83 992.2 hm²。

8.4.2.3　其他灾害

采矿往往把周围的植被砍伐殆尽,使其丧失了水土保持功能,造成水土流失、岩石裸露、荒漠化。疏干排水造成矿井突水、海水入侵、恶化生态环境。许多矿区采矿时要疏干排水,往往造成矿坑突水事故,危及矿井和职工的安全。

采矿生产过程中堆放大量固体废弃物占用大片土地,并造成水土污染。采矿造成的塌陷、沉陷变形开裂或形成积水洼地,致使大量耕地废弃、村庄搬迁。矿山生产要排出大量水,例如:矿坑排水、矿渣矸石堆受雨淋滤后溶解了矿物质的污水以及矿区其他工业废水等,大部分未经处理,排放后直接或间接污染地表水、地下水和周围农田、土地,再进一步污染农作物,恶化生态环境。矿山长期排水,附近的地表水和浅层地下水被疏干,影响植物生长,有些矿区甚至形成土地石化和沙化,以至于因采矿造成的缺水地区也在不断增加。采矿可分为地下开采(又称井工开采)和露天开采两大类。因采矿工艺不同,对矿区土地与生态的破坏形式也不同(图 8-3)。

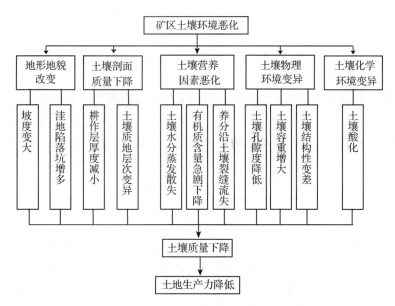

图 8-3 采煤塌陷对土壤质量的影响效应模式

8.4.3 矿区土壤形成特点和主要性状

矿区土壤是指以采矿业等产生的固体废弃岩土作为母质,经人工整理、改良,促使其风化、熟化而形成的一类土壤。矿区土壤又称为矿山土壤。

采矿排出的固体废弃物,在露天矿是矿层上的剥离物,这些剥离物包括岩石和地表的土壤(有时没有土壤)。在井工矿是废石(矸石),以及火力发电厂排出的粉煤灰等工业固体废弃物等。这些固体废弃物在矿区、厂区大量堆积,经过长期的风化作用,缓慢地成为土壤。有的也能种植绿色植物,但这种过程是非常缓慢的。如人类有目的、有计划地去堆置,即土地复垦中的造地工程,堆造成平整、大片的土地;再在地面上覆盖一层土壤,没有土壤时只能覆盖一层细碎的石砾,这就建造了一种新的矿山土壤。这类矿山土壤表层可能是土状堆积物,也可能是石砾、石碴、石屑。

8.4.3.1 矿区土壤形成的特点

就土壤的形成发生而言,矿山土壤与一般自然土壤和耕作土壤有显著的差异,概括起来主要有以下几点:

(1)成土条件发生了很大的变化

特别是露天矿山开采,对矿床以上岩层、风化层和土层的剥离,厚度从十几米到数百米,使成土条件发生了很大的变化。除气候因素外,完全破坏了原土壤的成土条件,自然植被完全毁坏,重新形成新的小地形,自然土壤和耕作土壤原来的层序和发生发展的规律性进程,重新在人为的作用下堆垫组合,完全形成全新的矿山土壤或矿山堆垫土。例如:山西安太堡露天煤矿原地貌是低山丘陵,有平地、缓坡、陡坡、沟壑、河漫滩等,而堆垫形成的排土场呈平台、边坡相间分布的阶地式地形,相对高度 100~150 m,

台阶坡面高度 20~40 m；原地貌地表被第四纪黄土覆盖，但由于采矿对原地层不同岩土层的彻底扰动，使排土场地表物质组成绝大部分为覆于表土下数十米厚的土状物质和石状物质。

（2）土壤剖面重构

国外有关研究表明，现代复垦技术研究的重点是土壤因素的重构而不仅仅是作物因素的建立，为使复垦土壤达到最优的生产力，构造一个较好的土壤物理、化学和生物条件是最基本和最重要的内容，土壤重构是土地复垦的重要组成部分之一和土地复垦的核心内容。

土壤重构（soil reconstruction）即重构土壤，是以工矿区破坏土壤恢复或重建为目的，采取适当的采矿和重构技术工艺，应用工程措施及物理、化学、生物、生态措施，重新构造一个适宜的土壤剖面与土壤肥力条件以及稳定的地貌景观，在较短的时间内恢复和提高重构土壤的生产力，并改善重构土壤的环境质量。

土壤重构所用的物料既包括土壤和母质，也包括各类岩石、矸石、粉煤灰、矿渣、低品位矿石等矿山废弃物，或者是其中两项或多项混合物。所以在某些情况下，复垦初期的"土壤"并不是严格意义上的土壤。真正具有较高生产力的土壤，是在人工措施定向培肥条件下，重构物料与区域气候、生物、地形和时间等成土因素相互作用下，经过风化、淋溶、淀积、分解、合成、迁移、富集而不同于自然土壤；矿山土壤通常多以堆垫表土层、堆垫岩石碎屑层、下垫砾石层、基岩层或堆垫等基本成土过程而逐渐形成的。

与一般土壤的最大差别莫过于土体构型的彻底改变，例如：自然土壤一般总是以地表枯枝落叶层、腐殖质层、淋溶层、淀积层和母质层为其土体构型；耕作土壤则以其耕作层、心土层、底土层岩石碎屑表层、下垫砾石层、基岩层，或通体堆垫砾石层、某岩层或通体堆垫土层、基岩层等土体构型为其人工塑造的剖面特征（图 8-4）。

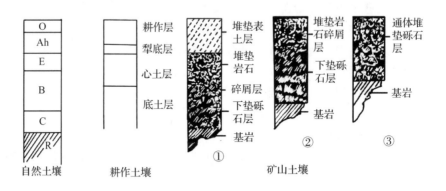

图 8-4 矿山土壤与自然土壤、耕作土壤土体构型之比较

（3）矿山土壤在成土母质上的特异性

矿山土壤因矿体开采完全破坏了原来土壤层——风化层岩石层的层序及成土规律性进程而依一定地形部位完全重新堆垫而成。用于基本建设、民用建筑、厂矿用地、交通道路、机场、体育场地等非种植的土地复垦的要求则是较易满足，然而用于种植的土地复垦要恢复到可供利用的状态，其对土壤的要求则是较高的。其中，最突出之点在于要求有一定厚度的适于植物生长的表土层和下垫层的土体构型。这就涉及矿山所在地有无充足的土源和半风化物类，以供复垦造田最后上覆足量表土和半风化物层的需要；其次，当地即使有土源和半风化物类，也难以将上覆表土恢复到自然表土或耕作表土的肥沃松软适于植物生长的良好状态；往往由于采矿剥离时将表土与底土、熟土与生土、甚至半风化岩石矿物碎屑相互混杂其间，而使矿山土壤母质产生很大的差异。

（4）自然作用的持续性

尽管矿山土壤因人为重新堆垫受人为影响极大，但矿山土壤总是存在于一定的地理环境或一定的生物气候带，因而矿山土壤的形成和各种土壤一样，总是在一定气候、生物、母质、地形和时间等自然因素的综合作用和影响下形成与演变，而且这种作用与影响将不断地持续下去。

8.4.3.2 矿区土壤的主要性状

矿山土壤主要是因采矿活动而产生的土壤，其主要性状概括如下：

第一，新生的矿山土壤的性状（物理的、化学的、生物的），主要取决于覆盖在地表的物质特性、颗粒的大小和厚度。

第二，表层的性状极不稳定，处在继续风化和土壤熟化过程中。

第三，深层的物质对表层也有影响。

第四，这种变化着的"新生土"有其自身特殊的土体构造，有的剖面中还可出现轻微淀积。

第五，随着时间的延长，受自然环境的影响，会使矿山土壤具有地带性的特征。

表层是矿山固体废弃物为主的风化物和表面覆盖物，其颗粒大小极不均匀，养分、动植物残体和土壤生物、微生物含量很少。土体水分、空气、热状况受颗粒大小、矿物组成的影响而变化。有时土壤中含有有害物质。因此，这种土壤不利于种植，必须经过改良，才能成为具有一定生产力的土壤。

8.4.4 矿区土壤调查的目的和任务

矿区土壤调查的目的是为采用合理的地形重塑、土壤重构、植被重建技术及人为促进土壤熟化提供科学依据。其主要任务有：通过调查、分析、查清被破坏土壤资源的数量、类型、破坏程度和分布状态；通过分析研究被破坏土壤的发生、发展过程、趋势及其原因，对采矿、废弃物堆置等一系列矿山作业提出合理建议；通过调查不同废弃物的理化性状，为进一步的复垦方式及利用方向提供依据；通过采矿前原土壤、采矿后土壤及复垦后矿区土壤的理化性状对比，进一步完善复垦技术，并为宏观的复垦规划提供参考。

8.4.5 矿区土壤调查的内容与方法

8.4.5.1 形成条件调查

矿区土壤形成条件调查注意以下特殊问题：

（1）区域地貌特征调查

可分为黄土高原矿区、东北缓丘漫岗矿区、南方丘陵山地矿区、黄淮海平原矿区及西部风沙矿区等。由于不同的区域地貌特征、生物气候以及地面组成物质、坡度、地形等因子变化很大，造成的土壤破坏程度、强度和形成的条件亦有明显差异。

（2）复垦对象的调查

采矿系统 包括煤炭开采业、铁矿山、铝土矿、石膏矿、金矿、铜矿、石棉矿、锡矿等。采矿系统可以根据开采方式分为露天开采和地下开采。露天开采使土壤彻底破坏，土壤生产力完全丧失；地下开采造成地面塌陷、地表裂缝、水资源破坏，土壤生产力下降或完全丧失。

电力系统 主要包括火力发电厂、变电站等，以粉煤灰及其堆积场造成的污染为主。

冶金系统 包括钢铁联合企业、特殊钢厂、炼铁厂、其他金属工业企业，也可包括炼焦厂，主要是尾矿、炉渣及其他废弃物乱堆乱放造成的生态环境破坏。

化工系统 包括硫酸厂、烧碱厂、纯碱厂、磷肥厂、橡胶厂、造纸厂等，以环境污染为主。

建材系统 包括水泥厂、陶瓷厂、石料场、挖砂场、石灰厂、砖瓦窑等，以扰动地面、挖石取土取砂、破坏土壤、植被造成的水土流失为主。

（3）废弃物堆积形式调查

可分为平地堆山式、填凹(如填沟)堆垫式和河岸沟岸倾泻式 3 类。平地堆山式主要是容易造成滑坡、崩塌以及多种水力侵蚀；沟岸河岸倾泻式缩窄河道，影响行洪，河流输沙量剧增，相比而言填凹堆垫式较为妥当。

（4）废弃物组成成分调查

分粗颗粒废弃物和细颗粒废弃物。粗颗粒废弃物，例如：铁矿、地下开采煤矿(矸石山)、采石场等，为砾石状排弃物。细颗粒废弃物，如火力发电厂(粉煤灰)、砖厂(土状物)、铝厂(赤泥)、采砂场、化工厂(废渣)、各种尾矿等。

（5）废弃物含毒状况调查

分有毒废弃物和无毒废弃物。有毒废弃物，例如：重金属矿、化工厂等；无毒废弃物，例如：砖厂、水泥厂、采石场、低硫煤矿等。

（6）植被类型的调查

工矿区未受破坏的自然环境中生长的植物和受破坏的自然环境或当地堆放多年的废石废渣堆上的自然及侵入定居天然植物，是复垦种植的重要依据。但要注意：由于采矿和工程建设的人为扰动，目前的种植环境和乡土植物能够正常生长发育的条件不尽相同，有时会差别很大，故必须进行适生植物种的筛选试验。

（7）生产建设规模调查

可分为大、中、小型矿区，各行业划分标准不同。一般是以生产能力、固定资产投入、职工人数、投入产出状况等综合划分。

（8）权属关系调查

可分为国有工矿区(包括国家统配和地方国有)、乡镇工矿区、个体工矿区。一般国有工矿区为大、中型工矿区，造成的水土流失严重，但易管理，企业自身调控能力强，能在有关部门监督下，进行土地复垦和生态重建工程；乡镇和个体工矿区属小型矿区，数量多，分布广，难管理，往往以眼前利益为主，不考虑长远利益，土地复垦与生态重建工作极为棘手。

8.4.5.2 土壤调查

矿区土壤调查主要围绕矿区土地复垦规划要求和土壤质量演变来进行。为便于调查，根据采矿发展次序分为：采矿前原土壤调查、采矿后土壤调查，即重塑地貌、重建土壤、重建植被后的土壤调查。

根据土壤资源破坏方式分为：挖损地土壤调查(如露天矿坑、砖瓦窑取土场等)，压占地土壤调查(露天矿排土场、煤矸石山、粉煤灰堆场、露天铝矿赤泥堆积场等)，塌陷地土壤调查。

(1)采矿前原土壤调查

可参照当地的地形图、土壤图、土地利用现状图等为基础，综合加以实地调查，汇总而成，以满足规划、设计的要求。一般矿区土壤的调查指标与农业用地指标相同，不再重复。

由于露天矿对土壤的扰动较大，开采前对土壤和上覆岩层的分析是许多国家土地复垦有关法规中明确要求的，其目的是在开采与复垦前进行复垦的可行性研究，以便制订合适的开采与复垦计划。它往往有以下几个作用：

- 确定适宜植被生长的土壤材料的性质和数量(包括可作为表土替代材料的岩层)；
- 确定开采以后矿山剥离物的性质；
- 确定是否有不适宜的岩层(如含有毒、有害元素)存在；
- 确定复垦与开采工程规划；
- 确定复垦土壤的改良方案和重建植被规划。

因此，土壤调查除一般的土壤调查指标外，应特别注意所有剥离岩土层的物理性质、化学性质和生物性质的分析。不同矿的剥离岩土层的厚度不同，有的矿厚度可达200 m。

(2)采矿后的土壤调查

开采后的新造地或复垦土壤的调查研究，是为了确定植物生长的介质特性及土壤生产力，以便于制订有效的土壤改良和重新植被技术方案。

收集资料　一般可先查阅矿山的有关资料，矿山废弃物是否污染环境(如有污染，应先作环境保护处理)。例如：露天矿需查阅排土场及排土进度图；井工矿需查阅井上井下对照图及有关塌陷资料等。根据资料的情况再针对性地进行调查。

矿山土壤性质的调查

厚度：土层厚度及有效土层厚度。

土壤酸碱性：酸性岩石的风化，特别是黄铁矿(硫化铁)的氧化是造成极度酸性矿山土壤的主要原因。在湿润地区，产生的酸使土壤酸化，而不适宜植物生长，同时产生的酸水还污染环境。有些煤矸石堆自燃产生酸雨而使土壤酸化。

土壤养分：养分贫乏是大多数矿山土壤普遍存在的问题。

持水性能：有效水分不足被认为是矿山土壤的一个主要问题。

8.5 水土保持区土壤调查

8.5.1 调查的目的和任务

水土保持区农业生产中存在的主要问题是水土流失。我国山地较多，由于地势起伏，山脉纵横，因而水土流失相当严重我国水土流失主要出现在西北黄土高原，南方山地丘陵，华北土石山区，东北农林垦殖的山区等，其中黄土高原和长江流域、紫色土区最为严重。暴雨季节，黄土高原河道中的水流含沙量多在 200 kg/m³ 以上，有的甚至更高。

水土流失危害极其严重，不仅冲走表土，带走肥料，降低土壤肥力，而且切割地面，减少耕地面积，同时会引起河水泛滥，河床淤积，给河流中下游的农业生产带来灾害，给人民的生命财产带来威胁。因此，进行以防止水土流失为目的的土壤调查，开展水土保持工作，防止土壤侵蚀，就成为我国目前和将来刻不容缓的战略任务。

水土保持区土壤调查的任务，主要是查清水土流失的现状及其危害；调查影响水土流失的环境因素及其作用，调查土壤侵蚀的原因侵蚀程度强度及其分布，调查总结水土保持综合治理的措施及减沙效益等，为制定根治水土流失的水土保持措施及总体规划提供科学依据，以达到保持水土，消除灾害的目的。

8.5.2 调查的内容

水土保持区土壤调查的内容主要是查清引起水土流失的成因及土壤侵蚀类型，总结推广水土保持的有效措施及经验。

8.5.2.1 土壤水蚀因素的调查

土壤水蚀，即土壤在雨滴的冲击和流水动力的冲刷作用下发生分散、搬运造成损失的过程。土壤水蚀不是单因素的结果，而是多种因素综合作用的反映。影响土壤水蚀的因素有自然因素和人为因素 2 个方面，自然因素包括气候地形、地质、植被、土壤等；人为因素主要是人为不合理的垦殖利用。水蚀因素的组合形式决定着土壤水蚀的类型程度、分布以及危害程度的大小。

（1）气候

气候因素对水蚀的影响集中表现在降水方面，降水是土壤水蚀的主要外营力。降水对水蚀的影响，一为降水量，其次为降水类型，其中特别是降水的季节分布在水蚀地带，野外调查时，应在当地气象站收集多年平均降水量、降水量的年际变化和年内季节变化，多雨年和少雨年降水量及其出现的时间和频率，引起水土流失的大雨暴雨（日降水量大于 50 mm 或小时降雨大于或等于 16 mm）出现的月份、次数，每次暴雨持续的时间，降水量及降雨强度等。通过降水量的年份分配及其强度调查，可了解土壤水蚀的季节动态，产量与降雨状况(雨量与雨强)的关系。通常情况下，随着降水量的增加，河流输沙量也相应增大；雨强，特别是 30 min 最大雨对土壤水蚀的影响最为明显，运用 30 min 最大雨强，可计算出一次降雨对土壤水蚀的总能量。其计算公式为：

$$R = \frac{E \times I_{30}}{100} \tag{8-8}$$

式中　R——降雨的总能量；

　　　E——降雨动能$[J/(M^2 \cdot cm)]$；

　　　I_{30}——30min 最大雨强。

如果计算某地年降水量的 R 值，可按魏斯曼公式求算：

$$R = \sum_{1}^{12} 1.735 \times 10(1.5 \lg P_1^2/P - 0.818\ 8) \tag{8-9}$$

式中　P——全年降水量(mm)；

　　　P_1——月平均降水量(mm)。

一年内，按上述公式先逐月计算出 R 值，相加即为年降水量的 R 值。依据此值，可比较不同地区降雨对土壤水蚀的强弱。

(2)地形

地形因素是土壤产生水蚀的能位基础，地形因素主要包括地貌类型、坡度、坡长、坡形、坡向等。

地貌类型　在地形因素中，首先要了解地貌类型，了解其海拔、相对高度，海拔影响水热的垂直带差异，因而影响水蚀强度；相对高差则影响局部地形的侵蚀基准面，同样影响水蚀强度。

坡度　是影响水蚀的最主要的地形因子，它制约降雨径流侵蚀力的大小和土壤物质的稳定性，物体顺山坡下滑的力量(F)等于质量(M)乘以重力加速度和山坡的坡度，即 $F = Mg \cdot \sin \theta$。一般情况下，坡度越大，径流速度亦大，侵蚀越严重。

根据水土保持的实践，坡度可作如下划分。

平地：小于 3°，一般不易产生大量的地表径流，采用土壤耕作措施可以防止水土流失。

平缓坡：3°~7°，明显产生地表径流，一般可采用等高耕作或宽面台田等措施来防止。

缓坡：7°~15°必须采用工程措施，例如：坡式梯田、复式梯田或水平梯田等。

陡坡：15°~25°，必须修筑水平田方可种植。

极陡坡：25°~35°，不宜农用。

险坡：大于 35°，容易产生滑塌等重力侵蚀。

调查时要计算各坡度级别的面积及所占比例。

坡长　它与集流面积相关，坡长与水土流失的关系比较复杂，一般地说，坡度相同，降雨在低时强时，坡长越长，侵蚀量越小；降雨强度大于低雨强后，坡长越长，汇集的径流量越多，侵蚀也越严重。坡长多分为：短坡(小于 50 m)、中等坡长(50~200 m)和长坡(小于 200 m)3 种。

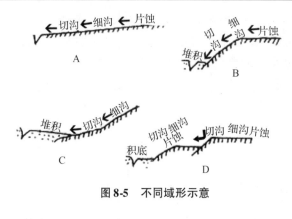

图 8-5 不同域形示意

坡形 坡形一般分为 4 种，即直形坡、凸形坡、凹形坡与阶梯坡。如图 8-5 所示，不同坡形，其水蚀情况有一定差别。如果以直形坡为基准，则凸形坡的侵蚀较大，特别是其中下部水蚀较强，而凹形坡一般侵蚀较小，其下部还会有一定淤积。

坡向 坡向不同，土壤的水热条件有一定差别，阳坡增温快。水分易蒸发，土壤干燥，如果植被遭受破坏，则水土流失相对较重。阴坡水分条件较好，植被生长茂密，水土流失相对较轻。

沟谷 沟谷的深度宽度、断面形状在一定程度上反映着土壤水蚀的强度。调查时要了解沟谷的深度宽度密度，沟谷的纵坡度和断面形状，看其属"V"形谷还是"U"形谷，或者具有河漫滩的平底谷，并看其是在线状谷还是串珠状谷。

地形调查中要查明各种地形的面积及所占比例，以判断土壤侵蚀的强烈程度。

（3）母质

母质是在地形基础上进行水蚀的物质基础，调查的主要内容是母质的类型及其化学特性。母质类型不同，抗冲抗蚀性也不同，例如：土状沉积物，由于本身胶结不够牢固，因而抗冲力差同时土层深厚。沟谷下切强烈；又如：花岗岩、片麻岩在北方干燥地区易于物理风化而形成砾石与砂粒，胶结力也差，易遭受水蚀；而石灰岩、玄武岩致密紧实，土壤黏结力较强，抗冲抗蚀较好。同时，母质的化学成分不同，其胶结力大小有一定差异，因而抗冲抗蚀性也不相同。

（4）植被

植被对土壤起着保护作用，其地上部分能直接截留雨水，减轻雨水对土壤的冲击和溅蚀，植被的枯枝落叶和根系，又能阻滞地表径流，增加水分入渗，防止冲刷特别是乔、灌、草形成的多层植被和密集的根系，其减轻土壤水蚀的作用较为明显。

植被保护土壤，减轻水蚀作用的大小因植被种类、覆盖度高低而差异很大。因此，调查中要划分植被的类型，分别用样方或样带法调查草本植被的种属、分布、生长状况、产草量、覆盖度；森林植被的林木种类、面积、分布、高度、胸径、密度、覆盖度、林下植被的种类及生长状况、枯枝落叶层的厚度等。

（5）土壤

土壤是水蚀的对象，土壤特性与水蚀程度有一定关系。影响土壤水蚀的特性主要有土壤的渗透性、抗蚀性、抗冲性以及与这特性有关的其他理化性质，例如：土壤质地、有机质含量、土壤结构和土壤的胶结物质。调查时注意土壤的质地、层次排列及胶结物质的组成，测定土壤的渗透性、抗蚀性、抗冲性等。

（6）人为活动

人为活动对土壤水蚀的影响有好的一面也有不利的一面。如果人类破坏自然植被，乱伐林木，盲目垦殖，过度放牧会加剧水土流失。人们认识了水土流失对土地资源破坏的严重性之后，采用工程措施与生物措施，例如：打坝、修梯田，植树种草，进行沟头防护，则会减轻或防止水土流失。调查时要调查坡耕的分布、作物布局、轮作制度、耕作方式、森林砍伐等，基本可查明人为活动对水土流失的影响。

8.5.2.2 土壤水蚀类型的调查

水蚀的形态主要有面蚀、沟蚀、洞穴侵蚀、崩塌侵蚀和泥石流等。

（1）面蚀

面蚀又称片蚀，主要发生在坡耕地和植被稀疏的地段上，包括雨滴打击地面产生的溅蚀和地表漫流引起的层状剥蚀过程。侵蚀先是有机质表土层，逐步到心土层、底土层。由于剥蚀不甚均一，地表常呈鳞片状。面蚀速度缓慢，常不被人们重视，但侵蚀面积广泛，总流失量很大，因此，危害相当严重。面蚀程度调查时，可根据植被覆盖度的大小划分，在坡耕地上则以坡度的大小来划分，具体划分指标见表8-6。

表8-6 不同侵蚀类型程度野外调查指标

侵蚀类型		侵蚀程度划分指标	侵蚀程度分级				
			微度侵蚀（无明显侵蚀）	轻度侵蚀	中度侵蚀	强度侵蚀	极强度侵蚀
面蚀	层状面蚀	按地面坡度划分(°)	<3	3~7	8~15	—	—
	鳞片状侵蚀	按植被覆盖度划分(%)	>90	90~70	70~50	50~30	—
沟蚀	细沟侵蚀	以地块内沟道面积所占百分比划分(%)	—	<10	10~20	20~50	>50
	浅沟侵蚀	以地块内沟道面积所占百分比划分(%)	—	<10	10~20	20~50	>50
	切沟侵蚀	以地块内沟道面积所占百分比划分(%)	—	<10	10~20	20~50	>50
重力侵蚀	滑坡侵蚀	按滑坡面积占坡面面积百分比划分(%)	—	<10	10~25	25~50	>50
	崩塌侵蚀	按崩塌面积占坡面面积百分比划分(%)	—	<10	10~25	25~50	>50

（2）沟蚀

沟蚀是地表径流比较集中的股流形成对土壤或土体进行冲刷的过程，也是面蚀进一步发展的结果，是常见的侵蚀类型，调查时应特别注意。沟蚀根据其形态和发展阶段可分为细沟、浅沟和切沟。细沟的深度和宽度一般不超过20 cm，在耕地上的沟痕常可被耕犁所消除。浅沟深度一般在1 m以内，宽度通常小于2 m，耕犁不能使之完全消除，横断面常呈"V"形，纵断面与斜坡基本平行。切沟深度和宽度至少1 m以上，较大切沟的深度和宽度均可达数米至数十米，横断面上段为"V"形，下段较平缓，各侵蚀沟特征见表8-6。沟蚀程度根据单位面积内沟谷占坡面积的百分数表示（表8-7）。

表8-7　沟蚀阶段及形态特征

类　型	深度（cm）	宽度（m）	形态特征
细　沟	0.1	0.1~0.2	在坡面上呈纹状分布，凹形，常见分支是面蚀和沟蚀的一种过渡形式。耕地上的细沟，耕耘可夷平
浅　沟	0.5~0.1	1.0左右	纵断面与斜坡平行，横断面呈"V"形，沟深切入犁底层或心土层，耕犁不能平复
切　沟	1.0~5.0，甚至20	沟宽＜沟深	沟底下切强烈，沟深切入母质或风化基岩，沟头明显，纵断面和斜坡坡面不完全一致，沟道中、上横断面呈"V"形，其下半段多较平缓
冲　沟	十米至百米	数十米	以沟壁扩展为主，横断面呈稳定的"U"形，沟道中、下部较平，有明显的沟沿线，沟系呈树枝状
干　沟	数十米至百余米	—	沟底下切到侵蚀基准面，沟坡变缓，植被恢复，侵蚀趋于缓和，沟底宽平

（3）洞穴侵蚀

它是地面径流沿土体裂隙、植物根孔和动物孔洞等下渗时溶解、潜蚀、冲沟等作用而形成洞穴的过程。下陷洞穴称陷穴，有的单个出现，有的呈串珠状或成群出现。多见于黄土地区的塘边、沟坡、沟头等部位。

（4）泥石流

泥石流是水能与重力作用的混合形态。在地面坡大于35°，并有足够的碎屑岩体，其下垫层又有不透水层，坡面地形又多为聚集径流的漏斗形凹坡的地方，当降水量足够时，整个碎屑岩体连同土壤随水流顺坡向下滑动进入洪水，形成高含泥沙、石块的爆流。泥石流爆发突然，来势凶猛，具有强大的冲击力，冲刷河床，破坏各种建筑设施，甚至埋没农田和村庄，对山区危害极大。

水蚀类型调查时，要查清各种水蚀类型及其分布、面积、侵蚀程度、危害及防治措施等。

8.5.2.3　土壤侵蚀强度调查

土壤侵蚀强度是指单位时间、单位面积上的地表土壤经水力侵蚀被移走的土体损失量，以每年每平方千米移走的吨数表示 $t/(km^2 \cdot a)$ 表示。

（1）土壤侵蚀强度分级标准

我国土壤侵蚀强度分级以侵蚀模数为主要指标，在不能定量的情况下，可用参考指标进行分线。1987年，水利电力部农村水利水保司拟订的土壤侵蚀强度分级指标和不同水力侵蚀类型强度分级参考指标见表8-8、表8-9。将全国土壤侵蚀强度划分为六级，其中微度侵蚀地区不计算在水土流失面积之内。各地调查时，认为各级跨度太宽，可在划分的级别指标内进一步细分。

表8-8　土壤侵蚀强度分级指标

级　别	年平均侵蚀模数 [t/(km² · a)]	年平均流失厚度 (mm)
Ⅰ微度侵蚀(无明显侵蚀)	<200, 500, 1000	<0.16, 0.4, 0.8
Ⅱ轻度侵蚀	200, 500, 1000~2500	0.16, 0.4, 0.8~2
Ⅲ中度侵蚀	2500~5000	2~4
Ⅳ强度侵蚀	5000~8000	4~6
Ⅴ极强度侵蚀	8000~15 000	6~12
Ⅵ剧烈侵蚀	>15 000	>12

表8-9　不同水力侵蚀类型强度分级参考指标

级　别	面　蚀		沟　蚀		重力侵蚀
	坡度 (°) 坡耕地	植被覆盖度 (%)林草地	沟壑密度 (km/km²)	沟蚀面积占总面积的百分比(%)	滑坡、崩塌面积占坡面面积的百分比(%)
微度侵蚀 (无明显侵蚀)	<3	90 以上	—	—	—
轻度侵蚀	3~5	70~90	<1	<10	<10
中度侵蚀	5~8	50~70	1~2	10~15	10~25
强度侵蚀	8~15	30~50	2~3	15~20	25~35
极强度侵蚀	15~25	10~30	3~5	20~30	35~50
剧烈侵蚀	>25	<10	>5	>30	>50

（2）土壤水蚀量调查方法

土壤水蚀量的调查方法主要有以下几种：

土壤侵蚀标签定位观察统计法　在一个区域内按不同的母质和土壤不同的坡度与坡长，不同的农业利用与水土保持措施的类型等各选一定面积为观测区，在观测区内每隔一定距离（如20 cm），插一根顶部涂红色油漆的木桩或竹签，雨季过后看各竹签暴露出来的高度，计算样方区土壤侵蚀量然后再按不同类型区的面积比例以加权平均，得出该区的土壤水蚀模数或在样区内用随机取得的统计方法也可求出水蚀模数。这种方法，在面积不大、以面蚀为主的区段，求得的水蚀模数比较接近实际。

沉积量量测法　利用小型水岸或淤地坝的淤积量来计算该库或坝所控制的流域内的

土壤侵蚀量。此种方法求出的土壤水蚀量往往偏低，只能应用于中、小比例尺的概略分区。

实地量测 坡面上的细沟侵蚀，可在实地进行样方调查，根据样区内斜坡上细沟的条数、平均宽度、深度来计算，推求出土壤侵蚀量。在航片上也可直接量出滑坡、崩塌体的面积。

通用土壤流失量公式计算法 收集水土保持试验站径流小区的试验资料。进行统计分析，求得该地影响水土流失的降雨因素(R)、土壤因子(K)、坡长(L)、坡度(S)及作物管理和水土保持措施因子(C、P)，然后按照下式计算土壤流失量。

$$A = R \times K \times L \times S \times C \times P$$

8.5.2.4　水土保持措施效益的调查

水土保持措施效益主要是调查水保措施的分布规律及其社会效益、经济效益和生态效益。

第一，调查总结不同类型区坡耕地水保工程措施的种类、布局，保水保土效益及提高作物产量的效果。

第二，调查人工草地的面积、分布、覆盖度、优良草种、产草量及其保土效益；调查不同林种(水保林、薪炭林、用材林、经济林)的面积、分布、树种，造林的措施及保土减沙效益等。

第三，调查沟头防护工程、沟道谷坊工程、拦蓄沙泥的坝塘及小型水库工程的种类、分布及拦截沙泥的效益。要调查群众控制洪水、利用洪水漫地拦截沙泥改土造田的经验。

第四，调查总结群众合理利用土地资源。安排农、林、牧各业的用地比例；合理布置水土保持农业措施、工程措施、生物措施，因地制宜，综合治理水土流失的措施及经验。总结小流域综合治理的经济效益及减沙效益等。

8.6　林区土壤调查

8.6.1　林区土壤调查的任务和内容

8.6.1.1　调查任务

第一，查清各林型、立地类型的土壤类型，确定土类、亚类、土属、土种和变种的名称。

第二，查清各类土壤与林木生长、森林分布的关系，不同造林树种对土壤条件的要求以及各种林业土壤的管理措施。

第三，对各类土壤的物理、化学和生物学特征的综合评价，为土壤利用、森林经营、更新造林等方面提出建议。

第四，编制森林土壤分布图、肥力等级图以及土壤利用改良图等。

8.6.1.2　调查内容

第一，调查研究土壤形成的自然条件，如气候、地质地貌、水文与水文地质、植被等。

第二，土壤分类及主要成土过程。

第三，各类土壤的形态特征、理化性状、分布规律以及林木生长、森林分布关系。

第四，森林土壤利用现状及其在利用改良上的特点。

8.6.2　林区土壤调查方法

8.6.2.1　标准地调查

（1）标准区设立

林区调查中，应设标准地，标准地面积应不小于林型面积，即能比较充分反映林型各特征的最起码面积。

调查用标准地最小面积确定原则：即从很小的面积开始统计森林植物种类数目，逐渐向外围扩展，同时登记新发现植物种类，直到基本不再增加新种为止。然后绘制植物种数面积曲线，以面积大小为横轴，以种数为纵轴，填入逐次调查数值并连成平滑曲线，在曲线由陡变缓处相对应的面积即为标准地的最小面积。可见森林植物组成单一时，样方面积应较小，物种组成复杂时，样方面积需增大。确定标准地面积经验值如下：

第一，天然林区。寒温带及温带针阔混交林阔叶林为 $500 \sim 1000$ m²；亚热带、热带森林为 $1000 \sim 5000$ m²；灌木林、灌木丛为 $16 \sim 100$ m²。

第二，森林更新调查面积为 100 m²。

第三，草本群落可为 $1 \sim 4$ m²。

每一个立地类型或植物群落至少设置 3 个标准地，视具体情况还可增加标准地数量。

（2）准备地调查项目

调查标准地相邻区的植物群落类型，对于有道路、河流、采伐迹地、火烧迹地等都应调查记载。

乔木状况调查

第一，查清乔木组成、平均年龄、平均树高、优势种平均树高、平均直径、疏密度（郁闭度）、蓄积量/公顷、地位级（地位指数）、经济林出材率及优势树种。在结构复杂的林中分别对林层、树种和林木世代进行求算。另外，应目测林冠总郁闭度及各层的郁闭度、立木平均距离、活立木与枯死木状况、各树种生长发育状况、分布状况、稳定程度、种间关系以及林内卫生状况等。

第二，人工林除调查树种、树龄、平均直径、平均树高、单位面积蓄积量、郁闭度外，还应调查株行距、造林密度、混交、保存率、径粗、造林抚育措施等。

第三，乔灌混交林调查灌木种类、混交方式、混交比、丛幅、丛高、长势状况等。

第四，疏林应调查树木种类、胸径、树高、年龄、生长分布情况及发展前途。

林木或灌木的调查 用目测调查林木层的总覆盖度和分布状况。有明显分层现象的应调查各层的覆盖度、高度、按层记载主要种类的多度、平均高度、最大高度、生活强度对森林更新的影响，对成土作用的指示意义及用途。

草本植物的调查 目测调查草本植物的总覆盖度(若有苔藓植物时，应分层记载各层的覆盖度)以及主要植物种类、多度、生活强度、分布状况、指示意义、用途和对更新的影响等。

层外植物调查 层外植物是指生长在植物群落各层次以外的攀缘或附生；寄生于其他物体上的植物(包括藤本、苔藓、地衣、藻菌类等)。对攀缘、缠绕或寄生植物应调查其种类、攀缘高度、木质或草质、底径、被攀缘林木的株数(%)、分布情况、寄生植物的寄主以及对树木和幼树的机械影响等。苔藓、地衣类，调查生态性，依附树种、部位方向。

人为活动及自然灾害调查 调查采伐、抚育、砍灌、放牧、林副产品采集等人为活动。查清火灾、病虫害、鼠害、动物活动等对林木生长、森林更新、植被组成等方面的影响通过以上调查，找出原始林、次生林、人工林、过伐林、毁林开荒、火烧迹地及各种灾害等环境下的土壤发展趋势和对林业生产的影响；找出植被类型与土壤类型之间内在规律；找出发展林业生产中存在的障碍因素；制定合理利用林地的有效措施，并根据调查区森林生态特点、林副产品资源优势提出开发生产高经济效益产品，建立深加工基地和名贵特植物、动物产品的生产基地。

8.6.2.2 林业生产中其他环节的土壤调查

(1)立地调查

立地条件(立地)，亦称森林环境(生境)，指对森林(植被)具有重要作用的环境条件的总体。即森林所生存的地方(其中包括林木的地上部分和地下部分)及其周围空间的一切因素的综合。按森林生态系统可划分为气候、土壤、地形、生物及人为活动等因子。土壤则是森林环境中最重要的一个成分。

林业生产中需要根据地域差异，准确划分地域类型、评价立地质量，为林业区划、总体设计和林业生产规划提供科学依据，同时也是划分造林类型和森林经营类型的基础资料。

立地类型的划分要以地形、土壤和植被为依据。调查时，按前述的详细记载每一立地标准地内土壤剖面形态及其他各项环境因子。

(2)苗圃地调查

苗圃地为营林生产的基础设施。苗圃地分永久性中心苗圃地和临时性山地苗圃地。后者一般利用林中空地，面积小，不须进行特殊调查。永久性中心苗圃为每一林场或经营所均须设立的长期培育树苗的基地。苗圃地的大小差异很大，其面积大小取决于苗圃所承担的造林地面积的大小。

永久性中心苗圃绘制大比例尺土壤图。一般每 $1 \sim 5 \ hm^2$ 设置一个主剖面，进行调查并绘制成图。在土壤图的基础上还要绘制土壤养分图、pH 值图、有机质含量图、全氮量图、碳酸钙含量分布图等。制图单元为土种或变种。土壤分析样品的采集应根据苗圃面积、制图比例尺和土壤复杂程度而定。每一土种或变种应有一份分析样品及纸盒比样标本。土壤分析项目按其目的而定。

苗圃地的水文地质条件很重要，因此应对苗圃地灌溉水源(井水、灌水、河水等)和苗圃地所在地下潜水作水质化验。

临时性苗圃虽不绘制土壤图，但仍应做必要的土壤剖面观整、描述和采取分析样和比样标本。

(3)采伐更新地调查

为了解森林采伐后土壤肥力、土壤性质的变化以及影响更新的土壤因子、确定不同地区不同森林类型的最适宜采伐更新方式进行必要的专项调查。

一般采用比较调查研究法，对比采伐前后土壤肥力、性质的变化，分别在保留带及采伐迹地同时进行，同一林型、同一采伐方式各测定两个标准地。采土样后，可酌情测定如下项目：土壤速效养分(氮、磷、钾)、pH值、土壤水分、腐殖质层厚度与含量、枯枝落叶贮量、枯枝落叶层持水性能、土壤湿度及影响更新的其他因子，例如：土层厚度、石砾含量、草根盘结度、水冻层等。

根据测定资料，比较不同森林类型保留带与迹地上土壤肥力及性质变化情况，结合影响更新的有关土壤因子，对不同采伐方式的优劣提出评价，结合其他资料，选择当地不同森林类型的最适采伐方式。

8.6.3　林区土壤调查报告的编写

一、总论(前言)

说明调查地区的行政区域、地理位置、调查区域面积、调查方法、前人所作土壤和森林调查工作的经营和问题。

二、自然环境

包括气候、地质、地形、水文、水文地质、植被分布及林业情况。

三、土壤

见前述内容。

四、土壤肥力评价和土地利用意见

在借鉴前人用土、改土经验基础上，按林型或立地类型、土壤肥力进行综合评价。根据评价结果提出经营利用、更新造林和土壤利用意见。

8.7　草场牧区土壤调查

8.7.1　调查的目的和任务

草场也称草地(grassland)是指凡有形成草层或草被的多年生草植物生长着的地区。换言之，草地是由主体——草及其着生的土地——环境构成的生态系统，它是人类经营利用的主要对象。

我国草地分布广，面积大，类型多，生产特点各异。它包括东北、西北地区广阔的草原和遍布于江南山地、丘陵区的草山和草坡。进行草场牧区土壤调查时，一般绘制1:10 万~1:20 万比例尺的土壤图、土壤改良利用分区图，并编写草场牧区土壤调查报告。为了合理利用草场牧区的土壤资源，进行草场区划，草地规划，制定草场牧区或农牧区国民经济建设规划，促进畜牧业现代化，尚应完成草场类型图和草场利用现状图的任务，在准备建立基本草场(人工草场、饲料基地)的地区，绘制上述 4 种图幅比例尺宜采用1:25 000~1:50 000。由此可见，与其他目的土壤调查相比，有特殊内容。

8.7.2　调查的内容

8.7.2.1　成土因素调查

全面研究自然成土因素和人类生产活动，不仅为了揭示土壤的发生发育、分布规律、土壤性态特征、肥力演变和土地利用改良特点的密切联系，同时还要分析自然成土条件对草地类型形成、发展和草地生产力、草地利用与改良的相互关系，分析人类生产活动对畜牧业的生产现状及其发展的利害关系。为制定培育改良草场的方针措施，研究草场的正确利用的调查研究，还应增加下述内容：

(1)气候

各气象要素对草场产生综合生态作用，应着重分析对草场类型的发生、演替和生产力的影响。此外，还包括主风向、风速、无霜期、降雪深度、积雪时间、冻土深度、春秋牧场牧草返青和枯黄时间、夏季有无枯黄现象或休眠期及持续时间。灾害性天气：霖雨期、干旱期、沙暴、暴风雪、冰雹、洪水、冰川流经途径等对畜牧区土地资源生产潜力的影响。

(2)植被

植被是草场生产的主要对象，为了合理利用和改良草场，野外土壤调查时，应配合植物、畜牧、林业专业人员对草场植被采用植物学方法进行抽样调查，即在草地上选择有代表性的典型地段，设置一定数量的样地，例如：样方、样圆或样条，以确定植物群落的结构特征(种属成分、层次、生活型等)和群落数量特征(覆盖度、多度、频度、地上部的重量等)。最后确定群落类型及其名称，即草场类型名称。其命名方法是优势种(每种植物鲜重占总重量 >15%，种的数目为 1~4)和亚优势种(每种鲜重占总重量 5%~15%，种的数目为 3~5 个)。若一种牧草重量≥70%，则以一种牧草命名；如两种牧草合起来≥70%，则以两种牧草按优势顺序排列，种名间加个" + "号，不同生活型植物优势种之间用" – "分开。例如：桃金娘—扭黄茅 + 蜈蚣草群称(草场类型)。

(3)地表水和地下水

它既是土壤发生、肥力性状改良利用的重要影响因素，也关系到家畜的放牧和草地的合理利用。因此，应查明牧业用水的水源种类、水质、利用情况和水利设施等内容。

(4)人类生产活动的调查研究

除阐明人为因素对土壤形成、肥力特征的影响外，还应查明牧区草场的利用程度。按全国第二次土壤普查的要求，草场的利用程度可根据植被特征及侵蚀情况划分为下列

4 种：

轻牧 有大量枯枝落叶存在，土壤有机质含量较高，植被完好，无侵蚀现象。

适牧 草场植被生长正常，原有种类成分未发生变化，覆盖度较高，无侵蚀现象。

重牧 牧草生长发育受到抑制，植株比正常的矮小，密丛型禾草增加，有土壤侵蚀现象，山地土壤呈现草丛空隙被侵蚀，草丛固土形成突起的小堆，通称"羊道"。

过牧 优良牧草减少，有毒、有害杂草数量增加，土壤侵蚀较重，"羊道"密布成网，已不能抵抗集中的径流，土表形成砂砾坡或裸岩。

此外，还需对农、林、牧各业历史演变情况，当前农业生产结构和布局，生产水平和发展规划进行调查研究。特别要对牧业生产中的家畜种类、品种、数量、畜群结构、草地使用权限、牧畜平均占有草地面积、每头牧畜占有饲草饲料标准，季节牧场划分、放牧方式、割草地的利用和管理、饲料地面积和产量、草库伦和基本草场建设情况进行调查，以便为草地牧区提高土壤肥力，合理利用土壤和草地资源提供依据。

8.7.2.2 土壤调查

在牧区或半牧区土壤调查中，应重点调查风蚀沙化、盐碱、沼泽。山地丘陵区的土壤侵蚀，查明其发生原因、类型、分布与面积，并查明土壤类型、分布、性态特征与草场类型、分布规律、生产力、自然演替及利用改良方面的密切关系，以便进行土壤改良分区，为牧业进行草地区划，草地规划等工作提供资料。

为了评价土壤资源的质量和改良利用方向，使之密切地为牧业生产服务，在每个主要土壤剖面描述完毕后，应同植物、畜牧专业人员共同评定草场等级（按草群好坏和地上部分产量高低划分草场等级）。

"等"划分标准，可根据草群品质的优劣（适口性、利用率、营养价值）及在草群中所占的重量百分比，分为 5 等。

一等 优等牧草占 60% 以上。

二等 良等牧草占 60% 以上，优等及中等占 40%。

三等 中等牧草占 60% 以上，良等及低等占 40%。

四等 低等牧草占 60% 以上，中等及劣等占 40%。

五等 劣等牧草占 60% 以。

"级"按草群地上部分的产量，划分为 8 个级，见表 8-10。

表 8-10 草场分级表

级 别	1	2	3	4	5	6	7	8
产草量 （kg/hm²）	1.17×10^5	$1.2 \times 10^4 \sim$ 9.0×10^3	$9.0 \times 10^3 \sim$ 6.0×10^3	$6.0 \times 10^3 \sim$ 4.5×10^3	$4.5 \times 10^3 \sim$ 3.0×10^3	$3.0 \times 10^3 \sim$ 1.5×10^3	$1.5 \times 10^3 \sim$ 750	<750

8.7.3 草地类型图和草地利用现状图的绘制

草地类型图是反映调查区草地类型的分布情况和规律，草地利用现状是反映草地利用建设现状的图幅。二者均是制定草地区划和草地利用建设规划的重要依据，因此，在野外进行土壤制图的同时，植被，畜牧专业人员与土壤专业人员一道，互相配合，分别在各自工作底图上完成草地类型图和草地利用现状图的绘制工作。制图方法和制图精度要求可参照不同比例尺的土壤制图，现将 2 个图幅的制图单位分述于下：

8.7.3.1 草场类型划分原则和分类系统

根据 1979 南昌会议《中国 1:100 万草场类型图和草场资源图专业工作纪要》所确定的分类原则和系统，摘录如下：

草场类型划分原则有 2 点：其一是综合因素，必须综合地考虑决定草场自然—经济特性的植被及地境条件(地形、土壤、母质、水分等)。其二是主体因素，草场植被是各种自然因素和人类利用的综合利用的直接反映，它决定草场本身性质(草群品质及载畜量)。按照上述原则，草场类型可划分成类，组、型三级，各级分类原则如下：

第一级 类，反映以水热为中心的气候特征及植被特征，具有一致的大地形条件。各类之间有独特的地带性，自然—经济特点都有差异，一般与植被型或植被亚型或地带性土类相联系。将全国草场划分为 18 类(第一级)介绍如下(括号内命名可作参考)：草甸草原类草场(半湿润草原类)；干草原类草场(半干旱草原类)；荒漠草原类草场；山地草原类草场；高寒草原类草场；草原化荒漠类草场；干荒漠类草场；山地荒漠类草场；高寒荒漠类草场；灌木草丛类草场(喜暖灌木草丛类)；山地草丛类草场(南方湿热草丛类)；低湿地草甸类草地；山地草甸类草场；高寒草甸类草场；沼泽类草场；高寒沼泽类草场；灌丛类草场；疏林类草地。

第二级 组，具有一致的中地形或基质条件，植被由同一生态经济类群的植物构成，它是型的联合。各组之间有量的差异，如干荒漠类中的以壤土砂砾为基质，以红沙、珍珠等小灌木为优势种组成的"壤土砾质红砂小灌木荒漠组"或"干草原类中壤质栗钙土针茅草原组"。

第三级 型(类型)，草场植被优势种相同和其他成分形成的植被组合，地貌一致，型是草场分类的低级单位。

可以直接运用植被组合中的优势种或亚优势种及其所属经济群加以命名。例如：干荒漠类中，壤土砾质戈壁灌木、半灌木荒漠组中的蒿类荒漠型、珍珠荒漠型等。又如：干草原类中。壤质淡栗钙土丛生、禾草草原组中的隐子草草原型和针茅—冷蒿草原型等。变型，在类型以内，由于人们利用强度不同引起群落优势种或次优势种数量上发生变化可划成变型。如克氏针茅—冷蒿草型，由于过度放牧，草原退化，针茅数量、作用减少，冷蒿、杂类草成分增加，逐渐变成冷蒿禾草草原类型。

上述三级分类系统中，各自又可根据情况划分亚级。同一亚级内各草场类型的组成基本性质相同，而又有各地区特性。

通过野外初查和路线调查，制定本测区草场类型图的分类系统后，应给予统一制图编号，以便于野外填图。

8.7.3.2 草地利用现状图制图单元

野外勾绘各单位草场界限、放牧场、天然割草场、草库伦、人工草场、饲料地、季节营地、林带及林网配置、水源类型及水利设施。

完成上述制图单元宜采用航片作为工作底图，在野外调查前，先在室内进行预判，制定标图单元代号，勾绘区界。在野外调查时校核制图单位的影像判读标志，并进行补充和修正。然后在汇总阶段将收集到测区已有的行政区域图、交通图、水利图草地建设图等图幅资料与野外填图共同进行编稿，增编畜群分布、兽医站、药浴池、行政区界、主要居民点和道路网等制图单元，经转绘、清绘、整饰、晒印等程序完成草地利用现状图的编制工作。

8.7.4 土壤调查报告的编写

土壤调查报告是草场牧区土壤调查的文字成果，应体现牧区和半农半牧区调查特点。应由各有关专业人员共同完成。主要内容如下：

一、前言

调查区域自然和农业概况。

二、土壤

在阐明各种土壤特性时，应增加草场特征的内容。

三、草场类型

- 草场类型分类原则和系统；
- 草场类型分布规律；
- 草场类型分述；
- 草场生产力调查测定方法；
- 草场等级划分标准及草场等级划分；
- 草场利用、建设情况、群众经营。

四、土壤改良利用分区

在分区各论部分应增加草场利用中存在的问题、改进意见和草场培育改良措施。

本章小结

本章着重介绍了耕地质量、湿地、水土保持、污染土壤、林区和复垦区等影响生态和土壤质量的土壤调查与生态评价。依据调查任务的特点，建立不同专项调查的程序和评价体系。

复习思考题

1. 简述耕地质量评价方法有哪些？
2. 简述湿地土壤调查与制图一般过程和程序。
3. 污染土壤调查的内容和方法有哪些？
4. 简述矿区土壤调查的内容与方法。
5. 土壤水蚀量调查方法有哪些？

参考文献

李德仁, 李明, 2014. 无人机遥感系统的研究进展与应用前景[J]. 武汉大学学报·信息科学版, 39(5): 505 – 513.

林培, 1998. 现代土壤调查技术 [M]. 北京: 科学出版社.

刘黎明, 2004. 土壤资源调查与评价 [M]. 北京: 中国农业大学出版社.

刘小龙, 2013. 基于无人机遥感平台图像采集处理系统的研究[D]. 杭州: 浙江大学.

马献发, 周连仁, 崔正忠, 等, 2013. 农业资源和环境专业土壤调查与制图课程教学的探索 [J]. 黑龙江农业科学(2): 123 – 125.

倪绍祥, 2001. 土地类型与土地评价概论[M]. 2 版. 北京: 高等教育出版社.

潘剑君, 2008. 土壤资源调查与评价[M]. 北京: 中国农业出版社.

潘剑君, 2010. 土壤调查与制图[M]. 3 版. 北京: 中国农业出版社.

全国土壤普查办公室, 1992. 全国土壤普查技术[M]. 北京: 农业出版社.

史舟, 梁宗正, 杨媛媛, 等, 2015. 农业遥感研究现状与展望[J]. 农业机械学报(2): 247 – 260.

孙福军, 雷秋良, 刘颖, 等, 2011. 数字土壤制图技术研究进展与展望 [J]. 土壤通报(6): 1502 – 1507.

孙福军, 李华蕾, 王秋兵, 等, 2012. 土壤调查与制图实践教学中存在的问题与对策[J]. 高等农业教育(6): 54 – 56.

吴轲, 2012. 遥感技术在土壤调查中的应用 [D]. 西安: 西安科技大学.

杨志强, 潘剑君, 黄礼辉, 等. 2011. 面向土壤系统分类的土壤调查剖面点设置与界线确定研究——以江苏省句容市大卓村为例 [J]. 南京农业大学学报(3): 94 – 100.

赵春江, 2014. 农业遥感研究与应用进展[J]. 农业机械学报(12): 277 – 293.

朱克贵, 2000. 土壤调查与制图 [M]. 2 版. 北京: 中国农业出版社.

DOBOS E, CARRé F, HENGL T, et al. , 2006. Digital soil mapping as a support to production of functional maps [M]. Luxembourg: Office for Official Publications of the European Communities.

JANIS L. BOETTINGER, DAVID W, et al. , 2010. Digital soil mapping – bridging research, environmental application, and operation [M]. Dordrecht: Springer.

LAGACHERIE P, MCBRATNEY A B, VOLTZ M, 2007. Digital soil mapping: An introductory perspective [M]. Amsterdam: Elsevier.